서민의 기생충 열전

서민의 기생충 열전

서민 지음

PARASITE

착   하   거   나

나   쁘   거   나

이   상   하   거   나

을유문화사

서민의 기생충 열전

발행일
2013년 7월 15일　초판　1쇄
2024년 9월 10일　초판 22쇄

지은이 | 서민
펴낸이 | 정무영, 정상준
펴낸곳 | (주)을유문화사

창립일 | 1945년 12월 1일
주　소 | 서울시 마포구 서교동 469-48
전　화 | 02-733-8153
팩　스 | 02-732-9154
홈페이지 | www.eulyoo.co.kr
ISBN　978-89-324-7213-3　03400

차례

III. 조직을 침범해 사는 기생충

IV. 뇌에서 사는 기생충

V. 기타, 우리 몸 이곳저곳에서 사는 기생충

서문 | 책을 펴내며

"어떻게 된 게 일반인이 읽을 만한 기생충 책이 세 권밖에 없냐?"

자료 조사 차 인터넷을 뒤지다 발견한 블로그에서 이 글을 보는 순간 부끄러움이 앞섰다. 기생충 감염자가 150만 명을 넘고, 봄·가을로 구충제를 먹는 게 일상화된 나라에서 일반인을 위한 기생충 교양서가 이렇게 없다니……. 기생충학자들은 늘 "사람들이 기생충을 제대로 알지 못한다"거나 "기생충이 멸종했다고만 생각한다"고 불평했지만, 사실은 제대로 알리려는 노력이 부족했던 거였다.

위에서 말한 세 권의 실상을 들여다보면 부끄러움은 더 커진다. 그나마 읽을 만한 책은 『기생충 제국』 한권으로, 저널리트스 칼 짐머가 쓴 책이니 말이다. 나머지 두 권의 저자는 다행히 우리나라 사람이지만, 그게 바로 나라는 게 문제다. 『기생충의 변명』은 인터넷에 올리던 글을 모아 만든 책으로, 위 블로그의 글쓴이도 지적했듯이 체계적이지 못할 뿐더러 중복되는 내용이 많다. 그마저도 원고가 부족해 뒷부분은 의학에 대한 얘기로 채워져 있어 기생충 책이라고 볼 수도 없다. 『대통령과 기생충』 역시 딴지일보에 연재했던 글들을 모은 것이었으며, 소설 형식으로 쓴데다 매체 성격에 맞게 웃겨 보겠다고 기를 썼기에 기생충에 대해 진지하게 알고 싶어 하는 욕구를 충족시켜 주기엔 부족했다.

정말 세 권이 다일까 싶어 더 찾아 봤더니 김미영 씨가 쓴 『기생충』이라는 책이 나온다. 반가운 마음에 들어가 보니 이건 '충'이라는 기생 얘기였다. 정말 마음이 아팠다. 다른 기생충학자는 다 뭘 하고 있는 걸까? 인터넷 서점에서 '기생충'을 검색해 보면 보다 많은 책이 나오는데, 전부 의대생들이 배우는 기생충학 교과서였다. 기생충학을 배우는 의대생의 수는 잘해야 2천여 명. 교과서 한두 종류만 있으면 될 텐데 열 종이 넘는 교과서가 난립하고 있는 건 문제다. 왜 교수들은 대중서를 통해 사람들과 소통하는 대신, 이미 충분히 많은 교과서만 집필하고 있을까? 대학 사회에서 대중서는 교수 업적으로 인정받지 못하기 때문이다. 우리 학교만 해도 학술서에는 300점의 업적 점수를 주는 데 반해 교양서적에 부여되는 점수는 30점에 불과하다. 그리고 우리 학자들이 논문 스타일의 딱딱한 글에 익숙해서 대중을 위한 쉬운 글쓰기를 꺼려한다는 것도 한 이유가 될 것이다.

2년 전 나온 『기생충, 우리들의 오래된 동반자』(이하 '동반자')는 기생충 대중서에 대한 갈증을 풀어 준 단비였다. 젊은 기생충학자 정준호가 쓴 '동반자'는 기생충의 신비한 세계를 그려 낸 동시에 기생충과 사회, 기생충과 인류의 진화 간의 관계를 심층 조명함으로써 흥미를 유발하는

데, 그 책을 읽다 보면 기생충이 이렇게 대단한 존재인가 새삼 놀라게 된다. 그 책이 나왔음에도 불구하고 또 다시 기생충 대중서 한 권을 보태는 이유는 '동반자'가 훌륭한 책이긴 하지만 개개의 기생충에 대한 정보 측면에서는 아쉬움이 있기 때문이다. 사람마다 다 개성이 있기 마련인 것처럼, 기생충도 하나하나마다 다 나름의 신비함을 품고 있으니 말이다. 이 책에서는 특히 사람에게 감염되어 병을 일으키는 기생충들을 중심으로 소개하고, 그럼으로써 치명적 증상을 일으키는 기생충들에 대한 경각심을 일으키고자 했다. 그 대부분이 멧돼지 육회나 뱀 생식처럼 잘못된 식습관에서 비롯된다는 점에서, 이 책이 제대로 읽힌다면 해로운 기생충에 걸리는 빈도가 줄어듦으로써 국민보건 향상에도 기여할 수 있으리라.

기생충이 멸종했다고 믿는 사람들이 아주 많다. 그중 일부는 내게 "요즘 기생충이 다 없어졌는데 할 일 없겠네?"라고 물으신다. 걱정해서 그러는 건 알지만 그런 질문을 워낙 많이 받다 보니, "그래, 나 할 일 없어서 십 년째 펑펑 놀고 있다!"라고 답하고 싶을 때도 있다. 결론부터 말씀드리자면 기생충은 아직 멸종하지 않았고, 파리나 모기, 바퀴벌레가 그런 것처럼 인간보다 더 오래 지구에 살아남을 존재들이다. 지금 이 서문을 읽는 동안에도 많은 사람들이 생선회, 간장게장, 육회 등을 통해 기생충과 접촉하고 있으리라. 꼭 기생충에 걸리지 않았더라도 '내가 혹시 기생충에 걸리지 않았을까?'라고 걱정하며 불면의 밤을 보내고 있는 분도 한둘이 아니다. 디씨 인사이드에 마련된 기생충 갤러리에 수많은 방문자가 드나들고, 기생충에 대해 알고 싶어 하는 수많은 목소리가 네이버 지식인에 올라오는 것도 그런 이유다. 그런 분들에게 일말의 도움이라도 줄 수 있으면 좋겠다는 것도 이 책을 세상에 내는 목적이다.

이제야 고백하는데, 내가 기생충 책을 낸 2002년과 2004년에는 책을 제대로 쓸 만한 역량이 부족했다. 지금이라고 역량이 충분한 건 아니겠지만, "책은 적당히 무식할 때 내야 한다"는 진중권의 말처럼 너무 완벽하려고 하다 보면 정년 퇴임 전까지도 책이 안 나올 것 같아 모험을 해 보기로 했다. 이 책에 실린 내용들의 절반 이상은 네이버캐스트 '오늘의 과학'에 연재된 바 있는데, 연재를 할 때 달렸던 수많은 댓글들도 나로 하여금 기생충 책을 내도록 용기를 불어넣어 줬다. 댓글로 격려해 주신 분들께 이 자리를 빌려 감사드린다. 마지막으로 한 가지. 이 책을 포함해도, 그리고 내가 낸 함량 미달의 책 두 권을 포함해도 우리나라에서 출간된 기생충 대중서는 겨우 다섯 권에 불과하다. 인터넷에 "기생충 질문입니다. 급해요!" 같은 글이 범람하는 것도 다 기생충 대중서가 없기 때문. 이 책이 그간 대중과의 소통에 관심이 없던 다른 기생충 학자를 자극시켜 더 많은 기생충 대중서가 출간될 수 있기를 바란다.

2013년 5월 27일
집 구석에서
서민

I. 기생충 살펴보기

1. 기생충이란 | 비열하지만 탐욕스럽진 않다

"이 기생충 같은 놈아"라는 욕이 있다. 심하기로 따지면 3등 안에 충분히 들 만한 이 욕은 주로 20대 후반 이상의 남자가 집에서 빈둥빈둥 놀 때 쓰인다. 혼자 힘으로 일을 해서 먹고 살아야 할 텐데 왜 집에서 주는 밥만 축내냐는 힐난이 '기생충'이란 단어에 함축되어 있다. 그런가 하면 정치권의 한 인사는 모 정당을 가리켜 "기생충"이라고 표현해 논란이 됐다. 기생충의 탐욕스러운 면과 그 정당이 일맥상통해 그렇게 표현했나 보다. 이런 욕들은 과연 올바른 것일까? 그것을 판단하기 위해서 먼저 기생충의 정의에 대해 알아볼 필요가 있다.

기생충의 정의

한 생물체가 다른 종의 생물체와 밀접한 관계를 맺으며 살아가는데 양쪽이 서로 이득을 취하면 공생(symbiosis)이라 하는 반면, 한쪽만 일방적으로 이득을 취하는 경우 이득을 보는 생물체를 기생충(parasite), 손해를 보는 생물체를 숙주(host)라고 한다. 이 관계는 영구적일 수도 있

지만 일시적일 수도 있는데, 어쨌든 기생충이라고 하려면 최소한 일생의 어느 시기는 기생 생활을 해야 한다. 그렇다면 사람의 대장에서 세 들어 사는 대장균(Escherichia coli)은 기생충일까? 아니다. 행동 양식은 분명 기생충이지만, 기생충의 요건 한 가지를 충족하지 못한다. 기생충으로 분류되려면 최소한 핵막이 있는, 즉 진핵생물(eukaryote)이어야 하는데, 세균이나 바이러스 같은 미생물들은 이 핵막이 없는 하등한 동물인지라 기생충이 될 수 없는 것이다. 그렇다면 벼룩이나 빈대는 어떨까? 이것들이 늘 인간의 몸에 붙어사는 건 아니지만, 그래도 삶의 일정 시기에 사람 몸에 붙어 피를 빨면서 영양분을 섭취하니 기생충의 정의에 딱 들어맞는다. 의대생들에게 머릿니나 벼룩, 빈대 등을 가르치는 사람도 당연히 기생충학자다.

여기까지는 다들 수긍하겠지만, 다음은 어떨까? 태아를 예로 들어 보자. 태아는 일정 시기, 열 달에 가까운 기간 동안 엄마 뱃속에서 자란다. 엄마가 영양을 충분히 공급받든 말든 태아는 자기 먹을 것은 우선적으로 챙겨 가니, 숙주인 엄마에게 피해를 입힌다. 그렇다면 태아는 기생충일까? 정답은 '아니다'이다. 태아도 엄연히 인간, 즉 호모 사피엔스인 바, 서로 다른 종의 생물체와 관계를 맺어야 한다는 기준에 어긋난다. 그럼 리들리 스콧의 영화 「에일리언」에 나오는 괴물은 어떨까? 그 영화에서 어미 에일리언은 수없이 많은 알을 낳는다. 그 알의 뚜껑이 열리면서 유충이 나오는데, 그 유충은 인간의 입속으로 들어가 몸 안에서 발육한다. 유충은 어느 정도 시간이 지나면 사람의 가슴을 찢고 나오고, 그 후엔 자유 생활을 하며 인간과 맞장을 뜬다. 이 에일리언은 사람이라는 숙주가 없으면 자라지 못하니 당연히 기생충의 정의에 들어맞으며, 여기서 사람은 에이리언의 중간숙주에 해당한다. 다 자란 성충이 기생하고 새끼를 낳는 숙주가 종숙주, 유충이 기생하는 숙주는 중간숙주인데, 사람이 만물의 영장이라고 해서 모든 기생충의 종숙주가 되는 건 아니다.

기생충이 주는 피해

인체에 기생하는 기생충 중 가장 긴 광절열두조충(Diphyllobothrium latum)은 길이가 10미터에 달하며, 몸 안에 있어도 이렇다 할 증상이 없다. 게다가 이 기생충이

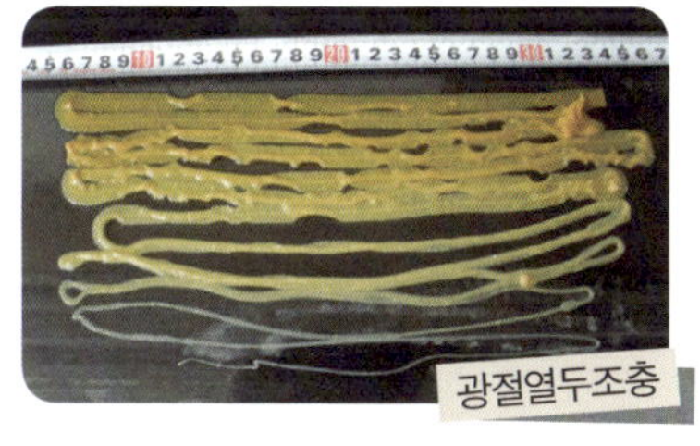

있다 해도 밥 한 숟가락만 더 먹으면 충분한데, 이런 걸 가지고 '피해'라고 할 수 있을까? 오히려 이 기생충이 있다면 다이어트에 도움이 될 것 같은데 말이다. 하지만 꼭 그런 건 아니다. 요즘이야 비교적 잘 먹게 됐으니 이게 피해가 아닌 것 같지만, 조선시대는 물론이고 보릿고개라는 말이 나왔던 60~70년대만 해도 밥 한 톨이 아쉬울 정도로 굶는 이가 많았다. 그런데 기생충이 밥 한 숟가락을 빼앗아 간다면 얼마나 속상하겠는가? 이렇듯 기생충이 주는 피해의 기준은 웬만큼 사는 나라가 아닌, 못사는 나라다. 게다가 어느 정도의 경제적 뒷받침이 없다면 기생충은 박멸하기 힘든지라 그 나라들에선, 40년 전의 우리나라가 그랬던 것처럼 기생충이 들끓고 있다. 기생충이 욕을 먹는 이유도 바로 이

렇게 못사는 나라의 아이들에게 침투해 그들이 먹어야 할 양식을 빼앗아 먹기 때문이다. 죽은 동물의 고기를 먹는 하이에나가 그다지 좋은 인상을 주지 않는 것처럼, 기생충도 사실은 약자의 먹이를 빼앗는 비열한 녀석일 수 있다.

기생충이 사는 이유

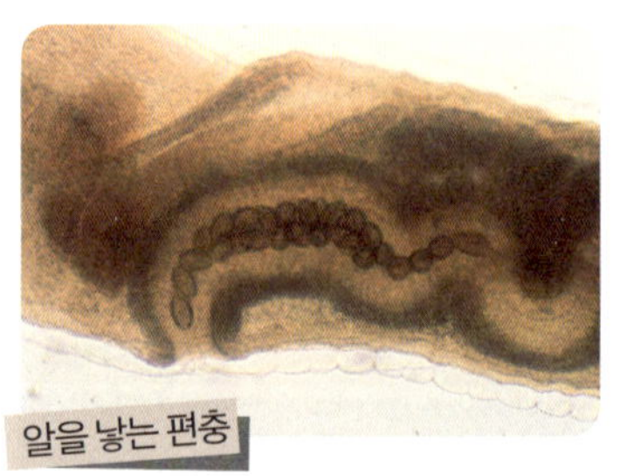

알을 낳는 편충

기생충은 도대체 왜 살까? 직접 물어 본 적은 없지만, 기생충의 목적은 오직 자손의 번식인 듯하다. 기생충으로 사는 건 사실 힘든 일이다. 사람 몸에 사는 회충을 예로 들어 보자. 깜깜한데다 끈적끈적한 점막으로 덮인 사람의 창자는 회충에게도 그리 좋은 환경은 아니다. 게다가 기생을 하는지라 음식을 골라 먹을 수가 없다. 그 회충이 고기를 좋아한다 해도 이효리처럼 채식주의자의 몸 안에 있다면 고기를 먹을 도리가 없다. 회충은 오직 알 상태로만 사람에게 감염될 수 있어 다 자란 회충이 중간에 육식을 많이 하는 사람에게 옮겨갈 방법은 없다. 게다가 숙주가 술을 마신다면 회충도 같이 취해야 하고, 숙주가 단식원에 들어가면 같이 쫄쫄 굶어야 하며, 달랑 혼자만 기생한다면 평생 독신으로 늙어 죽어야 한다. 이런 악조건을 견디면서도 기생충이 기생 생활을 하는 이유는 그게 자손의 번식에 유리하기 때문이다. 회충 한 마리는 하루에 20만 개의 알을 낳는데, 자유 생활을 하는 생물체가 이렇게 많은 자손을 갖는 건 정말 어려울 것이다. 먹이를 구하고 짝짓기를 하고 잠을 잘 숙소를 마련하는 데 에너지를 쓰기 때문이다. 반면 회충은 의식주 중에서 '의'는 필요가 없고, 썩 마음에 들진 않지만 주거지와 먹는 게 해결이 되니 오로지 알만 낳으면 된다. 회충의 몸 대부분이 생식기로 채워진 것도 그런 이유인데, 사정이 이러니 회충이 한때 지구의 인구수보다 훨씬 많았던 것도, 기생충학자인 스톨(Normal Stoll)이 "벌레로 가득 찬 이 세상(This wormy world)!"이라고 개탄했던 것도 무리가 아니다.

기생충의 숙주 차별

목적이 자손의 번식인지라 기생충은 웬만해선 숙주를 괴롭히지 않는다. 공공 화장실을 더럽게 쓰는 사람도 자기 집 화장실은 깨끗이 쓰는 것처럼, 죽는 날까지 살아

교접 중인 구충

야 할 터전을 망가뜨리는 건 기생충으로서도 손해다. 배를 아프게 하는 기생충이 있다고 해 보자. 숙주인 사람은 아픈 배를 움켜쥐며 괴로워하다가 혹시 기생충이 있을지도 모른다는 결론에 이른다. 그는 곧 약국에 가서 기생충약을 먹을 것이며, 기생충약을 구할 수 없다면 다른 뭐라도 먹어 기생충을 쫓아내려고 할 것이다. 예를 들어 프라지콴텔이 없던 때에는 기생충을 없애기 위해 석유를 먹는 사람들도 있었으니, 기생충으로서는 숙주를 되도록 안 건드리고 사는 게 훨씬 이익이지 않겠는가? 회충이나 요충처럼 인간과 더불어 오랜 세월을 살아온 기생충들은 그래서 사람 몸에 기생해도 별다른 증상이 없다. 요충은 항문 주위로 가서 알을 낳는 습관 때문에 항문 주위에 가려움증을 유발하지만, 그 정

도 증상이야 숙주로 봐서는 귀엽게 봐줄 수 있다. 항문 몇 번 긁어 주는 게 그리 어려운 일은 아니니까.

하지만 사람을 중간숙주로 삼는 기생충은 얘기가 다르다. 종숙주가 평생 살아야 할 자기 집이라면, 중간숙주는 어쩌다 들르는 공중화장실이다. 사람들이 공중화장실에 가면 수도꼭지도 뽑고 문에다 낙서도 하는 것처럼, 기생충도 중간숙주를 좀 우습게 여기고 함부로 대하는 경향이 있다. 말라리아 원충이 사람을 그렇게 많이 죽이는 것도 그들의 종숙주는 모기이기 때문이며, 개나 고양이의 장 안에는 얌전히 있는 스파르가눔이 사람에게 들어오면 고환이나 눈, 심지어 뇌까지 침범하는 것도 같은 이유다. 물론 사람을 종숙주로 하는 기생충 중에도 해로운 증상을 유발하는 게 없진 않지만, 그런 것들은 대부분 사람을 생소하게 느껴서, 그러니까 사람 몸에 적응할 시간적 여유를 갖지 못해서 그랬던 경우이다.

기생충의 기원

기생충은 도대체 어디서 왔을까? 아마도 자유 생활을 하는 생물체 중 일부가 우리 몸에 들어왔을 것이다. 그들이 우리 몸에 일부러 들어왔을 수도 있고, 우리가 음식을 먹는 과정에서 우연히 들어온 것일 수도 있다. 어쨌든 그들 중 일부는 자유 생활을 하는 과정에서 회의를 느꼈다. 먹이를 찾아 산기슭을 헤매는 것도 힘들고, 자신을 노리는 다른 생물체로부터 도망 다니는 것도 이젠 지겨웠다. 그런데 사람의 몸속은 어둡고 침침하긴 하지만 최소한 굶어 죽을 염려는 없었다. 그 생물체는 혁명적인 생각을 한다.

"그냥 여기서 이대로 살면 어떨까?"

하지만 모든 선택에는 책임이 따르기 마련. 사람 몸에 살기로 한 순간부터 그 생물체는 많은 어려움에 직면한다. 위에서 열거한 어려움 이외에 기생충이 넘어야 할 가장 큰 난관은 숙주의 면역과 싸우는 것이었다. 사람의 입장에서 기생충은 이물질이므로 우리 몸의 면역계는 어떻게 하든지 그것과 싸워 그들을 쫓아내야 한다. 항체를 보내서 공격하고 면역세포가 직접 가서 타격을 줘 보기도 했다. 하지만 기생충은 박테리아나 바이러스와는 달랐다. 크기도 엄청나게 큰데다 빠르기까지 하니, 먼지 크기도 안 되는 면역세포로서는 상대하기가 어려워도 너무 어려웠다. 기생충 입장에서도 면역세포는 골치 아픈 존재였다. 크기가 작다고 무시했지만, 숫자도 많고 또 끊임없이 공격해 오니 솔직히 피곤했다. 전쟁의 시간이 지나고 슬슬 평화의 기운이 퍼지기 시작했다. 결국 둘은 협상 테이블에 앉는다. 기생충이 먼저 입을 연다.

"숙소와 먹을 것만 제공한다면 건드리지 않겠소."

면역세포가 답했다.

"좋소. 그 대신 다른 곳에 가지 말고, 꼼짝 말고 거기 있으시오."

대타협이 이루어졌다. 기생충은 숙주를 괴롭히지 않았고, 숙주도 면역을 작동시키기보단 오히려 면역을 억제하는 기현상을 보였다. 이게 점점 일반화되면서 인간과 오래 같이 산 기생충들은 사람 몸에 들어오면서 신호를 보냈다.

"어이! 나야 나. 십이지장충. 나 알지?"

숙주도 화답했다.

"어, 너구나. 난 또 누구라고. 방 따뜻하게 해 놨으니 편히 쉬다 가."

현재까지 발견된 가장 오래 된 인간의 회충 알이 3만 년 전의 것이니, 적어도 그 이전부터 우리 몸 안에서는 저런 대화가 오갔을 것이다. 이렇듯 몇 만 년 동안 서로 친하게 지냈으니, 기생충이 갑자기 몸에서 박멸되고 난 뒤 우리 면역계가 느꼈을 박탈감이 어느 정도였을지 짐작이 간다. 기생충 박멸 이후 알레르기나 자가면역질환이 늘어난 건 갑자기 상대가 없어진 면역계가 우리 몸을 공격한 결과이다.

기생충의 속성

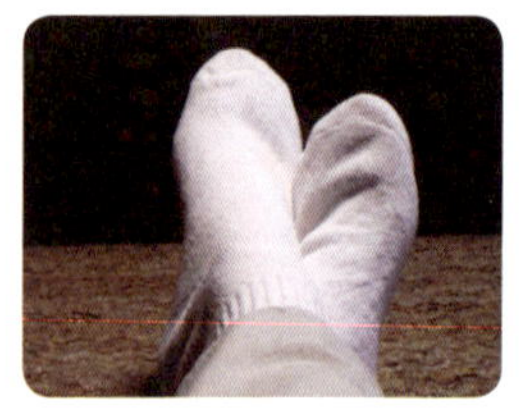

위에서 말한 "이 기생충 같은 놈아"는 과연 적당한 욕일까? 기생충이 자발적으로 일을 안 하려는 데 비해 집에서 놀기만 하는 그 남자는 일은 하고 싶은데 마땅한 일자리가 없는 탓에 백수가 된 거니, 기생충을 갖다 붙일 일은 아니다. 기생충을 탐욕의 상징에 비유한 것도 잘못됐다. 기생충은 언제나 먹을 만큼만 먹는다. 세상에 뚱뚱한 사람은 있어도 뚱뚱한 기생충은 없다. 대식가의 몸에 있던 회충도 채식주의자의 몸에 있던 회충처럼 길고 가늘다. 왜? 자기 분수를 지켜서 먹으니까. 숙주가 잘 먹어야 자신이 편하니까 그러는 것일지라도, 기생충을 탐욕의 상징으로 부를 수 있을지는 망설여진다. 기생충은 비열할 수는 있어도 탐욕스럽지는 않다. 있는 듯 없는 듯 숨은 채로 자기 먹을 것만 챙겨 먹는 놈들, 그게 기생충이다.

2. 기생충의 생식 | 있을 건 다 있다

"기생충도 암·수가 유성생식을 해요"라고 말하면 놀라는 이들이 많다. 기생충은 하등한 생물체인 줄 알았는데 사람이나 포유류같이 잘나가는 동물들이나 하는 유성생식을 하다니! 하지만 이걸 알아야 한다. 기생충의 존재 목적은 자손의 번식이며, 이 목적은 오직 생식을 통해서만 이루어진다는 것을. 여기서는 회충과 간디스토마의 생식계를 묘사할 테니, 인간들이여, 기생충의 생식기가 지나치게 정교하다고 주눅 들지 말지어다.

회충의 생식

말은 저렇게 했지만, 회충에 대해 처음 알았을 때 나도 사실 좀 놀랐다. 사람만 갖고 있는 줄 알았던 입술이 무려 세 개나 있다는 것도 놀라움의 한 요소시만, 그 후에 알게 된 정교한 생식계는 감탄이 나오게 만들었다. 회충 수컷은 길고 꼬불꼬불한 고환

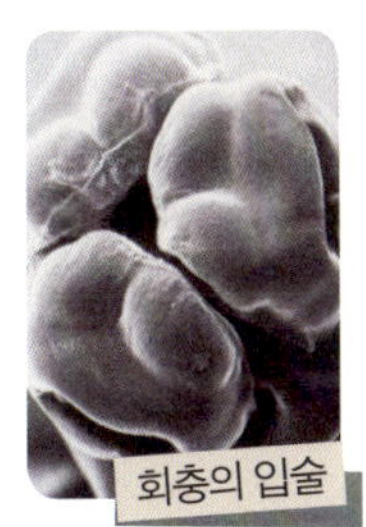

회충 수컷(왼쪽)과 암컷

에서 정자를 만든다. 그 정자는 정자의 통로인 정관을 지나 정자를 저장하는 저정낭에 이른다. "뭐야, 사람에게 있는 게 다 있잖아?"라고 말하긴 아직 이르다. 암컷과 교접 시 정자를 배출하는 '사정관'이 있고, 들어갔다 나갔다 하는 성기(spicule)가 수컷의 끝에 달려 있으니까. 기생충 수컷의 끝부분이 둥글게 말려 있는 것은 충체 끝에 있는 성기를 보호하기 위한 목적도 있지만, 더 중요한 이유는 교접할 때 암컷을 붙잡기 위해서다. 수컷과 암컷이 합방을 하면 수컷의 정자가 암컷의 생식기(vulva)로 들어가야 한다. 암컷의 생식기는 끝부분이 아니라 몸 앞쪽 3분의 1에 있는데, 수컷의 끝이 구부러져 암컷을 붙잡지 않으면 정자를 건네는 게 어려울 수밖에 없다. 생식기부터는 긴 자궁이 연결되어 있다. 자궁은 수정낭(seminal receptacle)으로 이어지며, 이 수정낭은 난소에서 만들어진 난자가 자궁을 거슬러 내려온 정자와 만나는 곳이다. 그 둘의 만남 이후부터 알이 만들어지는데, 그 알들은 자궁을 가득 채우다 암컷의 생식기로 배출된다.

정교한 생식기를 갖고 있긴 하지만, 회충이 암수딴몸인 것은 그리 좋

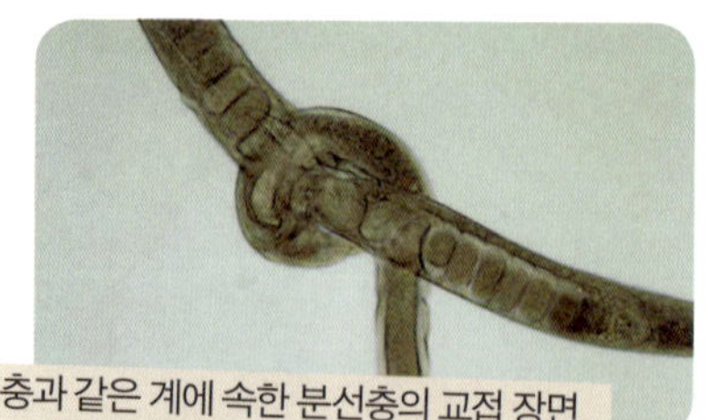

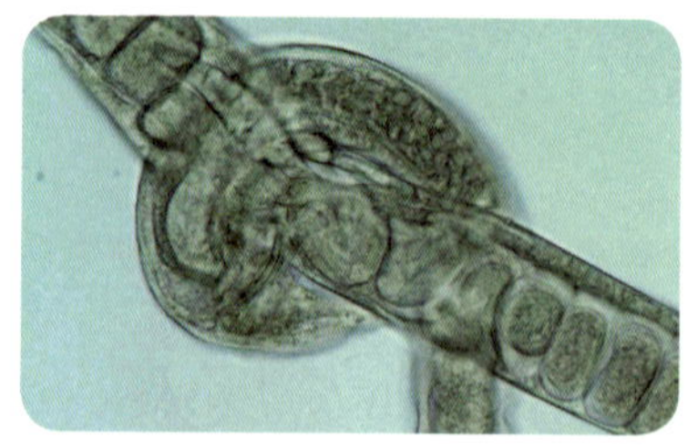

회충과 같은 계에 속한 분선충의 교접 장면.
구부러진 끝 부분으로 암컷을 휘감고 교접한다.

은 일만은 아니었다. 국민 1인당 회충을 수십 마리씩 갖고 있던 시절에야 아무 문제가 없었지만, 요즘처럼 잘해야 한두 마리 있을까 말까 한 상태에서는 회충 암·수가 같이 존재하는 일이 극히 드물다. 아무리 하루 20만 개의 알을 낳을 수 있으면 뭐하겠는가? 하늘을 봐야 별을 따지. 오늘도 회충 수컷은 누군가의 몸속에서 언제 올지 모르는 회충 암컷을 기다리며 한숨을 쉬고 있다.

간디스토마의 생식

회충이 멸종의 길을 걷게 된 이유가 암수딴몸이기 때문이라면, 간디스토마가 아직도 높은 감염률을 기록하며 버티고 있는 이유는 암수한몸이라는 데서 찾을 수 있다. 간디스토마에는 사슴뿔 모양의 고환이 두 개 있고, 거기서 정자가 만들어진다. 정자는 정관을 따라 생식공으로 가는데, 생식공은 암컷의 생식기와 수컷의 생식기가 만나는 곳이다. 생식공으로 들어간 정자는 생식공에 연결된 자궁으로 내려가게 되고, 계속 가다 보면 회충에서 봤던 수정낭을 만나게 된다. 물론 수정낭에는 난소에서 만들어진 난자가 기다리고 있다. 정자와 난자가 만나 수정이 이루어지면 그 근처에 있는 알 만드는 기관이 알을 조립한다. 만들어진 알은 자궁을 가득 채우고, 생식공을 통해서 외부로 배출된다. 이렇게 보면 간디스토마의 생식계는 회충과 비슷한데 다만 암·수가 한 충체 안에 있다는 게 다른 점이다.

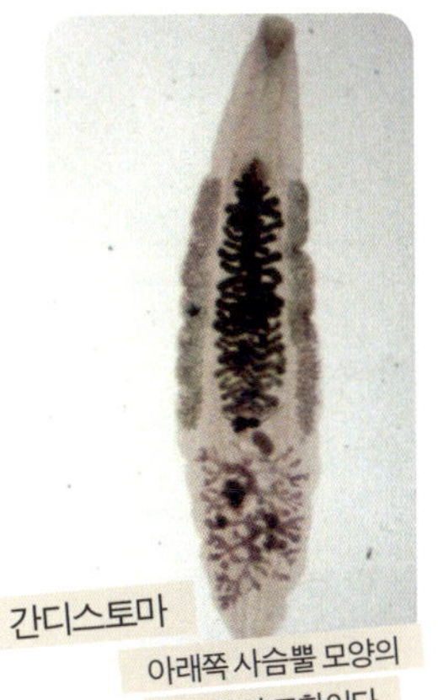

간디스토마
아래쪽 사슴뿔 모양의
구조물이 고환이다.

이런 암수한몸은 유전적으로 불리할 수밖에 없는데, 유전적으로 동일한 개체만 만들어 낼 수 있기 때문이다. 이 문제를 해결하기 위해 디스토마류는 로러씨 관(Laurer's canal)을 가지고 있다. 로러씨 관은 생식계에서 외부로 연결된 관으로, 정자 교환의 통로이다. 간디스토마는 두 마리씩 기생하면서 로러씨 관을 통해 다른 충체의 정자를 받으며, 자신의 정자를 그 충체한테 제공한다. 이 방법을 교차수정(cross fertilization)이라 하며, 이는 기생충이 자신의 유전적 다양성을 꾀하는 좋은 방법이다. 이것 역시 일종의 바람을 피우는 것일진대, 사람에게는 바람이 도덕적 비난의 대상이 되지만, 간디스토마의 바람은 칭찬의 대상이 되는 게 아이러니하다.

이상으로 대표적인 두 가지 기생충의 생식계를 알아봤다. 우리가 기생충의 생식계를 자세히 알 필요는 없지만, 최소한 이것만은 알아두자. 있을 건 다 있다는 것.

3. 기생충의 역사 | 평등의 상징에서 기회주의의 화신으로

현재까지 발견된 가장 오래된 기생충 알은 프랑스의 한 동굴에서 나온 3만년 된 회충 알이고, 그 후 1만 년 전으로 추측되는 남아프리카공화국의 동굴에서 회충 알과 편충 알이 나온 바 있다. 이건 사람에게서 그렇다는 것이지, 다른 생물체로 범위를 넓히면 기생충의 역사는 훨씬 더 위로 거슬러 올라간다. 덴치엔 디아스(Dentzien-Dias PC)라는 학자가 최근 유명 학술지에 게재한 논문에 의하면 고생대 상어의 분변에서 촌충으로 생각되는 기생충의 알이 잔뜩 나왔단다. 핵막이 있는 생물체가 처음 등장한 게 15억 년 전이고 현재까지 발견된 가장 오래된 상어의 화석이 4억 년 전이었으니 이번 발견은 생명체의 탄생 초기부터 기생충이 있었다는 주장을 뒷받침해 준다. 이런 견지에서 본다면 우리가 발견을 못했다 뿐이지 인간 역시 3만 년 훨씬 이전, 추측컨대 인류의 탄생 직후부터 몸에 기생충을 지니고 있었을 확률이 높다.

그 이후 인류는 거의 대부분 몸에 기생충을 지닌 채 살아야 했다.

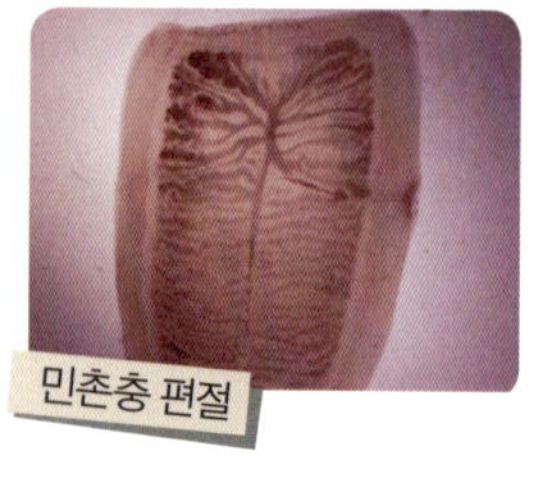

민촌충 편절

그 당시 기생충은 피할 수 있는 어떤 것이 아닌, 우리가 짊어지고 가야 할 숙명이었을 것이다. 실제로 오래 전 만들어진 미라들을 조사해 보면 어김없이 기생충이 나온다. 기원전 200년 전 이집트에서 막강한 권력을 휘둘렀을 PUM II 미라[1]에서도 회충 알이 나왔고, 이집트에 묻힌 이름 없는 민초들로부터도 회충 알이 나왔다. 쇠고기처럼 고급스러운 음식을 먹을 수 있었던 계층은 민촌충 같은 기생충에 더 잘 걸렸다는 차이점은 있겠지만, 모든 이가 회충 몇 마리씩을 갖고 있었다는 점에서는 빈부귀천이 따로 없었다.

비슷한 시기에 묻힌 중국 고급 관료의 무덤에서도 회충 알이 나온 것으로 보아 기생충은 사는 지역이 어디인지도 따지지 않았다. 한 가지가 더 있다면 기생충은 외모도 차별하지 않았다는 것. 기생충 알을 찾지는 못했지만 조선시대의 대표적 미녀였던 황진이도 회충 몇 마리쯤은 가지고 있었을 테고, 황진이를 흠모했지만 못생긴 외모 때문에 먼발치에서 바라보기만 했을 이름 모를 청년의 몸 안에도 회충이 들어 있었다. 황

진이가 미녀라고 해서 그 안에 있는 회충이 더 예뻤을 것 같진 않으니, 그 당시 기생충은 지구상 모든 이에게 평등했다.

그렇게 수만 년을 보낸 1900년대 중

---

1 PUM II 미라 : 펜실베니아대학교 박물관(Pennsylvania University Museum)에서 보관 중인 두 번째 미라라는 뜻.

반, 기생충은 더 이상 만인에게 평
등한 존재가 아니었다. 일찍이 산업
을 발달시킨 선진국들은 위생 시설
을 갖추는 등 대대적인 기생충 박
멸 정책을 폈다. 그 결과 기생충은
아프리카나 동남아 등 못사는 나라

들만 갖고 있는 '질병'이 됐다. 그리고 같은 나라에 살고 있다고 해서 기
생충 앞에서 평등한 것도 아니었다. 기생충은 도시 사람보다는 농어촌
사람에게 훨씬 더 흔하고, 부자보다는 가난한 사람을 더 많이 감염시키
는 기회주의적인 생물이 됐다. 우리나라만 해도 기생충의 대부분은 강
유역 혹은 해안가에서 생선과 해산물을 날로 드시는 마을 주민들의 몸
안에 존재한다. 몇 미터짜리 광절열두조충이 나온 후 "나 같은 인텔리
가 왜 기생충에 걸렸냐?"며 당황하는 신사 분의 모습과 기생충 검사를
하게 대변을 좀 달라는 내 말에 "기생충 같은 거 있어도 괜찮으니까 귀
찮게 하지 말라"고 하시는 시골 아저씨의 모습은 기생충이 더 이상 평
등의 상징이 아니라는 것을 의미한다. 그리고 기생충이 과거의 영화를
누릴 가능성은 점점 떨어져 가니, 기생충은 앞으로도 쭉 지금처럼 욕을
먹으면서 기회주의의 아이콘인 채 살아가게 될 것 같다.

4. 고기생충학의 진실 인류 이동의 비밀을 밝힌 기생충 알

한국에도 미라가 있다

고대 이집트 사람들은 사후 세계가 있다고 믿었다. 사후에도 잘 살기 위해서는 육신이 잘 보존돼야 하기에, 그들은 어떻게 하면 시체가 부패하지 않을 수 있는지 연구했다. 결국 그들은 내장을 꺼내고 방부처리를 함으로써 미라를 만들어 냈다. 하지만 미라가 발견되는 곳은 이집트만은 아니다. 해발 3천2백 미터의 알프스 빙하지대에서 발견된 '아이스맨'은 얼음이 녹지 않는 환경 덕분에 미라가 된 경우였고, 칠레나 페루 등 남미에서는 시체가 급속히 건조됨으로써 미라가 만들어졌

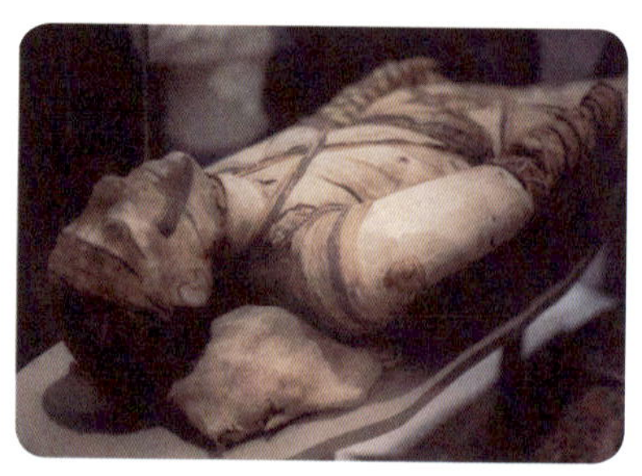

다. 그런가하면 덴마크의 늪지대에서 발견된 미라는 주변의 이끼가 세균 번식을 억제해 미라가 됐다. 이들 미라는 수많은 정보를 제공함으로써 상상만으로 존재하던 과거를 재구

성할 수 있게 해 준다.

　다른 나라를 부러워할 필요는 없다. 한국에서도 미라가 나오니 말이다. 자료에 의하면 2009년까지 우리나라에서는 총 39구의 미라가 발견됐다고 하는데, 그 후에도 미라는 쉬지 않고 발견되고 있다. 건조한 기후도 아니고 그렇다고 추운 기후도 아닌 우리나라에서 미라가 만들어진 비결은 뭘까? 답은 '회곽묘'에 있다. 15세기 후반부터 양반들이 쓰기 시작한 회곽묘는 17~18세기에는 중·하류층에서도 널리 이용됐는데, 우리나라의 미라들은 100퍼센트 이 회곽묘에서 발견된다. 서울대 신동훈 교수의 연구에 의하면 회곽묘가 미라를 만드는 메커니즘은 크게 두 가지로 요약된다. 첫째, 산소 차단. 나무로 된 관 주위에 회반죽을 부으면 산소가 차단되어 산소를 좋아하는 호기성 세균이 다 없어진다. 둘째, 열 발생. 산소가 차단돼도 혐기성 세균[2]이 남아 있으니 시체가 부패할 수 있는데, 회반죽이 굳을 때 발생하는 열이 남은 세균들을 모조리 죽인다. 연구에 따르면 섭씨 100도 이상의 고열이 세 시간 이상 지속됐다고 하니, 이 정도면 어떤 세균도 살아남지 못했으리라. 실제로 신 교수가 쥐를 죽여서 회곽묘에 넣어 봤더니 일반 관에 넣은 쥐와 달리 3년이 지나도 거의 썩지 않고 원형을 유지했다고 한다.

고기생충학의 탄생

인류는 오랜 기간 기생충과 더불어 살아왔다. 10만 년에 가까운 인류

2　혐기성 세균: 산소가 없는 조건에서 생육하는 세균으로, 무산소성 세균이라고도 함.

의 역사를 놓고 봤을 때 인간이 기생충 없이 살아온 기간은, 그것도 선진국에 국한된 얘기지만, 1950년대 이후의 60여년에 불과하다. 다시 말해 1950년 이전의 사람들은 웬만하면 몸에 기생충을 지니고 있었다. 사람이 죽으면 그 안에 있던 기생충은 다 분해되어 없어지지만, 단단한 껍질로 싸여 있는 기생충의 알은 환경만 허락한다면 몇 만 년이고 보존될 수 있다. 고기생충학은 이 지점에서부터 시작된다. 즉 미라나 사람이 묻혔던 무덤에서 기생충의 알을 발견하고 거기에 의미를 부여하는 학문, 그게 바로 고기생충학이다.

오래된 기생충 알을 발견해서 알 수 있는 정보는 생각보다 많다. 과거 사람들이 어떤 기생충에 걸렸는지를 알면 그들이 뭘 먹었는지를 알 수 있고, 생활양식과 건강 상태에 대해서도 어느 정도 파악이 가능하다. 예컨대 조선시대 육조거리에서 발견된 수많은 기생충의 알들은 당시 한양에 비가 많이 와서 변소가 범람했을 가능성을 시사해 주며, 다섯 살 된 어린이 미라의 몸에서 발견된 간디스토마의 알은 당시 양반집 자제는 어릴 적부터 생선회를 먹었다는 사실을 알려 준다. 조선시대 장군의 변에서 발견된 편충 알은 제 아무리 용감한 장군이라 해도 기생충의 마수에서 벗어날 수 없었음을 말해 준다. 그런데 고기생충학으로 알 수 있는 게 과연 이런 사소한 것들뿐일까. 여기서는 고기생충학으로 인해 밝혀진 사실을 두 가지만 얘기해 보고자 한다. 그래야 "저는 고기생충학을 전공합니다"라고 했을 때 "기생충이 멸종하니까 그딴 거 연구하는구나?" 같은 얘기를 하는 사람이 없어질 것 같아서.

인류 이동의 비밀을 밝힌 구충 알(십이지장충의 알)

인류가 처음 나타난 곳이 아프리카라는 것은 이미 알려진 사실이다. 10만 년 전쯤 아프리카에 나타난 호모 사피엔스는 네안데르탈인과의 전투에서 이기면서 점차 세력을 넓혀 나갔는데, 아프리카와 이어진 유럽과 아시아까지 가는 건 그리 어려운 일이 아니었겠지만, 문제는 베링해에 의해 가로막힌 아메리카 대륙이었다. 1493년 콜럼버스가 신대륙을 발견했을 때 그곳에는 이미 원주민이 살고 있었으니, 어떤 경로로든 인류가 아메리카로 간 건 분명했다. 여기서 나온 가설은 다음과 같다. 마지막 빙하기 때인 1만 3천 년 전, 그때는 베링해가 꽁꽁 얼어 있었고, 인류는 걸어서 그 베링해를 건너 알래스카로 갔다는 것. 이게 소위 말하는 클로비스 퍼스트 이론(Clovis first theory)으로, 베링해를 걸어서 신대륙으로 건너간 최초의 인류가 멕시코 부근에서 클로비스 문화를 꽃피웠다는 내용이다. 이 이론은 너무도 그럴듯해 오랫동안 진실로 받아들여졌다.

하지만 신대륙에서 발견된 구충 알이 이 이론에 이의를 제기했다. 알을 먹어서 감염되는 다른 기생충과 달리 구충은 흙 속에 있는 유충이 사람의 피부를 뚫고 들어와 감염된다. 조건만 좋다면 구충의 유충은 10개월까지 살 수 있지만, 14도 이하로 떨어지면 바로 죽어 버린다. 즉 빙하기의 베링해에서는 구충의 전파

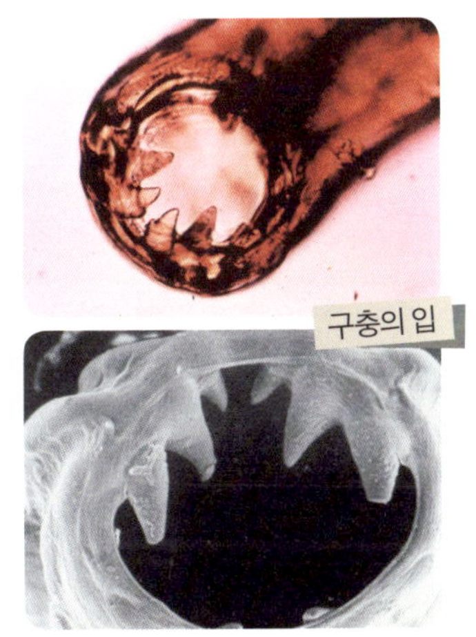

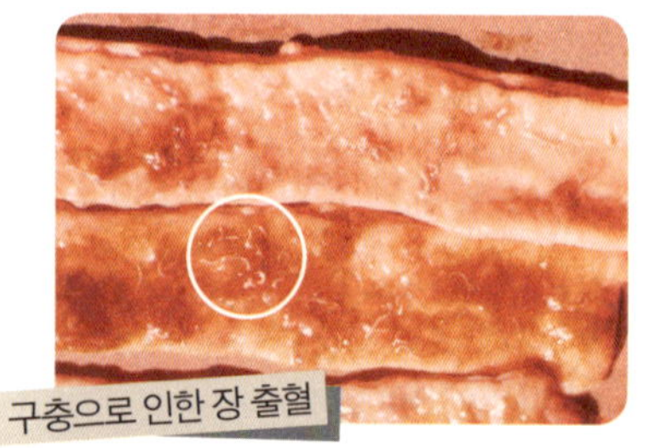
구충으로 인한 장 출혈

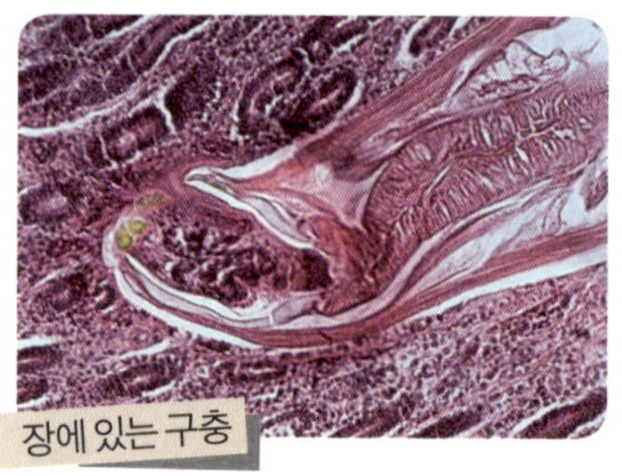
장에 있는 구충

가 전혀 이루어지지 못한다는 얘기다. 물론 사람이 구충을 몸에 지닌 채 베링해를 건너는 것도 가능하지만, 구충의 수명은 기껏해야 1.5년밖에 안 된다. 구충의 수명에 해당하는 1.5년 동안 베링해를 건너려면 1,856km/yr의 속도로 가야 한다. 하루 6킬로미터 꼴이니 전혀 불가능한 건 아니지만, 당시에는 나침반도 없었고, 얼음만으로 된 길을 그렇게 빨리 간다는 건 쉬운 일은 아니었을 거다. 그렇다면 아메리카 대륙에서 발견되는 구충은 콜럼버스가 배를 타고 가서 전파한 것이어야 하고, 1493년 이전에는 구충이 발견돼서는 안 된다. 그런데 앨리슨(Allison MJ)이란 학자가 A.D. 900년으로 추정되는 페루의 미라에서 구충 알을 발견한 거다. 심지어 브라질에서 나온 7천 년 된 사람의 변에서도 구충의 알이 발견됐으니, 이게 무슨 조화란 말인가? 결국 클로비스 이론은 수정됐다. 당시 인류는 베링해를 걸어서 건너는 것 이외에 다른 방법으로 신대륙에 갔고, 그건 아마도 배를 타고 바다를 건너는 것이었다고 말이다.

돼지의 억울함을 풀어 준 회충 알

모든 동물은 자신만의 고유한 회충을 갖는다. 사람은 사람회충(회충), 개는 개회충, 고래는 고래회충 이런 식인데, 사람이 고래회충 알을 먹으면 그 알이 유충으로 자라 위를 물어뜯을지언정 절대 성충이 될 수 없다. 사람에서 성충이 되어 알을 낳는 건 오로지 회충 알뿐, 하지만 여기에 한 가지 예외가 있다. 크럼프턴(Crompton DW) 박사에 따르면 "회충의 유행지에서 회충과 돼지회충의 교차 감염이 일어나고 있"단다. 다시 말해서 돼지회충 알을 먹으면 사람 몸에서 성충으로 자라 알을 낳는 게 가능하다는 얘기다.

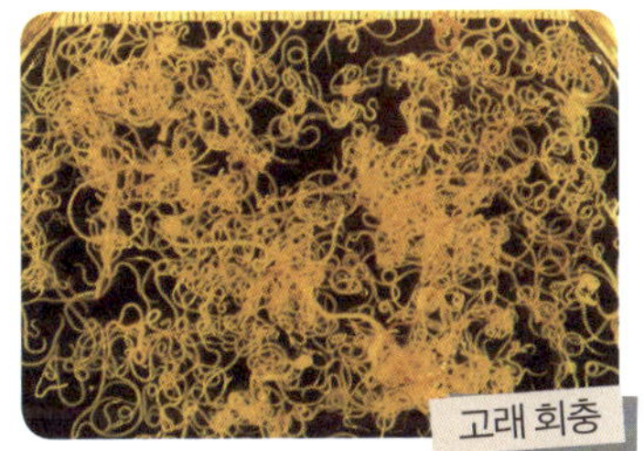

고래 회충

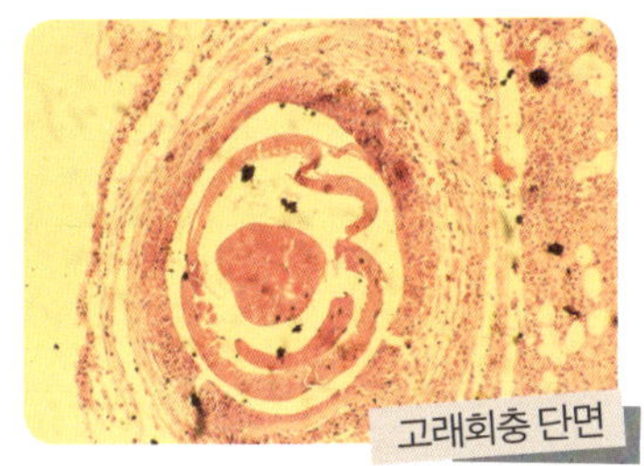

고래회충 단면

게다가 돼지회충의 알은 회충 알과 형태학적으로 구별이 불가능하고, DNA 서열도 99퍼센트 일치한다. 이쯤 되면 이 두 기생충의 조상이 같다는 생각을 해 봄직하다. 실제로 기생충학계에서는 회충과 돼지회충이 원래 한 종이었다가 나중에 둘로 분리됐다고 추측하고 있다. 그렇다면 최초의 숙주는 무엇이었을까? 사람의 회충이 돼지로 간 것일까, 아니면 돼지회충이 사람에게 간 것일까? 사람들은 원래 나쁜 건 다 돼지 탓을 하기 마련, 클릭스(Kliks MM)란 사람이 이에 대해 명쾌하게 답했다.

"원래 돼지회충이 있었는데, 신석기시대인가 구석기시대인가 사람이 돼지를 기르게 되면서 돼지회충이 사람에게 전파된 거다. 멧돼지를 봐. 전부 돼지회충에 걸려 있잖아? 이건 돼지를 사육하기 전부터 돼지회충이 있었다는 얘기다."

인간이 돼지를 기르기 시작한 것은 대략 9천 년 전이라고 한다. 중동에서 멧돼지를 잡아다 집에서 키운 게 그 효시이며, 그 후 아시아, 유럽, 아프리카로 퍼져 나갔다고 한다. 실제로 2만 5천 년 전 유적을 보면 사람들이 멧돼지를 사냥하러 다니는 벽화가 있으니, 그 이전에는 돼지를 기르지 않았던 게 확실해 보인다. 만일 멧돼지가 회충의 기원이 되는 숙주라면, 그래서 돼지를 기르면서 돼지회충이 사람에게 넘어온 것이라면, 9천 년 이전의 화석에선 회충 알이 발견되어선 안 된다. 하지만 클릭스에게 무척이나 안타까운 일이 생겼다. 프랑스의 아르시쉬르퀴르(Arcy-sur-Cure)라는 지역에서 오래된 동굴이 발견됐는데, 거기서 회충의 알이 발견됐다. 벽화 몇 점이 남아 있는 그 동굴은 대략 3만 년 전의 것으로 추정되었고, 돼지의 흔적은 전혀 발견되지 않았다. 그렇다면 답은 나왔다. 사람이 원래 회충을 가지고 있었고, 그러다 돼지를 키우게 됐다. 먹성이 좋은 그 돼지는 사람의 변을 먹었을 테고, 사람과 비슷한 환경을 가진 돼지의 장에서 회충 알이 부화되었을 것이다. 그렇게 오랜 세월이 흐르면서 회충과 돼지회충은 각각 다른 종으로 독립했다. 돼지를 기르지 않았던 아프리카 누비아 유적의 미라에서도 회충 알이 발견되었다는 사실은 돼지회충을 전파한 이가 인간이었음을 말해 준다. 고기생충학이 아니었다면 돼지는 억울한 누명을 뒤집어쓸 뻔했다.

고기생충학의 미래
이상과 같이 고기생충학은 우리에게 유용한 정보를 제공해 줄 수 있지만, 여기에는 두 가지 조건이 있다. 첫째, 고기생충학에 대한 아낌없는 지원이다. 돈 얘기만은 아니다. 미라가 나오는 회곽묘들은 대부분 우리나라를 좌우했던 명문가의 조상들. 그러다 보니 자기 가문의 조상이 미라가 됐으며 또 기생충까지 나온다는 사실이 알려지는 걸 원하지 않는다. 이장 과정에서 발견된 미라들 중 많은 수가 연구자 손을 거치지 못한 채 그냥 화장돼 버리는 것도 그 때문이다. 한국에서 나온 미라들의 연구 결과가 대부분 유수의 외국 학술지에 실렸다는 점을 감안하면, 양반 가문들의 대승적인 협조가 필요하다. 그 당시 사람들 중 기생충에 안 걸린 사람이 대체 어디 있겠는가? 또 하나는 고고학자들과 의학연구자들의 공동 연구다. 발견된 미라가 어느 시기의 것인지, 그 시기에는 어떤 사건이 있었는지를 알지 못한다면 제 아무리 기생충의 알을 많이 찾는다 해도 거기에 대단한 의미를 부여할 수 없으리라. 최근 의학자와 고고학자가 어울릴 수 있는 '고병리학회'가 만들어진 것은 그런 관점에서 보면 무척 고무적이다. 보다 멋진 고기생충학적 업적을 기대해 볼 수 있는 이유다.

5. 기생충 연구 │ 큰 거 한 방을 노린다

기생충학은 대변검사를 하는 과가 아니다

"왜 기생충을 하셨어요?"

외부 강의를 하다 보면 이런 질문을 많이 받는다. 심지어 의대에 다니는 학생들도 내가 왜 하고 많은 과목 중 기생충학을 평생의 직업으로 선택했는지 이해가 안가는 듯하다. 얼마 전 발표된 전국 기생충감염률이 2.6퍼센트였긴 해도, 피부로 느껴지는 기생충의 위협은 거의 없다시피 하니까. 나 역시 마찬가지였다. 본과 4학년 때 선택의학 과목으로 기생충학을 택하기 전까지만 해도 기생충학자로 살아가야겠다는 생각을 단 한 번도 한 적이 없었다. 하지만 이런 생각들은 기생충학이 하는 일에 대한 오해에서 비롯된 것이다.

예를 들어 해부학을 보자. 의대에서 해부학은 학생들로 하여금 사람의 몸을 실제로 보게 함으로써 나중에 환자 진료를 제대로 할 수 있도록 이끄는 학문이다. 그렇다고 해서 해부학과 교수들이 평상시 시신 해부만 하고 있는 건 아니다. 물론 학생들의 실습을 지도하는 건 맞지만, 강의 시간 이외의 나머지 시간에는 대체 뭘 하며 지낸단 말인가? 사람의 몸 구조에 대해 이미 다 아는 분들이 설마 시신 해부를 하면서 시간을 보낼까? 아니다. 그분들은 연구를 한다. 우리 대학 해부학과 김명주 교수의 최근 논문을 검색해 보면 이런 것이 눈에 띤다.

“서클링마우스(Circling mouse)의 해마 조직에서 칼슘과 결합하는 단백질의 농도 변화”

서클링마우스는 원인모를 장애로 인해 뺑뺑 도는 등 특이한 행동을 하는 쥐를 말하는데, 이 쥐가 왜 그런 행동을 하는지 원인을 규명하는 게 바로 김 교수가 하는 일이다. 그는 그 쥐의 행동이 칼슘과 관련이 있을 것으로 생각하고 연구하고 있는데, 이 연구 결과 그런 쥐에서는 칼슘과 결합하는 단백질의 농도가 낮다는 게 관찰됐다. 물론 이건 관찰 결과가 그렇다는 거지, 이 연구로 인해 서클링마우스가 만들어지는 이유가 모두 밝혀진 건 아니다. 게다가 우리나라의 다른 연구자들, 나아가서는 다른 나라의 연구자들도 이 원인을 알아내려고 노력하고 있는데, 이들은 서로 앞서거니 뒤서거니 하면서 진실의 탑에 다가가고 있다. 이것 말고도 김 교수는 16세기경으로 추정되는 미라의 간에서 간염바이러스를 검출해 이를 논문으로 쓰는 등 활발한 연구 활동을 하고 있다.

기생충학도 마찬가지다. 사람들이 날 지저분하게 보고, 악수하기를 꺼리는 이유는 내가 잘 안 씻는 걸 알아채서일지도 모르겠지만, 그보다는 내가 늘 대변만 만지고 있다는 선입견 때문이리라. 하지만 환자의 대변을 검사하는 과는 진단검사의학과이지 기생충학과가 아니다. 김명주 교수의 경우처럼 기생충학자들 역시 인류의 건강 증진을 위한 연구를 한다. 그 재료가 기생충이라는 점만 다를 뿐.

기생충 연구

그래도 이해가 잘 안 간다. 기생충을 가지고 대체 무슨 연구를 한단 말인가? 기생충 감염이 알레르기를 줄인다는 연구로 유명한 부산대 유학선 교수가 쓴 논문을 보자. 치명적인 뇌염을 일으키는 자유 생활 아메바가 생존하는 데 단백분해 억제제가 필수적이라는 사실을 알아낸 그의 논문은 이렇다 할 치료 약제가 없는 자유 생활 아메바의 치료제를 만드는 데 도움이 된다. 하지만 최근에 한 연구는 더욱 가슴에 와 닿는다. 다른 연구자들과 공동으로 한 연구를 통해 그는 "쥐가 선모충에 감염되면 종양의 크기가 줄어들고 먼 곳으로 전이도 덜 한다"는 사실을 알아냈다. 그렇다고 해서 암환자들에게 기생충을 감염시키자는 건 아니다. 그가 이런 연구를 하는 이유는 선모충 감염이 어떻게 암의 크기를 줄였느냐 하는 것이다. 그 메커니즘만 알 수 있다면 얼마든지 비슷한 효과를 내는 약제를 만들 수 있을 것이고, 그럼으로써 인류의 건강 증진에 기여할 수 있지 않겠는가?

세계적인 학술지 『네이처 메디신』에 실린 논문을 보자. 쥐를 두 그룹으로 나눈 뒤 지방이 많은 음식을 먹여서 비만을 유도했는데, 한 그룹의 쥐한테는 기생충이 분비하는 글리칸(구체적으로는 LNFP III)이란 물질을 같이 줬다. 두 그룹의 쥐 모두에게 비만이 찾아온 건 당연한 귀결이겠지만, 결정적인 차이가 있었다. 글리칸을 안 준 쥐에게는 비만으로 인한 당뇨가 찾아왔고, 콜레스테롤 수치도 높았던 반면, 글리칸 투여 쥐들에게서는 당뇨는 물론이고 콜레스테롤 상승도 나타나지 않았다. 어떻게 이런 일이 가능할까? 글리칸은 기생충이 숙주 면역을 회피하기 위해 분비하는 물질로, 염증을 줄여 주는 기능을 한다. 비만으로 인한 각종 부작용도 염증으로 인해 나타나는데, 기생충이 내는 글리칸이 이 염증을 완화시켜 준다는 거다. 놀라운 사실은 기생충이 내는 이 글리칸이 사람한테서도 발견됐다는 것. 발육 중인 태아와 모유에 분포한다는 게 알려졌는데, 아마도 염증에 극히 취약한 시기에 사람 몸을 보호하는 기능을 수행하는 듯했다. 하지만 아이가 태어나고 모유 수유가 중단된 이후엔 이 물질을 더 이상 보충할 수 없으니, 기생충에 감염되는 것만이 각종 고칼로리 음식이 넘쳐나는 현대 사회에서 우리가 건강하게 살 수 있는 유일한 방법이라는 게 저자들의 말이다.

당장 아픈 사람을 낫게 하는 건 아니지만, 성공하기만 한다면 수많은 사람에게 혜택을 줄 수 있는 것. 연구란 바로 이런 것이다. 페니실린이 얼마나 많은 사람의 목숨을 구했는지 생각해 보면 연구라는 게 우리 삶에서 꼭 필요하다는 데 동의할 수 있으리라. 그래서 난 늘 말하곤 한다. "임상 의사는 눈앞의 환자 한 명을 고치지만, 기생충 연구자는 큰 거 한 방을 노린다"고.

우리나라의 기생충 연구

기생충학교실이 처음 생겼던 1960년대부터 1980년에 이르기까지, 우리나라 기생충학 학술지에 실린 논문들을 보면 "어디 마을 주민들의 대변검사를 했더니 95퍼센트가 회충을 가지고 있더라"라든지 "다른 마을 주민들을 봤더니 간디스토마가 없는 사람이 없더라." 같은 내용이 주를 이뤘다. 이것도 크게 봐서는 연구에 속하지만, 우아함과는 거리가 먼, 대변을 가지고 씨름하는 일이었고, 학문적 깊이가 있는 연구도 아니었다. 그럴 수밖에 없었던 것이, 그 당시 우리나라의 전 국민 기생충 감염률은 80퍼센트를 넘었고, 그때 기생충학자의 사명은 기생충 감염률을 떨어뜨리는 일이었다. 금강산도 식후경이라는 말이 있듯이, 기생충에 걸려 고통받는 사람들이 천지에 있는데 "회충의 입술은 왜 세 개일까?" 같은 연구를 하는 건 사치였으니까. 우리나라에서 제대로 된 기생충 연구가 시작된 게 1990년대부터인 것도, 그때가 돼서야 비로소 기생충 감염률이 5퍼센트 이하로 떨어졌기 때문이다.

사람들은 나에게 말한다. 기생충을 연구하려면 아프리카로 가야 하지 않느냐고. 그들이 그런 말을 하는 건 우리나라에는 기생충이 없으니 기생충 연구가 불가능하다고 믿기 때문이다. 하지만 모든 분야가 다 그런 것처럼 기생충 연구도 미국이 가장 잘 한다. 그 나라에 기생충이 많아서가 아니라 많은 연구비와 연구 장비 등 연구에 필요한 인프라가 가장 잘 발달한 곳이 미국이기 때문이다. 하지만 남 따라잡는 일을 잘 하는 우리 민족의 특성은 기생충학에서도 드러나, 제대로 된 연구를 시작한 지 20여년 만에 우리나라는 제법 기생충 연구를 잘 하는 나라가 되었다. 세계적 학술지인 네이처에 논문을 실은 경북대 황의욱 교수의 경우를 비롯해 우리나라 학자들이 미국의 유수 학술지에 논문을 싣는 건 더 이상 뉴스거리가 못된다. 그뿐이 아니다. 이제 세계적 학술지 반열에 들어선 우리나라의 기생충학 학술지에는 중국을 비롯한 아시아의 다른 국가들이 제발 좀 논문을 실어 달라고 투고해 오곤 한다. 아시아뿐 아니라 프랑스와 헝가리 등 유럽 국가들에서도 논문을 보내오는 걸 보면 외국에 갔을 때 현대차가 다니는 걸 본 관광객처럼 마음 한구석이 뿌듯해진다.

기생충학계의 뒤안길

하지만 그 뿌듯함엔 이면도 있다. 30개 의과대학에 50명이 넘는 기생충학교수가 포진한 지금이 기생충학계의 마지막 봄날이 될 것 같아서다. 기생충이 멸종됐다는 인식 때문에 기생충학을 하고자 하는 사람이 점차 줄어들고 있고, 학교에서는 기생충학 교수의 채용을 꺼린다. 한 교수가 정년퇴임을 하면 새로운 교수로 충원이 되어야 하는데, 그렇지 못한 게 작금의 현실이다.

개인적으로 아쉬운 점은 기생충학과가 의과대학에 먼저 생겼다는 거다. 기생충은 사람에게만 있는 게 아니라 거의 모든 생물체가 기생충을 가지고 있어, 예를 들어 길을 가는 쥐를 잡아서 조사해 보면 거의 대부분 기생충이 발견된다. 그 기생충들 중에는 연구해 볼 가치가 있는 신기한 것들이 많고, 그중 일부는 사람에게도 감염되는 것들이다. 그렇다면 각 대학의 자연대마다 기생충학과가 있고 그 후에 의과대학에 생기는 게 맞고, 만약 그랬다면 기생충 연구의 저변도 지금보다는 넓었을 것 같다. 그런데 우리나라에서는 기생충학과가 '기생충 왕국'의 오명을 씻어 달라는 국가적 주문에 의해 만들어졌고, 그러다 보니 기생충 감염률이 3퍼센트선으로 떨어진 지금에 와서는 "이제 기생충학이 더 필요없다"는 얘기가 나오고 있다. 기생충학자들의 모임이 있을 때마다 50을 바라보는, 다른 데 가면 상석에 앉을 내가 선생님들 주문을 받는 등 아랫사람 노릇을 열심히 하는 것도 쓸쓸한 풍경이지만, 조금 더 있으면 사람이 없어서 모임 자체를 못하게 되지 않을까 하는 걱정마저 든다. 가장 먼저 기생충학과를 만든 서울의대에서 창립 50주년 행사를 하면서 "60주년이야 어떻게든 치를 수 있겠지만 70주년 행사는 할 수 있을까?"를 걱정한 건 결코 기우만은 아니었다.

그래도 기생충은 영원하다

기생충이 박멸되는 날이 과연 올까? 바퀴벌레나 모기가 박멸되는 광경을 상상할 수 없는 것처럼, 인류의 탄생부터 쭉 함께해 온 기생충도 박멸될 것 같지는 않다. 매년 100만 명 이상의 희생자를 만드는 말라리아만 해도 세계보건기구의 박멸 노력을 비웃듯 창궐하고 있지 않은가? 사실 우리나라의 기생충감염률 2.6퍼센트도 그리 낮은 수치가 아니다. 전국적으로 130만 명의 기생충 감염자가 있다는 말인데, 사람의 목숨을 빼앗는 기생충이 거의 없다 보니 별반 관심이 없지만, 기생충은 우리의 관심 여부에 무관하게 앞으로도 쭉 자기 자리를 지키고 있을 것이다. 꼭 '기생충학자'라는 타이틀은 아닐지라도 기생충을 아는 학자가 앞으로도 필요한 것도 그런 이유 때문이다.

6. 기생충, 인체 실험의 역사 | 장디스토마의
증상 알아보는 법

기생충학자의 뛰어난 연구 윤리

세균학자가 부러울 때가 있다. 세균을 많이 얻고 싶으면 배지(배양액)에다 세균을 묻히기만 하면 되니까 말이다. 다음날이 되면 세균을 묻힌 자리는 물론이고 배양접시 전체에 그 세균이 득실댈 거다. 물론 잘 안 자라는 세균도 있긴 하지만, 그래 봤자 기생충 실험에 비하면 사치에 가깝다. 회충을 예로 들어 보자. 회충 한 마리를 얻고 싶다면, 이론적으로는 회충 알 하나를 먹이면 된다. 그럼 100마리를 얻으려면? 100개의 회충 알을 먹이면 된다. 누구한테? 사람한테. 회충은 오직 사람 안에서만 성충으로 자라니 그 수밖에 없지 않겠는가? 그러다 보니 기생충 연구의 역사는 인체 실험의 역사일 수밖에 없다.

혹자는 이런 생각을 할지도 모른다. "기생충? 그거 뭐, 죽는 병도 아닌데, 아랫사람들한테 시키면 되지." 천연두를 해방시킨 에드워드 제너가 세계 최초로 천연두 예방접종을 시행한 사람은 자기 집 하녀의 여덟 살 난 아이였다. 결과가 좋았으니 다행이었지만, 그 광경을 바라보는 하녀의 마음은 새까맣게 타들어 갔으리라. 지금은 연구 윤리가 제대로 정립되어 아랫사람을 실험 대상으로 삼으면 논문 자체를 받아 주지 않고, 그래서 정 인체 실험이 필요하다면 연구자 자신이나 자신의 아내, 혹은 다른 가족 구성원을 대상으로 할 수밖에 없다. 신기한 건 기생충학자들의 높은 윤리관. 연구 윤리 같은 게 없던 그 옛날에도 기생충학자들은 대개 자신의 몸을 실험 대상으로 삼았다. 회충이 오염된 야채를 통해 전파된다는 걸 확인하기 위해 회충 알이 뿌려진 딸기를 먹은 연구자가 있는가 하면, 자신의 팔에다 십이지장충을 뿌린 분도 있다. '하녀'에게 기생충을 먹이는 게 너무하다고 생각해서 그랬을 수도 있지만, 어쩌면 기생충학자들은 기생충이 그다지 인체에 해를 끼치지 않는다는 걸 알기 때문에 그런 게 아닐까 싶다. 이유가 뭐든 간에 그 전통은 지금도 계속되어 후세의 귀감이 되고 있다. 여기서는 우리나라 학자들의 살신성인을 살펴보자.

장디스토마 실험

1983년, 경북 문경에 사는 21세 된 남자의 변에서 알 수 없는 기생충의 알이 나왔다. 환자에게 약을 먹인 후 장에 있는 충체를 꺼내 봤더니 호르텐스극구흡충이라는 기생충이 딱 한 마리 나왔다. 호르텐스극구흡충은 장에 사는 장디스토마의 일종으로 미꾸라지나 개구리를 덜 익혀 먹으면 걸리는데, 우리나라에서 이 기생충이 나온 것은 처음이었다. 환자는 말했다.

"제가 평소 마을에서 생선회를 즐겨 먹긴 했습니다만, 미꾸라지나 개구리를 먹은 적은 없어요."

환자에게서 나온 기생충은 틀림없이 호르텐스극구흡충이었으니, 미꾸라지나 개구리 말고 또 다른 물고기가 우리나라에서 이 기생충의 감염원 역할을 할 터였다. 환자에게 혹시 무슨 증상이 있었는지 물었다. 한 마리만 있어서였는지 아니면 환자가 한창 때라서 그랬는지, 그는 아무런 증상을 느끼지 못했다고 답했다.

장디스토마에는 수십 종 이상이 있는데 호르텐스극구흡충은 그중에서도 크기가 좀 큰 편이었다.

"그런데 아무런 증상도 없었다고?"

장디스토마의 세계적 대가이신 서울의대 채종일 교수는 이 기생충에 걸리면 어떤 증상이 생길지, 또 몇 마리쯤 감염돼야 증상이 나타날지 궁금했다. 기생충학의 오랜 전통답게 채 교수는 스스로 실험 대상이 되기로 하셨고, 연구원으로 일하던 김재입 선생에게 도움을 청했다. 여기서 연구원이 나선 걸 비난의 시각으로 봐선 안 되는 것이, 김 선생님은 우리가 흔히 말하는 그런 연구원이 아니기 때문이다. 기생충에 대한 사랑으로 따지자면 우리나라에서 단연 최고로, 서울대 기생충학과의 전성기를 만드는 데 혁혁한 공로를 세운 분이 바로 김 선생이다. 호르텐스극구흡충 실험도 김 선생은 흔쾌히 수락했는데, 채 교수는 미꾸라지에서 호르텐스극구흡충의 유충 서른네 마리를 꺼낸 뒤 자신은 일곱 마리를 먹고 김 선생에게 스물일곱 마리를 줬다. 당시 34세로 젊었던 채 교수가 42세의 김 선생보다 더 적은 수의 유충을 먹은 건 비판의 소지가 있다. 하지만 실험의 취지가 "몇 마리가 감염돼야 증상이 생기나"였기 때문에 7 대 27로 나눈 건 어쩔 수 없는 선택이었고, 기생충에 대한 사랑이 김 선생이 더 컸던지라 스물일곱 마리짜리는 김 선생의 몫이 됐다. 결과는 다음과 같았다.

　－ 일곱 마리를 먹은 채 교수의 증언: 5일째부터 궤양 비슷한 통증이 있었다. 7일째가 되니 온몸의 쇠약감이 느껴졌다. 이 증상은 기생충 약을 먹었던 28일째까지 간헐적으로 계속됐다. 설사는 단 한 번도 한 적이 없다.

　－ 스물일곱 마리를 먹은 김 선생의 증언: 7일째부터 배가 살살 아파 오기 시작했다. 그러다 갑자기 궤양 비슷한 심한 통증이 찾아왔고, 온몸의 쇠약감이 느껴졌다. 이 증상은 기생충 약을 먹었던 28일째까지 쉬지 않고 계속됐다. 너무 아파서 잠도 못 잘 지경이었다. 19일째부터는 설사가 나오기 시작했으며, 하루도 설사를 안 한 날이 없다.

　김 선생님이 더 고생을 했지만, 두 분 다 수고하셨다. 일본에서도 호르텐스극구흡충을 가지고 인체 실험을 한 적이 있다. 그때는 연구자가 직접 먹지 않고 자원자를 모집했고, 두 명에게는 열 마리씩, 다섯 명에게는 삼십 마리씩 먹인 뒤 경과를 관찰했다. 미국의 한 학자는 자원자 한 명을 선발해 뱀에서 얻은 장디스토마의 유충을 먹인 뒤 임상 증상을 관찰한 바 있다. 이 실험이 좀 놀라운 것은 무려 40개월이나 경과 관찰을 했다는 점인데, 실험의 목적이 "이 기생충이 인체 내에서 얼마나 살 수 있는가?"를 알아보기 위함이었으니, 치료 약을 쓰지 않고 대변에서 알이 안 나올 때까지 계속 기다린 것도 이해는 간다. 그렇긴 해도 이런 결론을 내릴 수 있다. "우리나라 기생충학자들이 일본과 미국 학자보다 좀 더 윤리적이었다."

아시아조충 실험

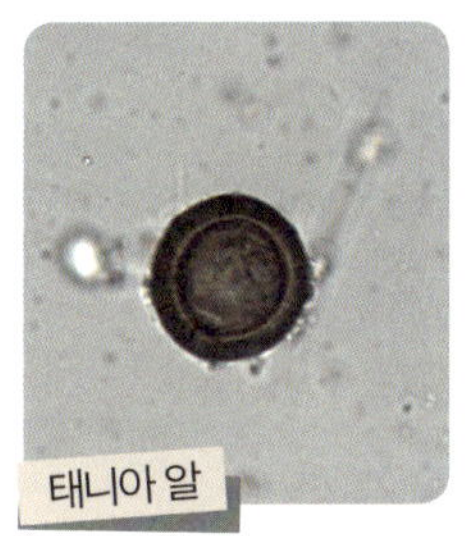

태니아(Taenia sp.)에 속하는 촌충은 두 가지가 있었다. 돼지고기를 먹고 감염되는 갈고리촌충과 쇠고기를 먹고 걸리는 민촌충. 하지만 여기엔 한 가지 이상한 점이 있었다. 세계적으로 봤을 때 민촌충이 갈고리촌충보다 훨씬 많아서, 그 비율이 9 대 1쯤 된다. 미국처럼 소를 많이 먹는 나라라면 모를까, 한국을 비롯한 아시아 여러 나라들에선 소보다 돼지를 더 많이 먹는데 왜 민촌충이 더 많은 것일까? 우리나라만 해도 민촌충에 걸릴 만큼 쇠고기를 자주 먹는 사람이 별로 없지 않은가? 이런 의문을 떠올렸던 학자는 한둘이 아니었지만, 이 수수께끼를 풀기 위해 연구에 뛰어든 사람은 극히 드물었다.

충북의대 기생충학과의 엄기선 교수는 그 수수께끼를 풀고자 했던 몇 안 되는 분 중 하나였다. 태니아를 평생의 기생충으로 삼고 연구에 매진하던 엄 교수가 결정적인 힌트를 얻은 것은 소록도를 조사하고 나서였다. '소록도'라는 이름과 달리 그 섬에는 소가 한 마리도 없어, 거기 계신 분들이 먹는 고기라곤 돼지가 전부였다. 그런데 그 섬에 사는 분들 중 일부에서 민촌충이 나왔다. 돼지처럼 생긴 소가 한 마리 섞여

변으로 나온 아시아조충의 조각

변으로 나온 민촌충의 조각

있었다면 모를까, 이런 일이 생기는 건 필시 무슨 곡절이 있을 터였다. 환자들을 탐문한 엄 교수는 그들이 돼지고기를 먹는 이외에 돼지의 간과 내장까지 먹는다는 걸 알아냈다. 그때 엄 교수가 내린 결론은 다음과 같았다.

"그렇다면 돼지 간과 내장을 통해 전파되는 제3의 태니아가 있을 거야. 그 태니아는 민촌충과 비슷하게 생겼지만 사실은 민촌충이 아닌 거지. 내가 지금부터 할 일은 돼지의 간과 내장을 뒤져 제3의 태니아 유충을 찾아내는 거야."

엄 교수는 도축장에 가서 돼지의 간과 내장을 살피기 시작했다. 한 돼지의 간에 하얀 색의, 지방 같은 물체가 보였다. 꺼내서 보니까 지방이 아니라 기생충의 유충이었다. 크기가 3밀리미터 정도밖에 안 되어서 여차하면 놓칠 수도 있었는데, 그걸 잡아낸 걸 보면 눈이 보통은 아닌 셈이었다. 그게 제3의 태니아 유충이라는 것을 확신한 엄 교수는 그 유충을 꿀꺽 삼켰다. 태니아는 오직 사람에게서만 성충이 되니 쥐한테 먹일 수는 없고, 그 귀한 유충을 다른 사람에게 먹이는 건 상상도 못할 노릇이었을 거다. 젊은 연구원이 그 유충을 먹고 술을 먹을 수도 있고, 설사나 구토를 하다가 유충이 잘못되기라도 하면 어쩌겠는가? 술을 무척 좋아하시는 엄 교수지만, 유충을 먹고 난 뒤에는 무척 바른

생활을 하셨으리라. 75일이 지
난 뒤 엄 교수는 프라지콴텔을
먹었고, 자신의 변에서 2미터까
지 자란 촌충을 발견할 수 있었
다. 얼핏 봐서는 민촌충처럼 보

이지만, 현미경으로 머리와 몸통을 면밀히 살핀 결과 민촌충과 다르다
는 것을 알 수 있었다. 오랜 의문이었던 제3의 태니아가 우리나라 학자
에 의해 그 정체가 드러나는 순간이었다. 엄 교수는 이 제3의 태니아의
이름을 '아시아조충'이라고 지었고, 그 후 다른 여러 나라에서 아시아조
충의 존재가 확인됐다. 엄 교수의 노력 덕분에 "인체 감염 태니아는 3종
이 있다"는 건 이제 학계의 상식이 됐으며, 엄 교수의 이름은 모든 기생
충학 교과서에 실렸다. 기생충학의 전통이던 연구 윤리도 지키고 훌륭
한 업적도 남겼으니 이거야말로 일석이조가 아닐까?

그 밖의 몸 바친 연구들

돼지근육포자충(Sarcocystis suihominis)이라는 기생충이 있다. 돼지고
기를 덜 익혀 먹으면 걸리는 것으로, 교과서에는 "대부분의 인체 감염
은 무증상이다"라고 되어 있다. 정말 그런지 알아보기 위해 중국 기생
충학계가 나섰다. 그들은 자원자 한 명을 구해 7만개 가량의 근육포자
충이 들어 있는 돼지고기를 생으로 먹이고 시간에 따른 증상을 기록
했다. 교과서와는 달리 그 자원자의 경험은 그리 유쾌한 게 아니었다.

"다섯 시간째부터 배가 불러 오기 시작했어요. 여덟 시간째부터 36시
간까지 물설사를 열세 번이나 했고 구토도 네 번이나 했습니다. 열이

38.5도까지 올랐고, 추웠습니다. 어지럽고 두통이 있는데다 근육통도 있었습니다."

상황이 이랬는데도 이분에게 치료 약을 쓴 것은 15일째에 이르러서였다. 이렇게 할 수 있었던 건 그 자원자가 중국의 기생충학자였기 때문. 논문에 사용될 모든 결과를 혼자서 만들어 낸 이 분-Li JH-은 당연하게도 제1저자의 영광을 차지한다.

1980년대 중반, 미국에서는 실로 엄청난 연구가 이루어졌다. 십이지장충이 과연 얼마나 오랫동안 사람 몸에서 알을 낳을 수 있는지를 알아보기 위해 자원자에게 십이지장충의 유충 세 마리를 감염시켰다. 그런데 그 기간이 놀랍다. 무려 18년 4개월간 주기적으로 대변검사를 했으니 말이다. 그 결과 십이지장충의 알 낳기에 대해 많은 정보를 얻긴 했지만, 영 뒷맛이 개운치 않다. 18년이라니, 1.8년도 아니고 18년이라니! 2012년에도 자원자에게 십이지장충을 먹인 뒤 장 면역 반응을 관찰한 실험이 이루어진 것으로 보아, 미국은 스스로 몸 바치는 것보다 자원자를 모집해 실험하는 쪽으로 방향을 바꾼 게 틀림없다.

질적으로 다른 동양안충 연구

2000년, 난 건국대 유재란 교수와 함께 동양안충의 벡터[3]를 찾고 있었다. 동양안충이란 눈에 사는 기생충으로, 외국의 경우를 보면 산에 사는 야생 초파리가 벡터 역할을 한다. 충주 부근의 야산에 올라가서

---

3 벡터: 감염원의 한 종류. 감염원이 곤충인 경우로, 일반적인 감염원인 음식이나 흙과 구별해서 표기한 것.

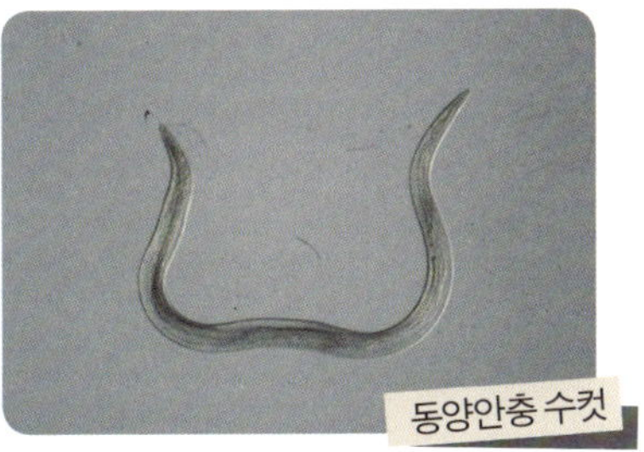

보니까 과연 눈에 들러붙는 초파리가 잔뜩 있었다. 이들이 사람 눈물을 핥을 때 초파리 안에 있던 동양안충의 3기 유충이 들어감으로써 감염이 이루어지는 것이리라. 우리는 초파리를 열심히 잡아서 뒤져 봤지만 3기 유충을 전혀 발견하지 못했기에, 아예 방법을 달리하기로 했다.

1) 개 눈에서 구한 살아 있는 동양안충에서 1기 유충을 꺼낸다.
2) 1기 유충을 충추 야산에서 잡은 초파리에 감염시킨다.
3) 열흘 후 초파리에서 동양안충의 3기 유충을 꺼낸다.
4) 인근 주민이 키우는 개를 실험 대상으로 쓰겠다고 한 뒤 3기 유충을 개 눈에 넣는다.
5) 한 달쯤 있다가 개의 눈에서 성충으로 자란 동양안충을 확인한다.

절차가 복잡하긴 하지만 이렇게 하면 그 초파리가 동양안충의 벡터임이 증명되는 것. 하지만 실험은 생각처럼 잘 되지 않았다. 일단 야생 초파리는 실험실에서 잘 자라지 않아, 1기 유충을 먹인 초파리들은 하루가 지날 때마다 와장창 죽어 있었다. 열흘째까지 산 초파리는 겨

우 두세 마리, 그 초파리를 해부해서 3기 유충 비슷한 게 보이면 무조
건 개 눈에 넣었다. 한 달 후, 개 눈에는 아무 것도 없었고, 그 개는 대
체 왜 나를 괴롭히냐는 표정으로 날 바라보고 있었다. 별 수 없이 1)부
터 3)까지의 과정을 반복해야 했다. 3기 유충을 개 눈에다 넣기 전에 이
런 말을 했다.

"개한테 그러는 게 정말 미안하네요."
같이 일하던 연구원이 말했다.
"그럼 선생님 눈에 넣으시면 되잖아요."
그래서 난 정말 내 눈에 동양안충의 유충을 넣었다.

나중에 이 얘기가 기사로 나간 건, 내가 기생충 책을 내면서 동양안
충을 내 눈에 넣었다고 스스로 떠들었기 때문이었다. 감동적인 스토리
를 원하던 매스컴은 내 얘기를 기사로 썼다. 몇 명의 독자는 그 기사에
이런 댓글을 달았다.

"저 분들이 인류의 미래를 만드는 분들입니다."
"항상 과학자들의 노고에 감사드립니다."
하지만 내 행동은 위에서 언급한 '몸 바친 연구들'과 질적으로 달랐다.

1) 치밀한 계획 아래 시행한 게 아니라 얼떨결에 눈에다 넣었다.
2) 동양안충은 눈이 큰 동물을 좋아하며, 사람은 동양안충의 좋은
   숙주가 아니다. 하춘화, 이나영 등 눈이 큰 사람이라면 또 모를

까, 내 눈에서 동양안충이 자라는 건 불가능했다. 당연히 실험은
실패였고, 난 벡터를 찾았다는 논문을 아직도 쓰지 못하고 있다.
3) 원래 이런 일은 남들이 소문을 내야 정상이지만, 난 스스로 소문
을 냈으니 '미담'이라고 하기에는 한참 모자란다.

그렇다고 내가 연구에 몸 바칠 뜻이
없는 건 아니다. "광절열두조충의 유충
을 찾으면 무조건 내가 먹어서 맞는지
여부를 확인하겠다"고 평소 떠들고 다
니는 것처럼, 기회만 주어진다면 언제
나 기생충의 유충을 먹을 각오가 되어

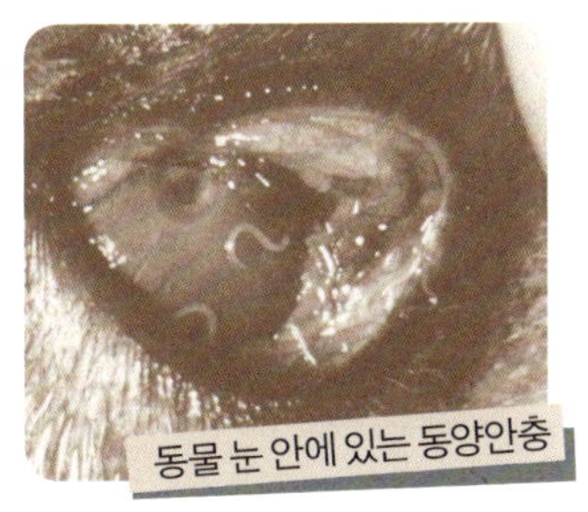

있으니까. 나뿐 아니라 우리나라 기생충학자 대부분이 그럴 것이다. 우
리가 적은 숫자임에도 불구하고 연구 면에서 기생충 선진국과 경합을
벌일 수 있는 저력도 여기에 있지 않을까?

7. 알레르기와 기생충 │ 기생충이 알레르기를 고친다

알레르기가 흔해지고 있다

알레르기성 비염은 괴로운 병이다. 들이마시는 공기 중 코 점막에 알레르기를 유발하는 물질이 포함되었을 때 발병하며, 코감기 증상이 나타난다. 투명한 콧물이 수시로, 밑도 끝도 없이 흘러내리고, 수시로 재채기를 하며, 코와 눈이 가렵다. 코감기는 일주일 정도 있으면 회복되는데 비해 알레르기성 비염은 언제 회복될지 기약이 없으니 심난하다. 할 수 없이 주머니 속에 여행용 티슈를 가지고 다니며 수시로 콧물을 닦아야 하는데, 그 당시 내게 여자 친구가 없었던 이유를 난 알레르기성 비염으로 추측한다. 데이트 때마다 노상 코를 푸는 모습을 이해해 주는 여자는 아주 많진 않으니까. 감기는 겨울에만 조심하면 되지만, 이 질환은 시도 때도 없이 사람을 괴롭히며, 심지어 일 년 내내 이 질환으로 고생하는 사람도 한둘이 아니다.

20년 전만 해도 알레르기성 비염이 그리 흔하지 않았지만, 지금은 눈에 띄게 비염 환자가 많아졌다. 옛날만 해도 "나 비염이야" 이러면 다들 동정심을 표하고, "일찍 집에 가서 쉬라"고 해 줬던 반면 요즘엔 "너만 비염이냐?"며 면박을 주는 통에 머쓱했던 경험이 있다. 알레르기성 비염, 아토피성 피부염 그리고 천식을 '알레르기성 질환'이라 부르는데, 신기한 것은 잘 사는 나라들에서는 공통적으로 이 질환들의 빈도가 크게 늘었다는 점이다. 아토피성 피부염을 예로 들어 보면 지난 30년 동안 소위 선진국에서는 아토피가 2~3배나 증가해, 어린아이들의 15~20퍼센트가 이것으로 고생한단다. 우리나라도 예외는 아니어서, 가장 최근의 조사에 따르면 0~13세까지 아이들 중 과거 12개월간 아토피를 앓은 아이는 16.6퍼센트, 천식 7.6퍼센트, 알레르기성 비염은 무려 36.5퍼센트에 달한다. 대체 알레르기 질환은 왜 점점 늘어나는 걸까?

위생 가설

이것을 설명하기 위한 게 바로 '위생 가설'이다. 1989년 영국의 스트라칸 박사(David P. Strachan)는 형제 수가 많을수록 아토피 발병률이 낮다고 주장했는데, 처음에는 이런 주장에 반신반의하던 사람들이 추가적인 연구를 통해 그의 가설에 일리가 있음을 확인한다. 즉 알레르기

는 병원균에 덜 노출되어 생기는데, 형제자매가 많다 보면 그중 한두 명은 밖에서 병원균을 묻힌 채 집에 오게 마련이고, 그러다 보면 가족 구성원 전체가 병원균에 반복적으로 노출됨으로써 알레르기가 생기지 않는다는 거다. 반면 외동아들로 온갖 서비스를 받으며 귀하게 자란

아이는 병원균을 접할 기회가 없다 보니 아토피에 걸리기 쉽다는 게 위생 가설의 주요 내용이다.

더러울수록 알레르기에 덜 걸린다? 여기에 힌트를 얻은 기생충학자들은 더러움의 상징인 기생충과 알레르기의 관계를 연구하기 시작, 기생충이 박멸된 나라에선 알레르기 질환이 많은 반면 베네수엘라나 에콰도르처럼 기생충이 많은 나라들에서는 알레르기가 드물다는 사실을 밝혀낸다. 에릭 오티슨(Eric Ottesen)의 연구는 이게 우연이 아니라는 확실한 증거였다. 미국 알레르기 및 전염병 연구소 임상기생충학 책임자였던 오티슨은 남태평양 쿡 제도의 한 섬인 마우케(Mauke) 섬의 주민들을 조사했는데, 1973년에는 주민 600명 중 3퍼센트만 알레르기 질환을 앓고 있었던 반면 1992년에는 그 비율이 15퍼센트로 증가한 것을 관찰했다. 놀라운 사실은 그 기간 동안 오티슨은 기생충 박멸을 위한 각종 의료 시설을 건립해 치료에 힘썼고, 그 결과 30퍼센트가 넘던 기생충 감염률이 5퍼센트 이하로 떨어졌다는 것. 이 결과는 기생충과 알레르기가 밀접한 관계가 있음을 잘 보여 준다.

알레르기가 일어나는 이유

지하철을 타고 있는데 모르는 사람이 발을 밟았다고 해 보자. 그 사람이 미안하다고 하면 대부분은 "그럴 수도 있지요"라며 넘어간다. 하지만 "미안하면 다야?"라며 발을 밟은 사람의 멱살을 잡는다면 사람들은 "왜 저렇게 과민하지?" 하고 의아해할 것이다. 이처럼 알레르기는 남들이 다 넘어가는 일에 지나치게 흥분해 난동을 부리고, 결국 경찰에 구금됨으로써 자기 자신에게까지 해를 끼치는 행위를 뜻한다. 다들 그냥 넘어가는 일에 그 남자는 왜 그렇게 과민하게 반응했을까? 가장 쉽게 생각할 수 있는 게 '실연'이다. 애인과 헤어져서 가뜩이나 우울했던 터라, 누군가에게 화풀이를 하고 싶었을 수 있다.

기생충학자들은 알레르기도 그와 비슷한 동기로 일어난다고 말한다. 즉 인류는 오랜 세월 동안 몸 안에 기생충을 품고 살았다. 우리 몸을 지키는 파수꾼인 면역계로서는 기생충을 그냥 둘 수 없기에 항체를 만들어 공격하기도 하고, 주변에서 보초를 서면서 혹시 나쁜 짓을 하지 않는지 감시하기도 했다. 그렇게 수 만년이 흘렀다. 그러던 어느 날 갑자기 기생충이 없어지기 시작했다. 기생충을 감시하던 보초들은 처음에는 할 일이 없어서 좋아하다가, 나중에는 심심해했다. 면역세포들은 말하곤 했다. "그 녀석이 있을 때가 봄날이었지.", "대체 우릴 버리고 어딜 간 거야?" 그 결과 면역세포들은 과민해졌고, 나중에는 비슷한 것만 봐도, 아니 비슷하지도 않은 것들에 대해서도 분노를 폭발시키는 경향을 보였다. "저 놈 잡아라!"라는 누군가의 한 마디에 면역세포들이 우르르 몰려가 한바탕 난리법석을 떠는 것, 그게 바로 알레르기다. 그 장소가 호흡기라면 기관지가 갑자기 수축해 숨쉬기가 곤란해지는 천식이, 피부라면 가려움과 더불어 빨갛게 되는 아토피가 일어나고, 코 점막에서 이런 일이 생기면 알레르기성 비염이 일어나는 거다.

좋은 항체, 나쁜 항체

알레르기에서 가장 중요한 면역세포는 비만세포(mast cell)다. 비만세포에는 히스타민이라는 물질이 들어 있는데, 히스타민은 혈관 확장과 기관지 수축을 일으키는, 알레르기 증상을 일으키는 주범이다. 다시 말해서 알레르기는 괜스레 흥분한 비만세포가 히스타민을 방출함으로써 벌어지는 일련의 사태를 뜻한다. 알레르기의 약이 항히스타민제인 것도 바로 이런 이유다.

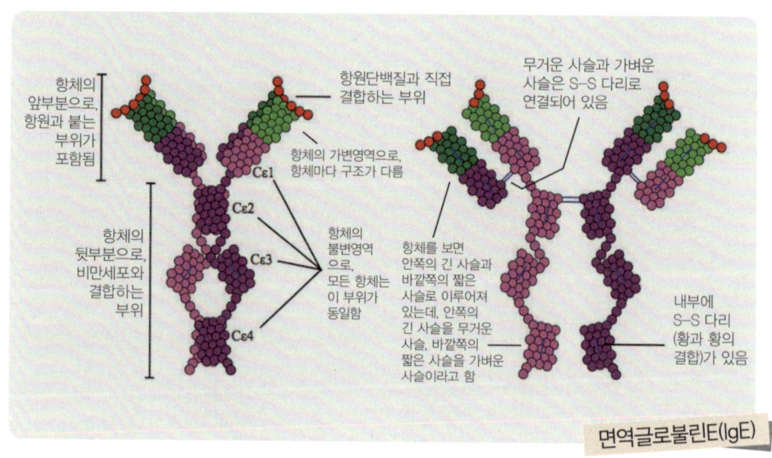

비만세포가 히스타민을 방출하는 데는 조건이 있다. 항체를 좀 유식한 말로 면역글로불린이라고 하는데, 면역글로불린은 외부에서 세균이나 바이러스 등의 이물질이 들어왔을 때 만들어지는 항체를 말하며, 형태와 기능에 따라 나뉘는데, 면역글로불린G, M, E, A, D의 다섯 종류가 있다. 혈액 중에 가장 흔한 게 G고 창자 속에 있는 것은 A, 이런 식으로 각각의 쓰임새가 다 다르다. 이 다섯 가지를 모두 알 필요는 없고, 여기서는 알레르기에서 중요한 항체가 면역글로불린E(IgE)라는 것만 알면 된다. 면역글로불린E는 알레르기 증상을 일으키는 것과 관계가 있음이 알려졌고, 또한 기생충 감염시에도 면역글로불린E가 높아진다. 이 면역글로불린E는 비만세포에 붙어서 더듬이 역할을 하는데, 꽃가루처럼 좀 만만해 보이는 것이 우리 몸에 들어오면 비만세포한테 "적이 공격한다!"라고 잘못된 정보를 준다. 안 속으면 좋겠지만 알레르기 환자의 비만세포는 정말 큰일이 났다고 생각하고 히스타민을 잔뜩 방출한다. 항체라고 하면 다 좋은 것만 생각하지만, 이 면역글로불린E는 비만세포를 가지고 장난을 치는 나쁜 항체라고 할 수 있고, 알레르기 환자에게는 얄궂게도 면역글로불린E가 많다. 신기한 것은 기생충에 감염될 때도 이 면역글로불린E가 많아진다는 것. 하지만 기생충 감염시 증가하는 면역글로불린E는 알레르기 때의 나쁜 면역글로불린E와 다르다. 비만세포에 달라붙어 더듬이 역할을 할 때 거짓말을 하는 일이 없어, 비만세포가 함부로 히스타민을 분비하지 못하도록 하니까. 즉 기생충 감염시 만들어지는 면역글로불린E는 착한 항체라고 부를 수 있겠다.

착한 항체가 알레르기를 막는 방법

아직 정확한 메커니즘은 알려지지 않았지만, 다음과 같은 세 가지가 알려져 있다. 첫째, 선점설. 여자에게 접근해서 돈을 상습적으로 빼앗는 나쁜 남자가 있다고 치자. 하지만 그는 애인이 있는 여자에겐 쉽사리 접근하지 못한다. 마찬가지로 비만세포의 표면이 비어 있다면 나쁜 항체가 달라붙어 더듬이 역할을 하면서 히스타민을 방출하도록 유혹하겠지만, 비만세포에 기생충으로 인해 만들어진 좋은 항체가 이미 붙어 있다면 나쁜 항체는 더 이상 비만세포를 속일 수 없다. 둘째, 자원 고갈설. 나쁜 남자가 여자에게 돈을 뜯어내려는데, 여자가 이미 좋은 남자에게 돈을 빌려 준 경우와 비슷하다. 여자가 "나 돈 없어. 다른 애 꿔 줬어"라고 하는데 나쁜 남자인들 어쩌겠는가? 나쁜 항체든 좋은 항체든 만들어지는 곳은 같은데, 기생충이 있으면 우리 몸은 기생충에 대한 항체, 즉 좋은 항체를 우선적으로 만들 수밖에 없고, 나쁜 항체는 상대적으로 덜 만들어진다. 셋째, 자장가설. 나쁜 남자가 나타난다고 하니까 좋은 남자는 자기 애인한테 이렇게 말한다.

"당분간 집에서 잠이나 자라. 뒷일은 내가 책임질게."

기생충도 우리 면역계한테 말한다.

"너희들 잠시 좀 쉬어라. 내가 알아서 할게."

실제로 기생충에 감염되면 숙주의 면역은 전반적으로 억제되어, 꽃가루 등이 들어와도 반응 자체를 안 하게 된다. 메커니즘이야 어떻든 현재 알레르기 질환과 기생충 감염에 대한 수많은 연구가 이루어지는 중으로, 많은 기생충이 실제로 쥐에서 기관지 천식을 감소시켜 줬단다.

그럼 어떻게 해야 할까? 알레르기를 없애기 위해 억지로 기생충에 걸려야 하나? 실제로 그런 사람이 있었다. 도쿄대학의 후지타 고이치로 교수는 자신의 장 속에서 촌충을 3년이나 길렀다고 한다. 그는 어시장에서 불결한 생선을 골라 먹고 겨우 촌충에 감염됐다고 하는데, 알레르기 질환도 완화시킬 수 있고 살도 뺄 수 있는 방법이긴 해도 이런 걸 다른 사람에게 권할 수는 없는 노릇이다. 이런 엽기적인 거 말고 좀 더 건전한 방법은 없을까? 있다. 기생충을 먹는 대신 기생충의 추출물을 주사하는 거다. 기생충을 접시에 담아 따뜻한 곳에 놔두면 기생충이 몸 안에 있는 것을 밖으로 배출하는데, 이걸 기생충의 분비배설항원이라고 부른다. 이 분비배설항원을 투여해도 알레르기 억제에 긍정적인 효과를 얻었다고 하니, 앞으로는 이 방법을 기대해 봄 직하다.

자가면역질환과 기생충

자가면역질환이라는 게 있다. 알레르기에서 한발 더 나아간 질환으로, 알레르기가 꽃가루처럼 외부의 물질에 대해 과민하게 반응하는 것이라면, 자가면역질환은 완전히 미쳐버린 면역계가 우리 몸을 공격하는 질환이다. 피부나 코 점막처럼 상대적으로 중요하지 않은 곳을 공격하는 게 알레르기라면, 자가면역질환은 장이나 뇌, 췌장 등 생존에 필수적인 장기들을 침범한다. 당뇨병 역시 췌장에 대해 면역이 발동해 인슐린 분비샘이 파괴되는 질병이고, 다발성경화증은 뇌신경을 둘러싼 수초가 파괴되어 정상적인 활동을 할 수 없게 되는 병이다.

위생 가설에 따르면 기생충이 알레르기를 고치거나 최소한 완화할 수 있었다. 그렇다면 자가면역질환에도 기생충을 쓰면 될까? 물론이다. 장을 침범하는 크론씨병의 경우 사람에게서 두세 달 정도 살다가 금방 빠져나가는 돼지편충을 감염시켜 증상의 호전을 본 사례가 여럿 있으며, 당뇨병의 경우에도 주혈흡충의 알을 이용해 쥐에게 당뇨병이 생기는 것을 막았다. 보통 이런 연구가 실제로 사람에게 적용되려면 많은 나날을 기다려야 하지만, 크론씨병 환자에게는 돼지편충의 알을 먹이는 요법이 이미 시행되고 있다. 물론 의학계에서 이 방법이 널리 인정된 건 아니고, 돼지편충을 만드는 데 비용이 많이 들다 보니 1인당 400만 원 가까운 돈이 드는 등의 문제점이 있지만, 앞으로 계속 연구를 해나가다 보

면 개선되리라 생각한다. 그러니 이렇게 말할 수 있겠다. 기생충이 희망
이다. 최소한 먼 훗날에는.

II. 소화기계에 사는 기생충

1. 요충 아이가 주는 과자를 조심하라

요충은 아이들의 기생충

요충은 길이 1센티미터를 조금 넘는 하얗고 조그만 기생충이다. 핀처럼 생겼다고 해서 미국에서는 핀벌레라고 부르기도 한다. 사람 기생충의 대부분이 다른 동물에서 사람으로 전파된 것인데 반해 요충은 사람에게서 먼저 생긴, 가장 인간적인 기생충이다. 예를 들어 십이지장충은 개나 고양이에게도 있어서 이들 동물에게서 있던 것이 사람으로 전파된 것으로 추정되며, 간디스토마는 사람뿐 아니라 다른 여러 동물을 종숙주로 하는 기생충이다. 반면 요충은 오직 사람에서만 발견되며, 다른 동물에서는 이와 비슷한 기생충을 찾을 수 없다. 요충이 특별히 사람만 편애

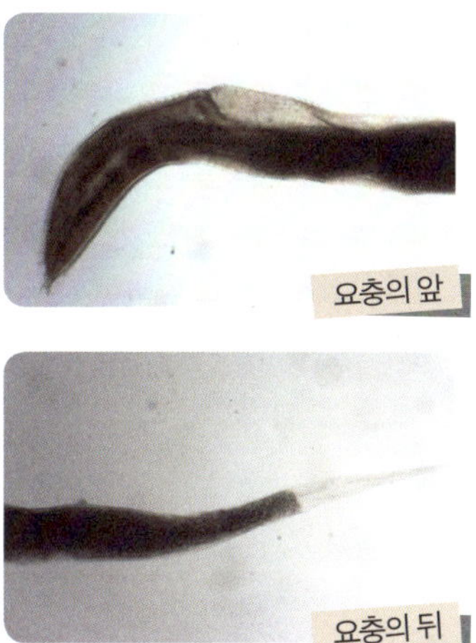

하는 이유는 요충이 감염된 사람의 항문을 가렵게 만들고, 결국 항문을 긁게 함으로써 전파가 되는데, 네 발로 다니는 다른 동물들은 항문을 긁고 그 긁은 손을 입으로 가져가지 않으니 걸렸다 하더라도 다른 동물에게 전파시킬 수가 없기 때문이 아닐까 싶다.

현재 우리나라 아이들에게 가장 흔한 기생충은 요충이다. 뒤에서 얘기하겠지만 요충은 통상적인 대변검사로 진단이 안 되며, 항문주위도말법을 시행해야 한다. 그래서 요충 감염률은 전국적인 기생충 검사에서 드러나지 않고, 연구자가 개인적 조사를 통해 특정 지역의 감염률을 알아내는 게 고작이다. 주요 감염자가 아이들인지라 유치원이나 초등학교가 그 대상이 되는데, 2013년 경상도 지역 세 곳의 감염률은 3.6~8.3퍼센트였고, 2008년 전라도 모 지역의 감염률은 4.1퍼센트였다. 놀라운 것은 양성이 나온 아이들을 다 치료하고 난 1년 뒤 다시 감염률을 측정했더니 4.5퍼센트가 나왔다는 것. 이 사실은 요충의 생존력이 만만치 않아 박멸이 쉽지 않음을 말해 준다. 2011년 경기도와 강원도 지역의 요충 감염률이 3.4~5.6퍼센트였던 것으로 미루어 우리나라 대부분 지역이 이 정도 수준의 요충 감염률을 유지하고 있지 않을까 추측하는 것도 무리는 아니다.

요충 암컷의 대장정
요충은 요충 알을 먹고 감염된다. 사람 입으로 들어간 요충 알은 맹장 근처에서 어른이 되고, 남녀 간의 짝짓기도 여기서 이루어진다. 짝짓기를 얼마나 격렬하게 하는지는 모르겠지만 요충의 수컷은 짝짓기 후 죽

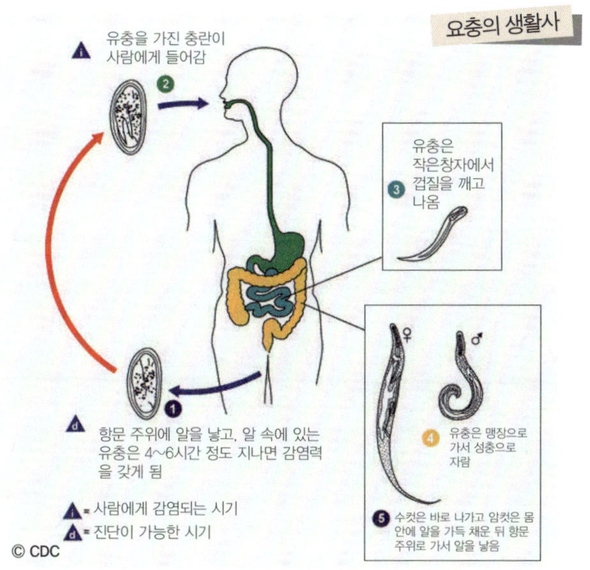

어 버리고, 사람 몸에는 암컷만 혼자 남게 된다. 대부분의 기생충은 몸 속에서 바로 알을 낳고, 그 알들은 대변을 통해 밖으로 나가게 되지만, 요충은 그렇게 하지 않는다. 요충의 암컷은 짝짓기를 한 장소에 남아 사람이 소화하고 남긴 음식물을 섭취하며 한두 달가량을 더 살며, 그 동안 몸 전체를 알로 가득 채운다. 이 알의 개수는 평균 1만 1천~1만 6천 개나 되는데, 1센티미터 내외의 작은 벌레 치고는 실로 놀라운 개수다. 더 이상 빈자리가 없게 알을 채우고 나면 요충은 알을 낳으러 먼 길을 떠난다.

요충이 사는 맹장에서부터

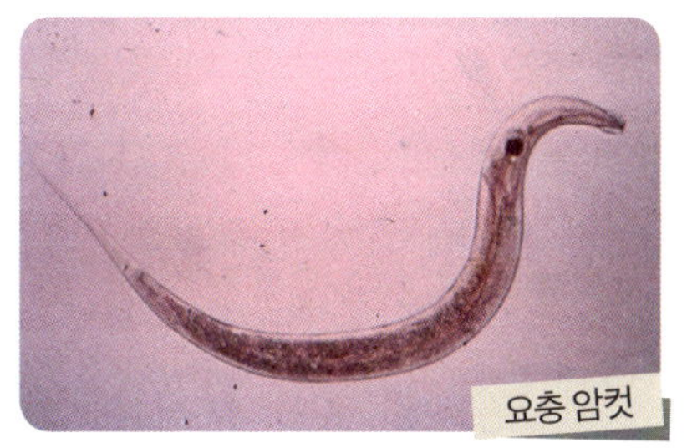
요충 암컷

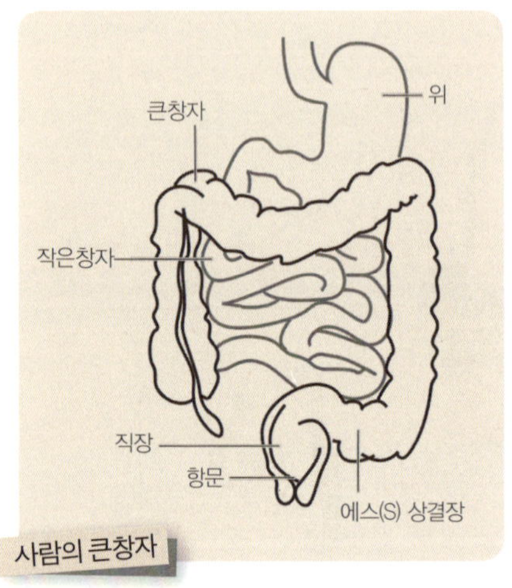

사람의 큰창자

항문까지의 길이는 1.5미터 가량. 게다가 맹장에서 상행 결장까지 20센티미터 가량은 직각으로 올라가야 한다. 높이로 보아 사람이 직각으로 솟은 20미터짜리 암벽을 올라가는 것과 같으니, 그리 쉬운 일은 아닐 것 같다. 게다가 그 요충은 몸 가득 알을 채운 상태로, 사람으로 따지면 만삭의 임산부가 암벽등반을 하는 것에 비유할 수 있다. 그래도 일단 올라가기만 하면 그 다음부터는 수평으로 이동하니까 조금 낫고, 하행결장을 지나갈 때는 중력의 도움도 받을 수 있으니 한결 편하다. 하지만 여기엔 결정적인 암초가 있으니, 바로 대장 말단과 직장에 대변이 모여 있다는 것. 기생충을 더럽게 생각하는 사람도 있지만 사실 기생충은 장에 살아서 그렇지 깨끗한 생명체고, 요충만 해도 눈부시게 하얀 피부를 가진 기생충이다. 그런 요충이 대변으로 점철된 곳을 지나가야 한다니, 썩 기분이 좋진 않을 것 같다.

그렇게 항문 근처에 도달한 요충은 대변 냄새에 코를 막은 채 항문이 열리기를 기다린다. 이때 요충이 주의해야 할 점은 사람이 변을 볼 때 거기 파묻혀서 변기로 빠지지 않아야 한다는 것과, 방귀를 뀔 때 그 거센 바람에 휩쓸려 부상을 당하는 것. 그런 일이 생기기라도 하면 몇 달

동안 공들인 계획이 다 무너지니까. 드디어 밤이 찾아오고, 숙주인 사람이 잠을 자면 눈동자가 움직이고 항문이 살짝 열리는 REM 수면기가 온다. 그 틈을 타서 요충은 항문 밖으로 잽싸게 빠져나가고, 항문 주위를 기어 다니며 1만 개가 넘는 알을 뿌린다. 다음 날 아이의 팬티 안에서 꼼지락거리는 벌레를 발견한 어머니가 분노에 찬 나머지 요충을 발로 밟아도 요충의 마음은 그저 편안하기만 하다. 진충사대천명(盡蟲事待天命), 자손 번식이라는 자기 할 일을 다 이뤘으니 어찌 기쁘지 않겠는가?

요충의 전파

요충 알이 다른 사람에게 전파될 수 있는 것은 알을 낳은 후에도 계속 항문 주위를 왔다 갔다 하는 엄마 요충 덕분이다. 요충이 꼼지락거리면 항문이 가렵고, 항문이 가렵다 보면 처음에는 팬티 밖으로 긁다가 좀 더 시원하게 팬티 속으로 손을 넣어 긁게 되는데, 그러다 보면 항문 주위에 있던 알들이

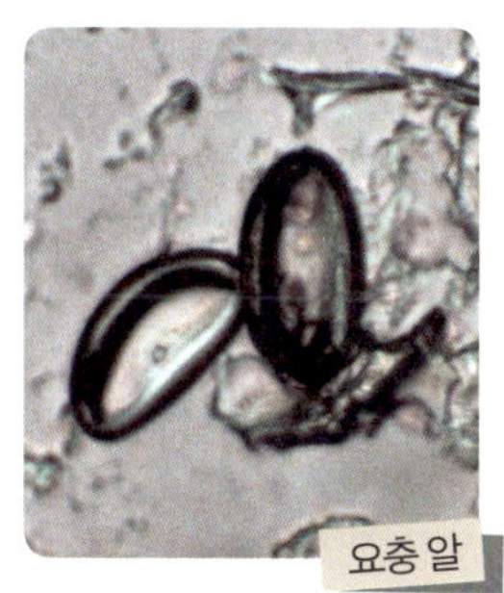
요충 알

손가락에 묻게 된다. 다음날 일찍 일어나 세수를 한 뒤 밥을 먹으면 좋으련만, 감염자는 항문이 가려워 충분히 잠을 못 잤고, 늦잠을 자다 "밥 먹고 학교 가야지"라는 어머니의 성화에 겨우 자리에서 일어난다. 아이는 비몽사몽간에 식탁으로 가서 아침을 먹는다. 손도 씻지 않고 말이다.

외부에 노출된 요충 알은 감염력을 유지한 채 한 달 정도까지 살 수 있어서, 아이의 손은 마이더스의 손처럼 만지는 곳을 모조리 요충의 감

염원으로 변화시킨다. 식탁을 만지면 식탁에 요충 알이 묻고, 김을 집었다 놓으면 그 김이 요충 알의 온상이 된다. "아빠도 한 입 먹어"라며 아빠한테 과자를 집어 주면 아빠도 감염자의 대열에 동참하게 된다. 이럴 때 "응, 아빠는 배가 불러"라고 거절하면 요충에 안 걸릴 수 있겠지만, 몇몇 아빠들에게 물어 본 결과 아이가 내미는 과자를 먹지 않는 건 불가능하단다. 요충의 수명이 3개월 남짓밖에 안 되는데도 한 아이에게서 1년 이상 계속 요충이 나오는 건, 감염자에게 끊임없는 재감염이 일어나기 때문이다. 가족에게 요충을 전파시킨 아이는 유치원 혹은 초등학교에 간다. 손을 입에 넣는 일이 잦은 또래 아이들은 감염된 아이와 어울리며 하나둘씩 요충 알을 먹는다. 요충을 치료할 때 같은 공간을 쓰는 다른 아이들도 동시 치료를 해야 하는 이유가 이것이다.

요충의 증상

요충이 밤에 항문 밖으로 나와 기어 다니면 항문이 가렵다. 게다가 그냥 기어다니기만 하는 게 아니라 자기만의 분비배설물을 내니 생각만 해도 가려울 것 같다. 그러다 보면 잠을 푹 못자고, 신경쇠약이나 키가 덜 크는 일이 생길 수도 있다. 여자아이의 경우 요충이 항문 근처에서 왔다 갔다 하다 여자아이의 질에 침범해 염증을 일으킬 수도 있고, 거기서 좀 더 올라간 눈먼 요충 때문에 난소가 침범된 사례도 있다.

요충 감염 시 항문이 가렵다는 게 워낙 잘 알려져 있어, 항문이 가렵다면 무조건 요충이라고 생각하는 사람들이 꽤 많다. 하지만 항문을 가렵게 하는 가장 흔한 원인은 항문 주위가 습하거나 자극을 받아서이며,

설사를 자주 한다든지, 매운 음식을 먹었을 때도 항문이 가려울 수 있다. 그러니 무조건 요충에게 책임을 돌리기보다는 항문 주위를 한번 깨끗이 씻어 본 뒤 대책을 논의하는 게 좋을 듯하다.

요충의 진단과 치료

항문 주위에 알을 낳는 특성 때문에 요충의 진단은 대변검사로는 안 된다. 물론 마릿수가 많으면 대변으로도 요충 알이 나올 수 있지만, 정확한 진단을 위해서는 항문 주위를 스카치테이프로 붙였다 뗀 뒤 알이 묻었는지를 검사해야 한다. 또한 아이의 팬티를 검사하던 어머니에 의해 엄마 요충이 발견됨으로써 진단되는 경우도 흔하다. 한 마리의 요충이 팬티 안에 있다면 아이의 몸속에는 보다 많은 요충이 있을 수 있으니, 벌레를 죽였다고 안심하지 말고 치료를 받는 게 좋다.

요충은 회충약으로 잘 치료되나, 여기에는 세 가지 원칙이 있다. 첫 번째로 약을 한 번 먹고 나서 20일 뒤에 다시 약을 먹어야 한다는 것. 사람 몸속에 있는 요충은 그 발육 시기가 다 다르기 마련이어서 다 자란 어른부터 알에서 깨어난 지 10일 된 어린 요충, 20일 된 어린 요충 등등이 섞여 있다. 그런데 어른 요충들은 회충약에 아주 약해 금방 죽는 반면 어린 요충들은 약이 잘 듣지 않는다. 요충은 대개 알에서 깬 지 한 달 내외면 어른이 되니, 10일 된 어린 요충이 어른이 되기를 기다렸다가 다시 회충약을 먹이면 몸에 있는 요충을 거의 다 죽일 수가 있다. 두 번째, 감염된 사람만 치료하는 게 아니라 가족 전체, 또는 유치원 아이들을 전부 다 같이 치료해야 한다는 거다. 위에서 말한 것처럼 요충에 걸린

아이가 하나 있다는 건 그 엄마, 아빠도 요충이 있다는 얘기가 되고, 유치원에서도 애 하나만 치료해 봤자 다른 애들의 몸에 있는 요충이 그 아이에게 다시 옮겨 오는 건 시간문제인지라 같이 많은 시간을 보내는 사람이라면 무조건 붙잡아다 회충약을 먹이는 게 좋다. 셋째, 위생 관리와 내부 청소를 열심히 해야 한다. 한 의사가 내게 이런 메일을 보냈다.

"가족 모두한테서 요충이 나와서 회충약을 썼어요. 20일 간격으로 두 번씩, 세 사이클을 돌렸는데도 치료가 안 됩니다. 어떻게 해야 할까요?"

그 선생님은 요충이 약제에 저항성을 나타내는 게 아닌지 의심했지만, 아직까지 요충이 회충약에 안 들은 경우는 없다. 그보다는 집안 어딘가에 요충의 감염원이 있어서 계속적으로 재감염이 되고 있을 확률이 높다. 밥을 먹기 전에는 손을 꼭 씻는 습관을 갖도록 하고, 요충 알은 열에 아주 취약하니 아이의 손이 닿은 곳이라면 어디든 증기 청소를 하는 게 좋다. 아이가 덮고 자던 이불까지 깨끗이 소독을 하고 나야 비로소 요충의 공포로부터 안심할 수 있다. 마지막으로 한 가지 더. 주변에 엉덩이를 자주 긁는 사람이 있다면 되도록 멀리하자.

요충

- 위험도: ★★
- 형태 및 크기: 약 1cm, 흰색, 핀처럼 생김
- 수명: 3개월
- 감염원: 항문 주위의 알 (알이 묻은 손)
- 특징: 항문 주위에 알을 낳고, 항문 주위를 오가며 분비물이나 배설물을 묻혀 가렵게 함. 대변검사로 진단 안 됨. 재감염률이 높고, 전염도 잘 됨
- 감염 증상: 항문 주위가 가려움

2. 광절열두조충 | 회충약 대신 디스토시드가 답이다

30대 남자의 8개월

30대 남자가 병원에 왔다. 키가 훤칠하고 체격도 좋았던 그에게선 어떤 질병의 징후도 찾아볼 수 없었다. 하지만 남자에겐 남에게 털어놓기 어려운 고민이 있었다. 이따금씩 대변으로 뭔가가 나온다는 것. 분명히 기생충 같은데 약을 먹어도 소용이 없다고 했다. 그가 처음으로 뭔가 이상하다는 걸 느낀 때는 병원에 오기 8개월 전이었다. 변을 보는데 항문에 뭔가 걸린 것 같은 느낌이 드는 것이었다. 대부분은 변이 채 안 나와서 그런 거겠지만, 이 환자의 경우엔 그게 아니었다. 손으로 잡아 빼보니 흰색의 기다란 벌레였고, 길이는 무려 60센티미터나 됐다. 이때 해야 할 최선의 방법은 그 벌레를 들고 병원에 가는 거였지만, 그렇게 하는 사람들은 별로 없다. 기생충에 걸렸다는 게 부끄럽고, 남에게 알리고 싶지 않은 마음이 앞선다. 이분도 마찬가지였다. 그 벌레를 변기에 버린 뒤 약국에 가서 회충약을 사 먹은 게 그가 한 일이었다.

약을 먹었으니 이제 별일 없겠다 싶었지만, 그로부터 두 달 뒤 또다시

기다란 벌레가 나오자 그는 공포에 사로잡힌다. 다시 회충약을 먹고, 또 벌레가 나오는 일이 반복됐다. 그가 병원을 찾은 건 네 번째로 벌레가 나온 뒤였다. 그 벌레마저 변기에 버리는 바람에 병원 측에선 진단을 위해 환자 몸에 있는 벌레의 몸통을 꺼내야 했다. 나온 벌레는 총 3.5미터 가량 됐고, 노란색이었다. 그에게 말했다.

"광절열두조충이네요. 혹시 회 좋아하시나요?"

광절열두조충(Diphyllobothrium latum)의 생활사[4]

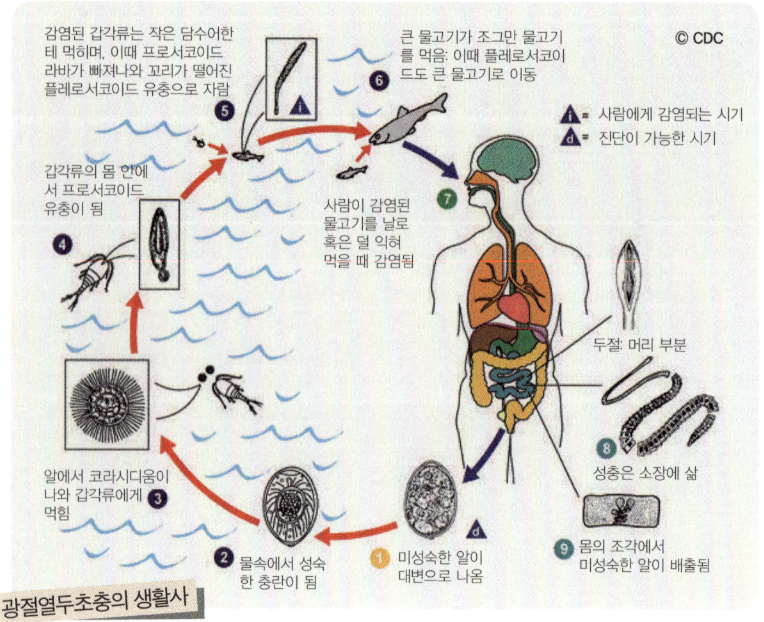

광절열두초충의 생활사

---

4 생활사: 생물의 개체가 발생을 시작하고 나서 죽을 때까지의 일생을 말함.

광절열두조충은 온대지방이나 북극에 가까운 곳에서 분포하는 촌충의 일종으로, 러시아와 스칸디나비아 지역이 유행지로 알려져 있다. 주요 종숙주는 사람으로, 사람의 장에 사는 광절열두조충 어른이 알을 낳으면 그 알들은 대변과 함께 변기로 떨어지고, 하수시스템을 타고 물로 간다. 물로 간 알이 부화해 유충이 나오고, 플랑크톤 등의 갑각류한테 먹힌다. 보통 먹힌다는 건 죽음을 의미하지만, 기생충의 경우는 절대 그렇지가 않다. 갑각류에서 소화되어 영양분이 되는 대신 그 유충은 갑각류 안에서 더 큰 유충으로 자란다. 이 갑각류를 다른 물고기가 먹을 때도 유충은 죽지 않고 물고기의 근육으로 건너가 사람에게 감염력 있는 유충으로 자란다. 이 유충을 플레로서코이드(plerocercoid) 유충이라 부르며, 이걸 가진 물고기를 사람이 덜 익혀 먹을 때 인체 감염이 이루어진다. 물론 이런 일이 아무 물고기에서나 일어나는 건 아니다. 유럽에선 강꼬치고기, 농어, 모캐 등을 먹어서 걸리고, 한국과 일본에선 연어나 송어가 감염원으로 추정된다.

욥기를 보면 '시작은 미약하나 그 끝은 창대하리라'는 말이 있다(8장7절). 광절열두조충을 보면 이 말이 생각나는 것이, 들어갈 때는 불과 5~15밀리미터에 불과하지만 나중에 몇 미터에 달하는 긴 벌레로 자라기 때문이다. 플레로서코이드 유충의 한 쪽 끝에는 홈(groove)이 있는데,

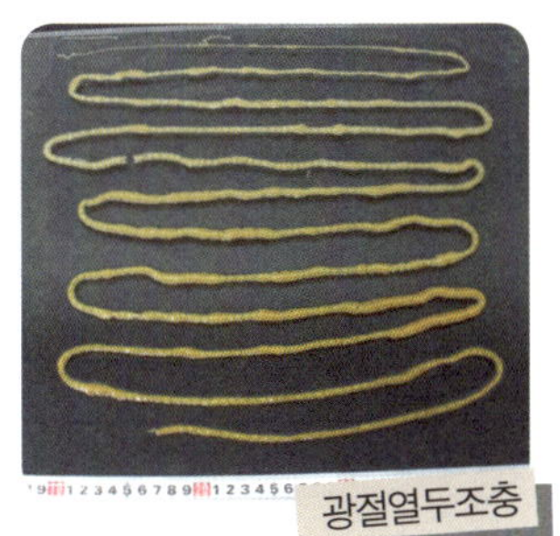

이걸로 사람의 장점막에 달라붙은 뒤 본격적으로 몸을 만들기 시작한다. 벽돌을 세워서 한 줄로 쌓는 것처럼 네모난 조각들이 계속 만들어

져 몸길이가 길어지는데, 이 기생충의 이름 '광절열두조충'에서 '광절'이 의미하는 건 각 조각의 가로 길이가 세로보다 더 크다는 뜻이고, '열두(裂頭)'는 유충의 머리 부분에 홈이 나 있는 게 찢어진 것처럼 보여서 붙인 말이고, '조충'은 촌충을 학술적으로 부르는 말이다. 다 자란 벌레는 보통 3~10미터에 달하고, 기록된 것 중 가장 긴 건 무려 25미터다. 암수한몸인 이 벌레는 사람 몸에서 어른이 된 뒤 알을 낳기 시작하는데, 플레로서코이드 유충이 들어가 알을 낳는 어른이 되기까지는 4~6주가량이 소요되며, 하루 배출되는 알의 숫자는 100만 개에 달한다. 거기에 더해 광절열두조충은 시시때때로 몸의 일부분을 30~50센티미터씩 끊어 외계로 내보내는데, 이건 알로 가득 찬 조각들을 외계로 내보냄으로써 자손을 많이 전파하려는 기생충의 전략이다. '이러다 광절열두조충이 지구를 지배하는 게 아닌가'하는 불안감이 들겠지만, 다행히 이 알들 중 제대로 부화해 사람한테 전달되는 비율은 극히 낮으니 너무 걱정하진 말자.

광절열두조충의 증상과 진단

이 기생충이 기특한 건 크기에 비해 증상이 별로 없어서다. 광절열두조충을 꺼내 주면 대부분 놀라 자빠지는데, 이유인즉슨 이런 게 있었는데 어떻게 모를 수가 있냐는 거다. 하지만 기생충은 원래 숙주를 괴롭히려고 있는 건 아니다. 남의 집에 들어와 살면 눈치를 보느라 조용히 살게 마련인 것처럼, 서식 장소와 음식물을 숙주한테 의존하고 사는 기생충도 행여 숙주가 자기를 쫓아낼까 봐 있는 듯 없는 듯 살아간다. 자신의 존재를 들키는 날이 제삿날이라는 걸 잘 아는 까닭이다. 사람의 소장 길이는 5미터 남짓인데, 그보다 더 큰 광절열두조충이 몸을 이리저리 접은 채 숨죽이고 사는 모습을 상상하면 왠지 좀 안쓰러운 생각도 든다. 물론 모든 사람에게 증상이 없는 건 아니어서 배가 살살 아프다거나 어지러움을 호소하는 경우도 있고, 충체가 비타민 B12의 흡수를 막아 빈혈을 일으킬 수도 있다고 하지만, 이게 그리 자주 있는 일은 아니다. 그보다는 위 환자의 경우처럼 충체의 일부가 대변과 함께 나옴으로써 자신의 존재를 들키는 게 훨씬 더 흔하다. 실제로 우리나라 환자 43명을 분석한 결과 40퍼센트 가까운 환자에게서 '기다란 벌레가 대변과 함께 나왔다'는게 병원에 온 이유였다.

아무리 증상이 없다 해도 몇 미터짜리 벌레가 몸 안에 있다는 건 영 찜찜한 일이다. 게다가 이 벌레의 수명은 20년에 달하고, 최고로 오래 산 건 25년이나 되니, 자칫하면 "내 청춘을 광절열두조충과 함께 보냈다"며 한탄하는 사람이 나올 수도 있다. 사실 이 기생충의 진단은 그리 어렵지 않다. 대변과 함께 나온 광절열두조충의 조각을 젓가락으로 집어 병원에 가져가면 되니까. 벌레가 말라비틀어지지 않게 식염수에 넣어서 가져오면 더 좋지만, 그냥 벌레만 가져와도 충분히 감사드릴 일이다. 만에 하나 그게 뭔지 잘 모르는 의사도 있을 테니, 대부분의 의과대학에 있는 기생충학교실에 문의하면 훨씬 더 빠른 진단과 치료가 가능하다. 실수로, 혹은 너무 징그러워서 그 조각을 버렸다고 하더라도 진단할 방법이 없는 건 아니다. 광절열두조충은 엄청나게 많은 충란을 대변으로 내보낸다는 사실을 기억하자. 만일 당신이 광절열두조충에 걸려 있다면 당신의 변에는 광절열두조충의 특징적인 충란이 무더기로 들어 있을 테니, 대변검사만 해도 얼마든지 진단이 가능하다. 문제는 위 환자가 그랬던 것처럼 벌레 조각을 버린 뒤 약국에 가서 기생충약을 사 먹는 일이 많다는 거다. 약국에 가서 기생충약을 달라고 하면 100퍼센트 회충약을 준다. 물론 회충약도 광절열두조충에 약간의 타격을 입히는지라 벌레의 일부를 끊어지게 만들 수도 있지만, 원래 촌충이라는 건 머리 부분만 장점막에 잘 붙어 있으면 얼마든지 다시 기다란 몸체를 만들어 낼 수 있다. 위 환자가 기생충약을 먹었어도 계속 광절열두조충의 조각을 배출했던 건 이 때문인데, 기다란 벌레가 나올 때는 회충약 대신 프라지콴텔이나 디스토시드 같은 디스토마 약을 먹어야 한다는 걸 꼭 기억하자. 회충약과 달리 이 약들은 의사의 처방을 받아야 한다는 게 불편하지만 말이다.

대장내시경

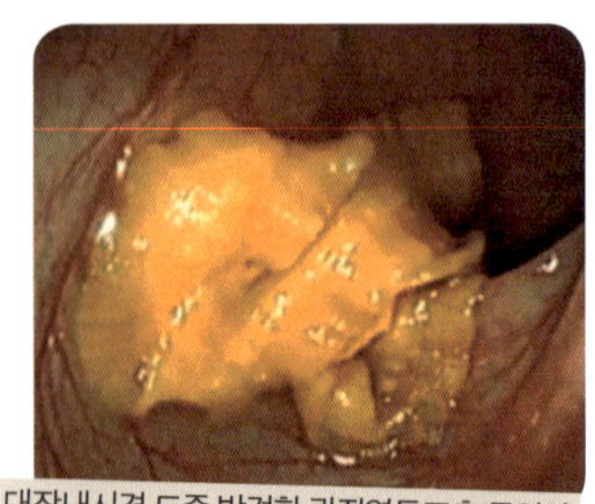

대장내시경 도중 발견한 광절열두조충 동영상
http://wn.com/Live_Diphyllobothrium_latum_during_Colonoscopy#/videos

2010년 『뉴 잉글랜드 저널 오브 메디신(NEJM)』이란 학술지에 대장내시경 도중 광절열두조충을 발견한 논문이 실렸다. 원래 소장은 대장내시경이 미치지 못하는 부위지만, 광절열두조충은 소장 중에서도 맨 말단인 회장에 기생하며, 길이가 꽤 길다 보니 몸을 조금만 길게 뻗으면 대장으로 넘어온다. 게다가 요즘엔 대장암 예방 차원에서 대장내시경을 하는 경우가 늘어나고 있는지라 대장내시경에서 우연히 광절열두조충이 발견되는 사례가 빈번해졌다.

내시경 도중 발견되는 거야 나쁠 게 없지만 광절열두조충이 의심된다고 무조건 대장내시경을 하는 건 좋은 선택이 아니다. 환자에게 주는 스트레스 차원에서 대장내시경은 대변검사에 비할 바가 못 되며, 대장내시경을 했다고 반드시 광절열두조충을 발견할 수 있는 건 아니기 때문이다. 실제로 기생충의 조각을 배출했던 한 환자는 서울의 큰 병원에서 벌레를 제거할 목적으로 대장내시경을 받았지만, 벌레는 찾지 못한 채 조그만 용종만 떼어 낸 병원 측의 처사에 불만을 터뜨리기도 했다. 또한 대장내시경으로 벌레를 끄집어내려고 시도하는 경우 머리 부분을 제거하지 못한 채 중간에 끊어져 버리면 말짱 도루묵이 될 수도 있다. 실제로 일본에선 이 기생충을 대장내시경으로 제거하려다 실패했는데, 해당 논문에는 이렇게 쓰여 있다.

"불행하게도 머리 부분은 제거하지 못했다. 그래서 1개월 후 다시 제거를 시도해서 450센티미터짜리 벌레를 제거했다."

그새 4.5미터로 자랐다니 놀라운 생명력이 아닌가! 그러니 가장 좋은 건 역시 대변검사고, 가장 좋은 치료법은 디스토마 약이다.

감염원

위에서 광절열두조충의 국내 감염원이 '연어, 송어로 추정된다'고 했다. '추정'이란 단어를 쓴 건 이게 확실한 게 아니기 때문이다. 제대로 되려면 이런 과정이 있어야 한다. 감염자가 먹었다는 생선에서 광절열두조충의 플레로서코이드 유충이 발견돼야 하고, 그 유충을 사람이나 개한테 먹인 뒤 광절열두조충 성충을 꺼내거나 대변에서 광절열두조충의 알을 찾아내는 것. 하지만 이게 그렇게 쉬운 건 아니다. 회를 먹고 두 달 이상 있어야 이 기생충에 걸렸다는 걸 알 수 있는데, 어제 점심에 뭘 먹었는지도 기억이 안 나는 세상에서 "두 달 전에 무슨 회를 먹었냐"고 따져 물어 봤자 대답할 수 있는 사람이 얼마나 될까? 게다가 회를 좋아하는 사람은 이 회 저 회 가리지 않고 먹는데다 횟집에서는 여러 생선을 섞은 '모듬회'를 파는 탓에 정확히 어느 생선을 먹었는지 알기가 어렵다. 환자들의 감염원을 조사한 결과 "뭘 먹었는지 모르겠다"는 답변이 37.5퍼센트로 높았던 것도 이해가 간다. 그 이외에 농어, 연어, 숭어, 송어 등의 순으로 답변이 나왔는데, 환자 답변에 신빙성이 없다면 이 생선들을 죄다 조사해서 유충을 찾아내는 것도 한 방법이다. 하지만 이 생선들은 대개 비싼 것들이라 많은 수를 조사하기 어렵고, 가물에 콩 나듯 나오는 환자 수로 보건대 감염률도 극히 낮을 것으로 추측돼 선뜻 조사하려는 사람이 없었다. 참고로 맨 위에서 언급한 환자는 변에서 벌레의 조각이 나오기 전 송어회를 자주 먹었다고 했다. 혹시나 싶어 이 환자가 주로 갔다는 송어 횟집에서 송어를 열 마리 구해다가 조사를 해 봤지만, 유충을 발견하지 못했다. 광절열두조충의 감염원이 무엇인지 밝히는 건 기생충학자들이 앞으로 해야 할 숙제다.

광절열두조충 다이어트

기다란 벌레가 몸 안에 들어 있으면 밥을 먹어도 그 기생충이 빼앗아 먹으니 살이 안찌지 않을까 하는 생각을 할 수 있다. 그렇게 몇 년 키우다 나중에 약을 먹어 기생충을 빼낸다면 소위 말하는 기생충 다이어트도 가능하지 않겠는가? 네이버에서 '기생충 다이어트'를 검색해 보면 이런 생각을 한 사람이 한둘이 아님을 알 수 있는데, 마리아 칼라스라는 오페라 가수가 광절열두조충을 이용해 체중 감량에 성공했다는 소문도 기생충 다이어트의 가능성에 힘을 실어 준다. 하지만 우리 생각과 달리 기생충은 그다지 많이 먹지 않으며, 광절열두조충처럼 긴 기생충도 하루 밥 한 숟가락을 먹지 못한다. 몸에 기생충이 있다는 생각 때문에 밥맛이 없어질 수는 있겠지만, 긴 기생충의 존재가 살을 빼지는 못한다는 게 기생충학자들의 상식적인 견해다. 만일 기생충 다이어트가 정말 가능하다면 광절열두조충의 유충이 진즉에 상품화되지 않았겠는가? 세상에 쉽게 이루어지는 다이어트는 없다. 광절열두조충을 먹는 대신 고기를 덜 먹고 운동을 하자.

※ 분자생물학적 연구 결과 우리나라와 일본에 분포하는 광절열두조충은 Diphyllobothrium latum이 아니라 다른 종, 즉 Diphyllobothrium nihonkaiense로 밝혀졌다. 유럽, 미국과 인체 감염원이 다른 것도 이걸로 다 설명이 된다. 하지만 이 글에서는 편의상 광절열두조충으로 표기했다.

광절열두조충

- 위험도: ★
- 형태 및 크기: 3~10m, 노란색 기다란 끈처럼 생김
- 수명: 20년
- 감염원: 연어, 송어 (덜 익혀 먹는 경우)
- 특징: 알이 가득 찬 몸을 끊어 내 외계로 내보냄
- 감염 증상: 증상이 별로 없는 편이지만, 복통이나 빈혈 등의 증상이 나타나기도 함

3. 회충 | 그때가 좋았지

회충의 절규

내 얘기 좀 들어 볼 테야? 내가 누구냐고? 난 회충이야. 어허, 날 보고 너무 놀라지 마. 너희 부모님, 좀 넉넉잡아 말한다면 너희 할아버지, 할머니들 몸에는 다 내가 들어 있었어. 다음 자료를 한번 봐.

"1949년 우리나라 사람의 대변검사를 실시한 결과 회충의 충란 양성률은 82.8퍼센트였고, 회충 감염량은 5~10억 마리로 추산될 정도이다."

당시 인구가 2천만 정도였으니 1인당 25~50마리씩 내가 들어가 있었던 거야. 조선시대에 죽어 미라가 된 사람들의 대변에서 거의 예외 없이 내 알이 나오는 걸 보면, 너희 조상들은 오랜 기간 나랑 더불어 살았다고 해도 과언이 아니야. 우리나라만 이렇다고 오해하지 마. 지금 좀 산다고 뻐기는 미국이나 프랑스도 감염률은 별반 차이가 없었거든. 오죽하면 1940년에 스톨(Norman R Stoll)이란 기생충학자가 "벌레로 가득 찬 이 세상"이라는 제목의 논문에서 "세상에는 기생충이 너무 많다"고 절규했겠어? 거기 보면 이런 말이 있어.

"중국 사람들이 갖고 있는 회충의 숫자만 해도 60억 마리에 달한다."

사정이 이렇다면 그 당시 지구를 지배했던 게 과연 너희 인간들일까, 아니면 그 인간을 지배했던 나였을까?

회충의 스파르타식 생활사

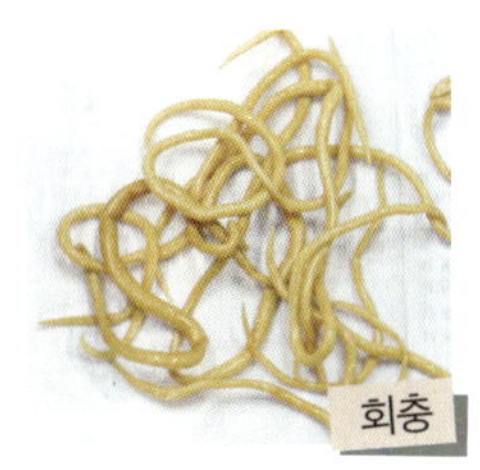

회충은 우유 빛 흰색을 띤 벌레로, 지렁이 (Lumbricus)와 모양이 비슷하다고 해서 Ascaris lumbricoides라는 학명이 붙었다. 암컷의 길 이는 30센티미터이며 수컷은 그보다 더 작은 데, 생식기를 보호할 목적으로 맨 끝부분을 말 고 있는 게 수컷의 특징이다. 회충 알은 회충 암컷을 가지고 있는 사람 이 대변을 봤을 때 외계로 배출된다. 막 나온 회충 알은 사람에게 감염되 지 않으므로 친구가 회충에 걸렸다고 해서 절교할 필요는 없다. 회충 알 이 감염력을 가지려면 적당한 온도와 습도에서 2~3주가량 숙성되어야 하 며, 촉촉한 땅에서는 그 뒤에도 오래도록 살아 있으면서 사람의 입으로 들어갈 날만 기다린다. 감염력 있는 회충 알을 사람이 먹으면 십이지장에 서 유충이 알껍데기를 뚫고 나와 활동을 시작하는데, 회충이 사는 곳이 공장[5]이므로 조금 더 아래로 내려가 공장에 자리를 잡으면 되겠지만, 회충은 그렇게 하는 대신 어른이 되기 위한 길고 긴 여정을 시작한다.

어린아이들이 다 그렇듯 알을 깨고 나온 유충도 낯선 세상에 대한 두

---

[5] 공장(jejunum): 소장은 세 부분, 즉 십이지장, 공장, 회장으로 되어 있다. 그중 십이지장의 끝부분에 있는 샘창자에서 돌창자로 이어지는 부분으로, 빈 창자라고도 함.

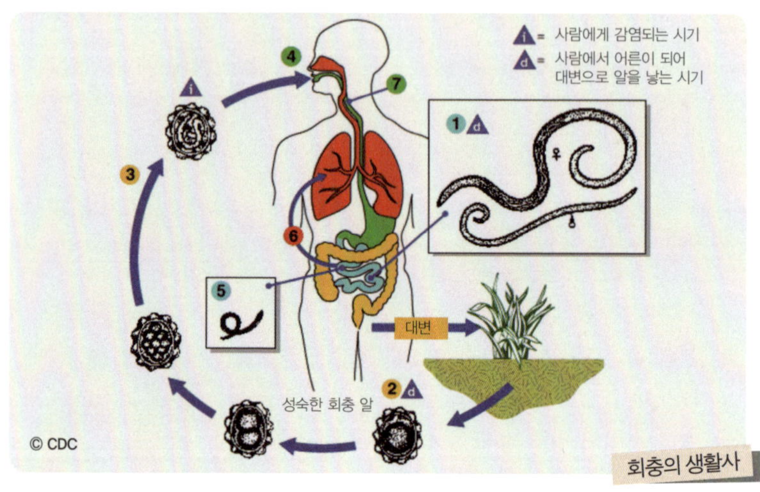

회충의 생활사

려움을 가지고 있을 거다. 그럴 때 엄마 회충이 "애야, 세상은 원래 그런 거란다"라고 얘기해 준다면 훨씬 도움이 되겠지만, 어린 회충에게 그런 말을 해 줄 엄마는 다른 사람의 뱃속에 있다. 매사를 혼자 힘으로 해결해야 하는 이 상황에서 어린 회충은 의연하게 십이지장에 연결된 혈관에 몸을 싣는다. 수많은 적혈구를 만나고, 자신을 적대시하는 백혈구들을 피해 가면서 회충은 드디어 간에 도달한다. 오랜 항해 끝에 육지를 만난 셈이지만, 회충은 쉴 새도 없이 간에서 심장으로 연결된 혈관을 따라 오른쪽 심장에 간다. 오른쪽 심장은 우리 몸을 돌고 온 혈액을 받아서 폐로 보내는 곳. 그 혈류을 따라 회충은 폐로 간다. 허파꽈리를 통한 산소의 교환이 이루어지는 폐에서 회충은 크기가 커지고 생각도 많은 청소년기에 접어든다. 지금까지의 여행이 혈류를 따라 움직이는 수동적인 것이었다면, 이제부터는 회충 스스로 움직여야 한다. 암벽등반을 하는 심정으로 기관지에 도달한 회충은 그보다 더 가파른 기도 벽을 올라가야 하는데, 몇 밀리미터에 불과한 회충이 기도를 거슬러 올라가는 과정은 스파이더맨도 감탄할 만큼 경이롭다. 많은 회충이 여기서 탈락하고 말지만, 운 좋게 몇 마리는 기도의 끝에 도달할 수 있다. 거기엔 후두개라는 장벽이 있는데, 후두개는 열렸다 닫혔다 하면서 기도에 이물질이 들어오지 못하게 막아 준다. 인간이 숨을 쉬기 위해 후두개가 열리는 순간을 회충 소년은 놓치지 않고, 잽싸게 기도 뒤에 위치한 식도로 뛰어든다. 그때쯤 기억이 날 것이다. 식도와 위 그리고 십이지장이 이전에 한번 와 본 곳이라는 걸. 이전과 달리 회충은 묵묵히 아래로 내려가고, 소장의 중간에 위치한 공장에 와서야 고단한 여정을 끝내고 어른이 될 준비를 한다. 그로부터 석 달 후, 공장에는 어른이 된 싱싱한 회충 한 마리가 탄생하게 된다. 그리고 그 옆에는 비슷한 여정을 거쳐 숙녀가 된 회충이 있다. 잠시 뒤 그 숙녀는 아줌마가 되어 하루 20만 개의 알을 밖으로 내보낸다.

100개의 회충 알을 먹는다고 어른 회충 100마리가 몸에 있는 게 아닌 이유는 이렇게 어른이 되기까지 거쳐야 하는 3주간의 대장정 때문이다. 회충이 왜 이 길고 힘든 여정을 되풀이하는지는 아직 밝혀지지 않았다. 유충이 산소를 필요로 해서 그렇다는 설도 있지만, 증명된 바는 없다. 단정 짓기는 어렵지만 회충이 '기생충의 왕'이 된 이유도 이런 힘든 과정을 거쳐 어른이 되었기 때문이 아닐까? 거짓으로 밝혀지긴 했지만 사자를 존경하는 이유가 새끼를 절벽에서 떨어뜨리는 스파르타식 교육이었다면, 태어나자마자 대장정을 수행하는 회충은 사자보다 훨씬 더 존경받아야 마땅하리라.

봄, 가을 구충제의 실상

　수세식변소가 일반화된 지금은 회충에 걸린 사람이 변을 보면 그 알들이 하수도로 나가 사람과 만날 일이 없어진다. 그러나 1960년대만 해도 그렇지 않았다. 소위 재래식 변소에 변을 보면 어느 정도 변이 쌓인 뒤에야 치우는 분이 오셨다. 1950년대 우리나라 국민 1인당 회충 보유량은 평균 50마리 정도였고, 회충 한 마리가 하루 20만 개까지 알을 낳을 수 있으니, 그 변에는 어마어마하게 많은 알들이 들어 있었을 거다. 당시 농촌에서는 그 변을 가져다가 밭에다 뿌렸다. 소위 인분 비료인데, 변에 들어 있던 회충 알은 그런 경로로 배추에 운반됐고, 그 배추로 김치를 담가 먹으면 거기 있던 회충 알이 사람에게 들어가게 된다. 물론 김치의 맵고 짠 양념은 회충 알이 살아 있기에 좋은 환경이 아니지만, 회충 알은 아주 두꺼운 단백질 막을 두르고 있는 덕분에 수일에서 수주 정도는 살 수 있다. 봄, 가을에 회충이 유독 많았던 이유도 그 때문으로, 겨울에 막 김장한 김치를 먹으면 회충 알이 들어가고, 그 회충 알이 부화해서 2~3개월 후 30센티미터짜리 어른 회충이 되는 거다. 그럼 가을은? 김장한 김치는 여름쯤 되면 다 떨어지기에 그때는 겉절이라고, 배추를 대충 양념에 버무려서 먹어야 했다. 그때 배추에 묻어 있던 회충 알이 들어가고, 그게 어른이 되어 입으로 기어 나오는 등의 증상을

일으키는 게 바로 가을이다. 사람 몸속에서 회충의 수명은 1년에서 1년 반 사이지만, 이렇게 꾸준히 김치를 드셔 주심으로 인해 끊임없이 감염이 반복되는 게 그때의 풍경이었다. 회충으로서

는 이런 시절이 영원히 계속될 줄 알았을 거다.

하지만 대대적인 기생충 박멸 운동이 시작되면서 상황이 급변했다. 정부에서는 양성자를 색출해 회충약을 먹였다. 수많은 회충들이 회충약 때문에 저 세상으로 갔고, 그 바람에 대변으로 나오는 회충 알의 개수가 확 줄었다. 겨우 살아남은 회충들이 대변으로 알을 내보냈지만, 회충의 감염경로를 제대로 파악한 우리 정부는 "인분 비료 사용금지"라는 철퇴를 내린다. 이는 대변에서 잘 숙성된 알이 배추를 통해 사람 입으로 전달될 방법이 없어져 버린 것으로, 회충 입장에서는 돌이킬 수 없는 타격이다. 게다가 변기가 점차 수세식으로 바뀌면서 회충은 멸종의 길을 걸을 수밖에 없었다. 결국 1970년대까지만 해도 50퍼센트를 넘던 회충 감염률은 급격히 줄어들기 시작, 1990년대에는 0.1퍼센트 이하로 떨어지게 된다. 한 사람 안에 수십 마리가 우글거리던 시절은 갔고, 지금은 잘해야 한 마리가 고작인 세상이 됐다. 어두컴컴한 사람의 몸 안에서 자기 친구는 언제쯤 올까 궁금해하며 고독을 삼키는 회충의 모습을 생각하면 그저 마음이 아프다.

회충의 살인
프랑스에 있는 3만 년 전의 동굴에서 회충의 알이 발견된 데서 보듯 회충은 오랜 세월 인간과 함께 했던 기생충이다. 실제로 미라로 발견된 우리 조상들의 변에서도 어김없이 회충 알이 나오곤 했는데, 인류의 오랜 동반자였던 만큼 회충은 우리 몸 안에서 별다른 증상을 일으키지 않는다. 물론 유충이 폐를 지나갈 때 기침이 난다든지 하는 일이 생길 수 있지만, 어른 회충이 우리 소장에서 기생할 때는 몇 십 마리쯤 있어도 모르는 경우가 대부분이다. 모험심이 강한 회충이 뭣도 모르고 위로 계속 올라가다 입으로 나오는 일이 있긴 했지만 말이다. 지금이야 입으로 회충이 나오는 게 인간이 겪을 수 있는 끔찍한 일 베스트 3에 포함될지 몰라도, 그런 일이 비교적 흔했던 조선시대라면 이런 대화가 오갔을 법하다.

> 이첨지: 얘기 중에 미안하네만, 입에서 물컹한 게 씹히는 게 회충이 있는 것 같네. 좀 빼고 얘기하세.
> 박첨지: 허허, 그 녀석이 세상 구경이 하고 싶었나 보네. 그리 하게.

물론 그 숫자가 아주 많을 때는 장을 막는다든지 하는 증상을 유발할 수도 있지만, 회충의 기본적인 심성이 나쁜 게 아니라는 점에 기생충학자 대부분이 동의한다. 그런 점에서 1964년 벌어진 회충 살인 사건은 회충으로서는 좀 억울할 수도 있겠다. 사건의 개요는 이렇다. 아홉 살 난 소녀가 학교에서 돌아오자마자 실신했다. 급히 병원으로 옮겨진 소녀는 손을 쓸 시간도 없이 그만 숨을 거두고 말았는데, 사인을 조사하려고 소녀의 배를 연 의사는 소녀의 장이 꿈틀거리는 회충으로 가득 차 있는 것에 경악한다. 소녀한테서 나온 회충은 총 1,063마리. 소녀의 체중이 15킬로그램 남짓이었는데 그중 3분의 1이 회충의 무게였다. 의사는 이 사건을 회충에 의한 살인사건으로 단정 지었고, 기생충박멸협회가 만들어져 회충에 대한 대대적인 탄압을 시작한 것도 이 사건 때문이었다. 물론 회충이 잘한 건 아니었다. 그 어린 소녀한테 그렇게 많은 회충이 들어가 있다 보면 장이 막히는 등 치명적인 증상이 일어날 수도 있으니, '은인자중'을 모토로 하는 기생충의 정신에는 분명 위배된다. 하지만 회충이 억울한 이유는 소녀의

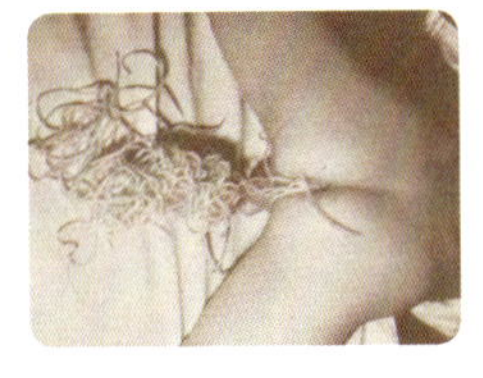

사인이 꼭 회충 때문이라고 할 수는 없기 때문이었다. 다 같이 못 먹던 그 시절, 소녀 역시 그리 잘 먹을 형편이 못됐다. 소녀의 사인은 회충이 아닌, 영양실조였다. 가뜩이나 먹을 게 없는데 회충까지 우글댔으니 그로 인해 영양실조가 더 심해졌다는 건 인정하지만, 그녀가 좀 사는 집의 딸이었다면, 아니 밥 한 숟갈씩만 더 먹을 수 있는 환경이었다면 그 정도로 목숨을 잃지는 않았을 테니, 회충으로서는 살인자 소리를 듣는 게 억울하지 않겠는가.

김치 기생충 파동

2005년 10월, 중국산 김치에서 회충 알이 발견되면서 전국에 한바탕 난리가 났다. 사람들은 한국의 상징과도 같은 김치를 거부했고, 식당에서도 깍두기만 찾았다. 곧이어 국산 김치에서도 회충 알이 발견되자 사람들은 공황 상태에 빠진다. 덕분에 약국은 구충제를 찾는 사람들로 대목을 맞았지만, 김치를 수출하는 기업들은 매출에 큰 타격을 입어야 했다. 그로부터 8년이 지난 지금 그 김치 파동을 분석해 보면 '태산명동 서일필'이라고, 별 일도 아닌데 너무 난리법석을 떤 게 아닌가 싶다. 우선 일의 순서가 거꾸로 됐다. 회충 감염률이 갑자기 높아져서 원인을 조사하다 김치를 주목한 게 아니라 별다른 이유도 없이 김치를 뒤지다 보니 회충 알 몇 개가 발견됐다는 것. 2004년 우리나라의 회충 감염률은

0.03퍼센트로 거의 박멸 수준이었으니, 그 알 몇 개에 그렇게 공황 상태에 빠질 필요는 없었다. 둘째, 그 회충 알이 과연 사람 몸에서 부화될 수 있느냐는 것. 물론 김치를 통한 감염이 1970년대까지 우리나라 회충 감염의 중요한 경로이긴 했지만, 막 김장을 한 상태에서 먹으면 걸린다는 거지, 김치 양념 속에서 오랫동안 살 수 있는 회충 알은 거의 없다. 게다가 DNA 분석결과 그 회충 알은 사람 것이 아니라 사람 몸에서 부화될 확률이 훨씬 떨어지는 돼지회충의 알이었다. 애당초 사건이 안 되는 일이었기에 얼마 지나지 않아 사람들은 다시 김치를 먹기 시작했고, 혹시나 했던 회충의 봄날은 다시 오지 않고 있다.

그 사건을 보면서 느꼈던 점 하나. 화학비료 대신 오리 똥이나 돼지 똥 등을 흙에다 섞어서 비료로 준 걸 우리는 유기농이라고 한다. 즉 돼지회충의 알이 김치 안에 있었다는 건 그 김치가 유기농이라는 증거니, 앞으로 유기농 여부를 판별할 때는 기생충 알의 유무를 확인하면 어떨까?

회충

- 위험도: ★★
- 형태 및 크기: 수컷이 15~25cm, 암컷이 20~30cm의 지렁이 모양의 흰색 선충 수컷은 생식기 보호를 위해 끝부분을 말고 있음
- 수명: 1년~1년 반
- 감염원: 회충 알이 묻은 흙, 야채 등
- 특징: 기생충의 왕으로 불리는, 하루에 20만 개의 알을 낳는 다산 기생충
- 감염 증상: 별 증상은 없는데, 회충이 입으로 나오는 경우가 있음

4. 편충 │ 착한 기생충의 마지막 선물

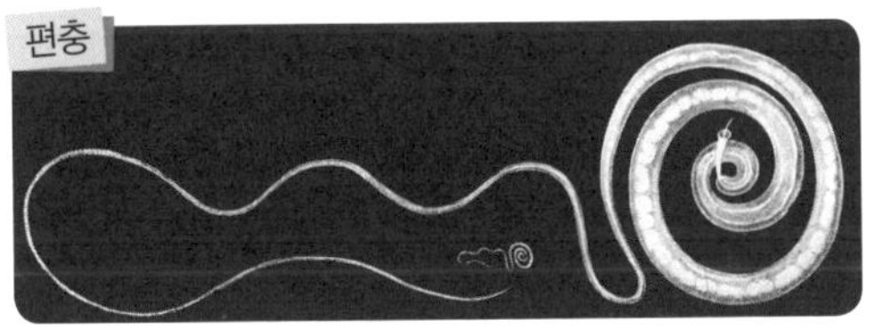

기생충을 처음 배울 때, 나 역시 대부분의 사람들처럼 기생충이 징그럽다는 생각을 했다. 지렁이처럼 생긴 게 몸 안에 들어 있다는 건 상상만으로도 무서운 일이었다. 하지만 편충을 보는 순간 생각을 고쳐먹었다.

"기생충도 아름다울 수 있구나!"

채찍처럼 생긴 외모도 멋지게 느껴졌고, 부끄러운 듯 몸을 둘둘 감고 있는 게 정교한 맛까지 있어 보였다. 무엇보다 편충이 아름다운 건 그 알 때문이었다. 기생충의 알은 대부분 무미건조하게 생겼지만, 편충 알은 뭔가 달랐다. 양쪽 끝에 마개가 달리고 미끈하게 생긴 알이라니, 학생들에게 가르칠 때는 "술통(barrel) 모양"이라고 하지만, 사실 술통과는 비교도 안 되게 아름다운 것이 편충 알이다. 종류에 관계없이 기생충의 알을 꼭 하나 먹어야 한다고 협박한다면, 주저하지 않고 편충 알

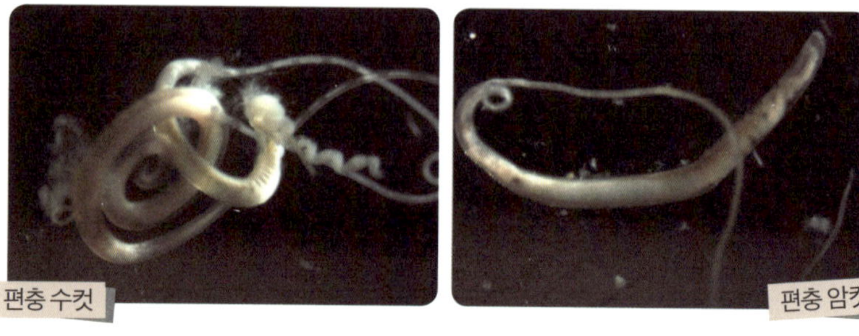

을 골랐으리라. 하지만 미인박명이란 말은 기생충계에서도 예외가 아닌지라, 편충은 그 미모에도 불구하고 멸종의 길로 접어들고 있다. 국민소득 2만 달러인 나라에서 기생충이 사라지는 건 어쩔 수 없는 일이겠지만, 자세히 살펴보면 편충의 삶은 한으로 뒤덮여 있다. 그것이 어떤 한인지 한번 알아보자.

잘못된 이름

편충은 영어로 'whipworm'이라고 부른다. '채찍 벌레'라는 뜻인데, 두꺼운 뒷부분이 손잡이 역할을 하고 가느다란 앞부분이 채찍의 때리는 부분에 해당된다. 편충의 슬픈 역사는 여기서부터 시작된다. 채찍 부분이 충체의 앞부분인데 사람들은 여기를 꼬리라고 생각해 '꼬리가 채찍처럼 된 벌레(Trichuris)'라고 명명했기 때문이다. 나중에 가느다란 앞부분에 입도 있고 식도도 있다는 게 밝혀지면서 사람들은 편충의 이름을 잘못 지었다는 걸 깨닫는다. 당황한 사람들은 뒤늦게 '머리가 채찍처럼 된 벌레(Trichocephalus)'라고 제대로 된 이름을 지어 줬지만, 그전 이름에 익숙해진 학자들은 "그냥 쓰던 대로 쓰자. 편충이 서운해 봤자 지가 어쩌겠어?"라며 기존 학명을 그대로 쓰고 있다. "누군가 내 이름을 불러 주었을 때 나는 그에게로 가서 꽃이 되었다"는 시에서 보듯 제대로 된 이름은 하물며 기생충에게도 중요한 법, 이 사건으로 인해 편충은 자신의 존재감에 대해 회의를 느끼게 된다.

착한 기생충, 편충

편충의 크기는 대략 3~5센티미터 정도다. 회충이 30센티미터, 광절열두조충이 몇 미터인 것에 비하면 크기가 작은 편이고, 가느다란 앞부분을 창자의 점막에 드리운 채 기생하는 모습은 사람을 괴롭히겠다기보다는 조용히 틀어박혀서 미적인 활동에만 전념하겠다는 느낌을 준다. 실제로 편충은 몸 안에 있어도 이렇다 할 증상이 없다. 주요 기생 부위가 맹장이나 큰창자로, 거기서 있는지 없는지도 모르게 살다가 3년 정도 되면 죽어서 대변과 함께 화장실 변기로 빠지는 게 편충이 바라는 이상적인 삶이다. 회충이나 십이지장충은 어른으로 자라기 위해 인간의 폐에 들러 난동을 피우지만, 알째 들어온 편충은 그대로 맹장에 가서 어른으로 자란다. 사람의 피를 먹는 습성 때문에 비난을 듣기는 해도, 그래 봤자 하루 0.005마이크로리터 정도라 100마리쯤 있어 봤자 0.5cc가 고작이다. 요즘 같은 세상에서 그 정도 피를 편충에게 준다고 해서 문제가 되는 일은 극히 드물다. 2011년 나온 『임상기생충학』은 편충을 이렇게 칭찬하고 있다. "편충은 장내 기생충 중에서 숙주에게 의학적인 피해를 가장 적게 주는 기생충이다."(204쪽)

그럼에도 불구하고 편충에 대한 사람들의 인식이 좋지 않은 이유는

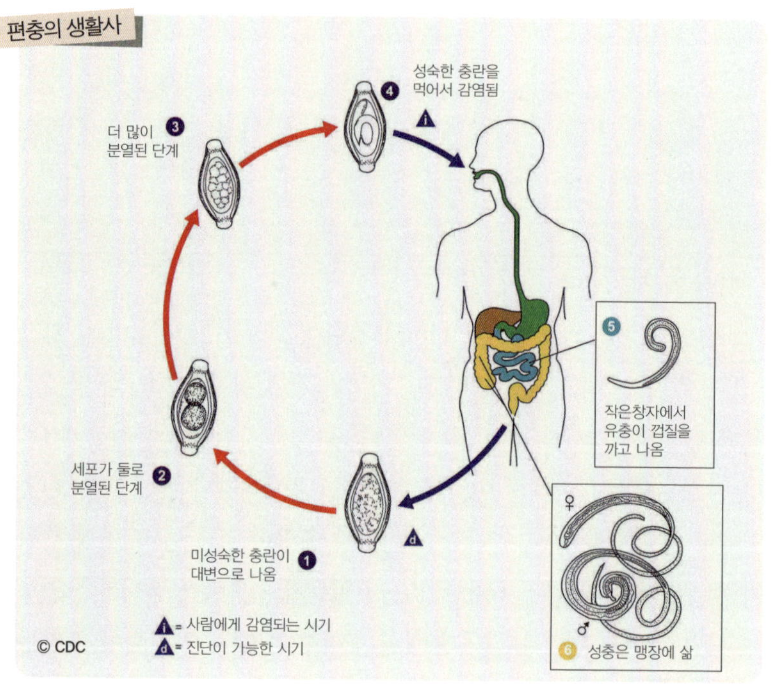

뭘까? 바로 회충 때문이다. 회충과 편충은 전파 경로가 같으며, 흙 속에 있는 기생충의 알을 사람이 먹었을 때 감염된다. 화장실의 개념 자체가 없었던, 보이는 모든 땅이 다 볼일을 보는 곳이었던 시절, 회충과 편충 은 단연 두각을 나타냈을 것이다. 땅속에서 살아 있는 채 오래 버틸 수 있다는 것도 그렇지만, 회충 한 마리가 하루 20만 개, 편충 한 마리는 2만 개의 알을 낳을 만큼 다산이라는 점이 이들 기생충의 융성을 가져 왔으리라 추측된다. 편충에 걸린 이가 변을 보면 편충 알이 잔뜩 밖으 로 나가고, 그 알이 묻은 야채를 캐서 저녁식사로 먹었으니 말이다. 거 기에 더해 농사가 시작되고 사람의 변을 비료로 주는 문화는 회충과 편충에게는 더할 나위 없는 축복이었다. 그 결과 회충과 편충은 지구상에서 가장 성공적인 기생충으로 다른 종들의 부러움을 샀다. 하지만 편충은 점차 불만이 쌓여 갔다. 편충에 비해 훨씬 몸이 크고 운동성도 뛰어난 회충은 장을 막아 버리거나 다른 장기로 가서 병을 일으키는 경우가 훨씬 많았고, 심지어 입으로 나와 버리는 엽기적인 모습까지 연출했다. 그러다 보니 회충은 자연스럽게 기생충의 상징처럼 돼 버렸고, 조용히 들어앉아 미를 닦는 데 열중했던 편충은 존재감이 없는 기생충으로 전락하고 만다. 게다가 편충은 회충과 늘 같이 감염되는 기생충이었기에, 회충이 하는 악행을 뒤에서 거드는, 소위 '회충의 졸개'쯤으로 인식되기에 이른다.

그렇다고 편충이 정말 아무것도 아닌 기생충은 아니었다. 1971년 우리나라에서 처음 실시한 전 국민 대변검사 결과 84.3퍼센트가 하나 이상의 기생충을 몸 안에 갖고 있다는 게 밝혀졌는데, 회충의 양성률이 54.9퍼센트에 그친 반면 편충은 65.4퍼센트로 수많은 기생충들 중 1위를 차지했으니, 한 시대를 풍미했다는 게 괜한 소리는 아니다. 1976년 시행된 2차 조사에서도 편충은 42퍼센트로 회충에 간발의 차이로 앞섰는데, 이런 성적에도 불구하고 사람들의 주된 관심은 오직 회충이었다. 회충의 악행을 보다 못한 정부는 기생충박멸협회를 만들어 기생충과의 전쟁을 시작했다. 회충과의 전쟁에 사용됐던 알벤다졸은 회충이 포도당 흡수를 못하게 함으로써 굶어 죽이는 효과를 냈기에 회충을 미워하던 대다수 국민들에게 큰 환영을 받았다. 문제는 이 약이 회충뿐 아니라 조용히 들어앉아 미를 닦던 편충에게까지 치명적이었다는 것이었다. 편충 감염률은 하루가 다르게 떨어졌고, 1997년에는 0.04퍼센트로 거의 멸종의 위기에 처하지만, 편충을 동정하는 사람은 아무도 없었다. 게다가 대장내시경의 유행은 근근이 버티던 편충마저 가만 놔두지 않아, 많은 편충들이 미를 탐구하던 도중 끌려 나갔고, 그 편충들은 '대장내시경으로 제거한 편충 4례' 등의 논문으로 이용된 후 처절하게 버려졌다.

재평가되는 편충

한때 지구를 지배했던 기생충이었고, 같이 감염되는 일이 잦았으니,

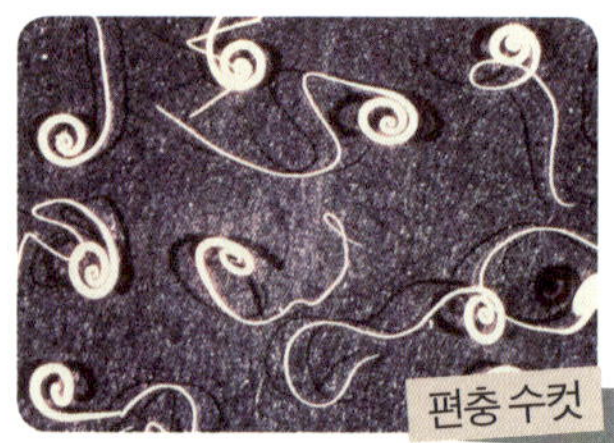

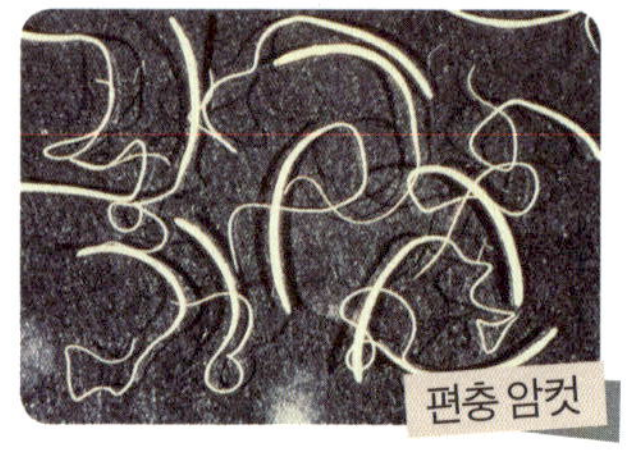

과거의 흔적을 뒤졌을 때 가장 많이 나오는 기생충도 다 회충, 편충일 수밖에 없다. 예를 들어 2001년 양주에서 발견된 5세 아이의 미라에서도 회충과 편충이 같이 나왔고, 고대 유럽의 화장실에서도 두 기생충의 알이 주로 발견된다. 하지만 통계를 내 보면 회충보다 편충이 더 자주 발견되곤 한다. 대표적인 게 알프스 산에서 냉동된 채 발견된 5300년 된 '아이스맨'으로, 여기서

는 달랑 편충만 나왔다. 강릉에서 발견된 장군 미라에서도 편충만 발견되었고, 학자들이 조사를 할수록 회충 없이 편충만 나온 게 더 많아졌다. 학자들은 의아해했다. 암컷 한 마리가 낳는 알의 개수가 그렇게 차이가 있는데, 어떻게 편충 알이 더 흔히 발견될 수가 있을까? 그들이 생각한 이유는 다음과 같다. 1) 편충은 회충보다 기생충 약에 더 강하다. 과거에도 기생충에 효과가 있는 약제들이 있었을 텐데, 편충은 대장에

머리를 박고 숨어 사는 데 비해 회충은 소장 한가운데를 차지하고 당당하게 사니, 회충이 약에 취약할 수밖에. 2) 회충 알보다 편충 알의 껍데기가 더 튼튼하다. 실제로 두 알에다 태양빛을 비춰 봤더니 편충 알이 더 오래 살았고, 회충 알이 다 부서진 환경에서도 편충 알은 멀쩡하게 남아 있었다. 이런 점들은 편충이 사실상 회충보다 더 우수한 기생충이었음을 보여 주는 사례다.

자가면역질환의 출현

단순히 과거 유적에서 편충이 회충보다 더 나왔다고 편충이 재평가됐다는 건 아니다. 기생충이 악의 화신으로 여겨지던 시대를 지나서 기생충을 이용해 환자를 치료하는 시대가 개막

되면서 편충이 새삼 각광을 받기 시작한 것. 배경은 이렇다. 앞에서도 한번 얘기한 바 있지만 인류가 탄생한 뒤 수많은 생물체가 사람 몸속에 들어왔고, 그중 일부는 그곳을 평생 살아갈 터전으로 삼기로 결정했다. 후세 사람들에 의해 '기생충'으로 불릴 이 생물체의 등장에 우리 면역계는 잔뜩 긴장했고, 그 생물체를 공격하기 시작한다. 둘 사이에 어느 정도의 타협이 이루어져 큰 전투는 중단됐지만, 면역계는 기생충의 존재를 끊임없이 의식했고, 그들 사이에 소규모 국지전은 시시때때로 벌어진다. 그렇게 수만 년간을 싸우면서 둘 사이엔 일정 수준의 유대감이 싹텄으리라. 그러던 어느 날 기생충이 싹 없어져 버린다면, 면역계는 어떤 반응을 보일까? 적군이 물러갔다고 환호하던 것도 잠시, 면역계는 우울증

에 빠진다. 기생충으로부터 우리 몸을 지킨다는 자부심으로 살던 그들이었기에 기생충의 박멸은 곧 자신들의 할 일이 없어짐을 의미했으니까. 갑작스러운 사태에 당황하던 면역계는 곧바로 새로운 적을 찾아내는데, 안타깝게도 그 적들은 사실 우리 몸에서 중요한 기관이었다. 신경세포를 둘러싼 조직을 공격하는 다발성 경화증, 췌장을 공격해 인슐린 분비샘을 파괴하는 당뇨병, 대장 조직을 공격해 심한 설사를 유발하는 크론씨병 등 소위 자가면역질환은 기생충이 없어져 심심해진 면역계가 엉뚱한 조직을 적으로 삼아 공격함으로써 일어난다는 설이 유력하다. 실제로 기생충이 없어진 나라에서 자가면역질환은 눈에 띄게 급증하고 있으며, 장 전체를 공격해 수십 차례의 설사를 유발하는 크론씨병(Crohn's disease)은 서양에서 인구 10만 명당 30~100명 정도로 빈도가 높아졌다. 우리나라 역시 기생충 감염률이 3퍼센트대로 떨어진 1990년대부터 크론씨병이 해마다 늘어나, 2005년 송파-강동 지역을 조사한 결과 10만 명당 11.24명에 달했다. 편충이 재평가된 건 바로 이 시점이었다.

편충, 크론씨병의 구세주

학자들은 생각했다. 자가면역질환의 증가가 기생충이 없어져서 생긴 게 맞다면, 기생충을 다시 감염시켜 면역계를 달래 주면 좋아질 게 아닌가? 학자들이 원한 건 이런 기생충이었다. 크기가 어느 정도 돼서 면역계를 만족시킬 수 있을 정도가 되면서

내시경으로 촬영한, 크론씨병에 걸린 환자의 대장. 만성적인 염증으로 인해 울퉁불퉁해져 있음

기생충 자체에 의한 병변[6]이 적은 놈. 오래 생각할 것도 없었다. 그들은 일제히 외쳤다. "편충!" 하지만 편충이 사람 몸에서 흡혈을 했던 전력이 문제가 됐다. 게다가 수명도 3년이면 너무 길었다. 그래서 결국 선택된 것이 돼지편충이었다. 사람편충과 돼지편충은 형태학적으로 거의 구별이 안 갈 정도로 가까운 친척 관계인데, 사람편충과 달리 돼지편충은 흡혈도 거의 안하고 두세 달 동안 조용히 있다가 나가 버리는 쿨함도 가지고 있었다. 학자들은 크론씨병을 앓는 환자들을 모집했고, 그들에게 3주마다 돼지편충 알을 2천5백 개씩 먹였다(양으로 따지면 물 한 방울 정도밖에 안 된다). 결과는 놀라웠다. 4개월을 그렇게 하자 75퍼센트가 증상이 좋아졌고, 65퍼센트는 내시경으로 완치 판정을 받을 정도였다. 8개월이 됐을 때 완치 판정을 받은 이는 72퍼센트였다.

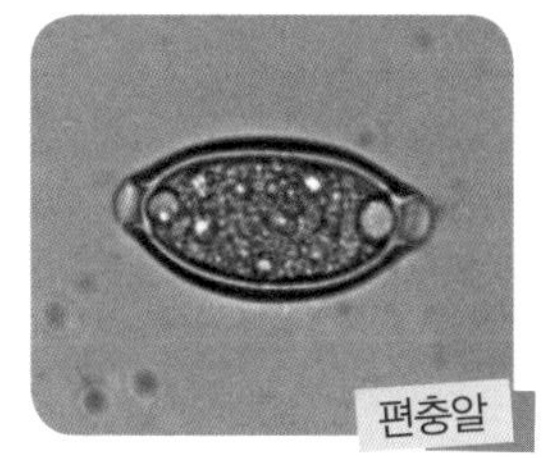

이 결과에 학자들은 크게 고무됐고, 그 후 활발한 연구를 진행 중이다. 크론씨병뿐 아니라 다발성 경화증(multiple sclerosis) 등 다른 질환에도 돼지편충 요법을 시도 중인데, 현재까지 결과는 긍정적이며, 아직까지 돼지편충으로 인한 부작용은 나타나지 않고 있다.

물론 대대적으로 환자들에게 적용시키는 건 쉬운 일이 아니다. 4개월 정도 이 치료를 받는 데 400만 원의 돈이 들기 때문이다. 우리나라에서

---

6 병변: 병이 원인이 되어 일어나는 생체의 변화.

돼지편충 알을 만들 수 있다면 이 비용이 절감될 수 있을 것이다. 또한 이 치료법을 쓰고 난 뒤 재발하는 경우가 없는지도 면밀히 관찰할 필요가 있다. 확실한 건 마땅한 치료법이 없던 크론씨병에 있어서 돼지편충 요법이 가장 효과적인 방법이라는 것. 연구가 좀 더 진행된다면 최소한 크론씨병에 있어서는 편충 알이 복음을 가져다 줄 수 있을 것 같다. 인체에게 별다른 해를 끼치지 않았음에도 늘 욕만 먹던 편충, 그날이 오면 편충도 비로소 웃을 수 있으리라.

편충

- 위험도 : ★
- 형태 및 크기 : 3~5cm, 알은 항아리 모양, 성충은 머리가 채찍처럼 생김
- 수명 : 3년
- 감염원 : 흙, 야채
- 특징 : 장내 기생충 중에서 숙주에게 의학적인 피해를 가장 적게 주는 기생충으로, 돼지 편충은 크론씨병 환자의 증상을 완화시키는 데 쓰임

5. 간디스토마 | 담도암을 유발하는 기생충

꾸준하도다!

옛날 추억도 살리고 기생충에 대한 경각심도 높일 겸 우리나라에 사는 모든 사람들의 대변을 걷어 기생충 검사를 실시한다면 어떤 기생충의 알이 가장 많이 나올까? 그래도 가장 유명한 게 회충이니 그렇게 대답할 사람이 많이 있겠지만, 사실 회충은 천연기념물로 지정해야 할 정도로 줄어들었다. 이게 갑자기 일어난 현상이 아닌지라 92년에 이미 0.3퍼센트로 멸종의 조짐을 보였고, 그 뒤 더 줄어 0.05퍼센트 선을 힘겹게 유지하고 있다. 그렇다면 요충? 아이들을 주로 감염시키는 요충은 분명 만만치 않는 세력을 과시하고 있지만, 요충은 알을 품은 채 항문 주위로 나와 일시에 알을 퍼뜨리는지라 대변에서 요충 알을 찾는 건 쉬운 일이 아니다. 더 질질 끌면 짜증이 날 수 있으니 답을 말한다. 대변검사 1등은 2.0퍼센트를 기록한 간디스토마로, 우리나라 인구를 5천만으로 잡으면 100만 명이 간디스토마에 감염된 셈이다. 놀라운 점은 간디스토마의 꾸준함으로, 1971년 이후 시행한 일곱 차례의 대변검사에서 늘 2퍼센트 내외의 감염률을 보였다. 즉 간디스토마가 1위가 된 건 그게 갑자기 늘어나서가 아니라 회충을 비롯한 다른 기생충들이 큰 폭으로 줄어든 탓이다. 누가 알아주지 않아도 늘 자기 몫을 해내는 사람을 훌륭한 사람이라 한다면, 간디스토마는 분명 훌륭한 기생충이라 할 만하다.

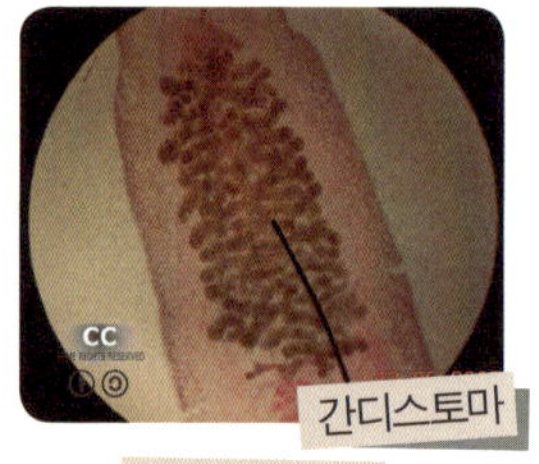

간디스토마

간디스토마가 꾸준할 수 있었던 이유는 회충이 사람에서만 어른이 되는 까다로운 기생충인데 반해 간디스토마는 사람은 물론이고 쥐나 살쾡이 등 다른 동물에서도 어른이 된다. 회충이 암수딴몸으로, 암컷과 수컷이 모두 한 사람에게 들어가야 알을 낳을 수 있는 반면 간디스토마는 암수한몸이라 수틀리면 혼자서도 얼마든지 알을 낳을 수 있다. 여기에 한 가지가 더 있다면, 간디스토마의 수명이 굉장히 길다는 점이다. 회충은 1년 반 정도면 수명을 다한 채 사람 몸에서 빠져나가 버리지만, 간디스토마는 사람 몸에서 20년 이상 살 수 있다. 이걸 어떻게 알아냈을까? 중국에 살던 사람이 호주로 이민을 갔다. 그는 그 뒤 호주 밖으로 나가지 않은 채 26년간 살다가 죽었는데, 부검을 해보니 그의 담도에서 살아 움직이는 간디스토마가 나온 거다. 간디스토마는 중국과 일본, 한국 등 동아시아 국가에만 국소적으로 분포하니, 그가 호주에서 간디스토마에 추가로 걸렸을 확률은 없다. 그가 중국을 떠나는 순간 간디스토마에 걸렸다고 가정해도 최소한 26년을 그의 담도에서 살았다는 얘기니, 정말 징글징글한 기생충 아닌가?

간디스토마(Clonorchis sinensis)란?

간디스토마

간디스토마는 간, 정확히는 담도에 사는 디스토마다. 디스토마는 입(stoma)이 두 개(di)라는 뜻으로, 위쪽에 있는 진짜 입 말고도 몸 중간쯤에 입이 하나 더 있어서 그런 이름이 붙었다. 간디스토마의 또 다른 특징은 정소의 모양이 사슴뿔처럼 생겼다는 점. 간디스토마의 학명인 Clonorchis sinensis도 여기서 유래한다 (clon=가지, orchis=정소). 사슴뿔이 암컷을 유혹하기 위해 수컷이 나름 노력을 한 산물인 반면, 어차피 암수한몸인 간디스토마가 왜 정소의 모양을 저런 식으로 발달시켰는지는 잘 이해되지 않는다. 태국이나 라오스, 베트남 등에는 간디스토마와 모든 면에서 똑같지만 정소 모양만 다른 '타이간흡충(Opistorchis viverrini)'이 분포하는데, 정소 모양의 차이가 과연 어떤 의미가 있는지 연구하는 것도 재미있을 것 같다.

간디스토마는 사람의 담도, 즉 담즙의 통로에 기생하며, 담즙을 먹으며 산다. 그게 뭐 그리 맛있다고 그러는지, 간디스토마를 바닥에 놓고 담즙을 떨어뜨리면 담즙이 있는 쪽으로 기어간

타이간 흡충

단다. 간디스토마는 숫자가 적을 경우엔 별다른 증상을 나타내지 않지만, 많은 충체가 들어오면 복통, 식욕부진, 피로감 등을 유발시킨다. 담도의 기능이 간에서 만들어진 담즙을 소장으로 운반하는 거니, 간디

스토마로 인해 담도가 막히면 담즙이 혈액으로 흡수되어 황달이 일어
날 수 있다.

어떻게 하면 간디스토마에 걸리나?

담도에 사는 간디스토마가 알을 낳으면 사람이 변을 볼 때 알도 같
이 나간다. 내보낸 알이 어떤 경로로든 물에 가면 알의 뚜껑이 열리고
유충이 나온다. 유충은 쇠우렁이라는, 1센티미터 내외의 조그만 우렁이
에 들어가 꼬리가 달린 유충으로 발육한 뒤 빠져나온다. 꼬리를 이용해
헤엄을 치던 유충은 민물고기의 근육으로 파고들어 가며, 거기서 둥근

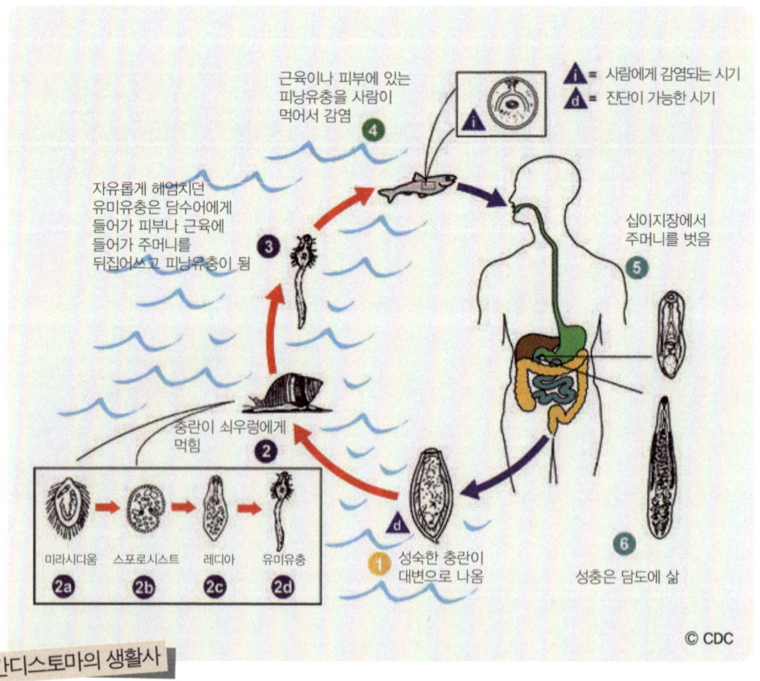

간디스토마의 생활사

주머니를 만들고 꼬리를 뗀 다음 그 안에서 서식한다. 사람은 물고기의 근육, 즉 싱싱한 생선회를 먹을 때 주머니 안에 든 유충을 같이 섭취함으로써 간디스토마에 걸리게 된다. 대부분의 간디스토마 감염자가 강 유역에 사는 분들인 건 그분들이 강에서 잡은 물고기를 회로 즐겨 먹기 때문이다. 붕어나 잉어, 돌고기, 모래무지, 향어 등이 간디스토마의 감염원으로 알려져 있는데, 간디스토마의 수명이 긴 만큼 한번 먹을 때마다 간디스토마가 몸에 축적된다는 걸 꼭 생각하시길.

다른 기생충과 달리 간디스토마가 여러 안 좋은 증상을 일으키는, 비교적 해로운 기생충인 건 틀림없는 사실이다. 그러니 민물고기회를 꺼리는 것도 충분히 이해할 만하지만, 한 가지 알아둬야 할 것은 그렇다고 해서 양식 물고기까지 거부할 필요는 없다는 점이다. 간디스토마의 생활사에서 가장 중요한 요인은 바로 쇠우렁인데, 이 쇠우렁은 여간 까다로운 게 아닌지라 아주 맑은 물이 아니면 살지 못한다. 기생충 하면 더럽다는 생각을 하는 분이 많겠지만, 간디스토마는 환경이 깨끗할수록 더 잘 산다. 양식을 하는 환경에선 당연히 쇠우렁이 살 수 없고, 게다가 자연 상태가 아닌, 양식 물고기엔 당연히 간디스토마의 유충도 없다. 회를 원래 안 좋아한다면 모를까, 회를 먹고 싶은데 간디스토마가 무섭다면 양식 물고기를 권한다. 자연산이 더 맛있으니 꼭 자연산을 먹어야겠다면 그렇게 하시라. 대신 한 달 후에 디스토마 약을 먹는 걸 잊어서는 안 된다. 간디스토마의 유충이 사람 몸에서 어른이 되기까진 4주 정도의 시간이 걸리고, 유충은 성충보다 약에 잘 안 들으니까 말이다.

간디스토마와 암

간디스토마는 대부분의 강 유역 주민들에게 감염률이 높지만, 최대 유행지는 낙동강 유역으로, 1970년 조사에 따르면 이곳 주민들의 절반 이상이 간디스토마에 걸려 있었다. 그런데 이상한 현상이 발생했다. 민물회를 즐겨 먹는 부산 지역에서 담도암의 비율이 크게 증가한 것. 원래 간은 암이 많이 생기는 곳이지만, 담도는 그다지 암이 잘 생기는 부위는 아니다. 일반적으로 간암과 담도암의 비율은 10 대 1 정도인데, 부산 지역에서는 그 비율이 4 대 1 정도였고, 그게 다 담도암의 증가 때문이었다. 그러니까 부산 지역은 다른 곳보다 담도암이 2.5배나 더 많이 발생했다는 얘기다. 이게 설마 간디스토마 때문? 맞다. 간디스토마가 그 주범이다. 간디스토마와 하는 짓이 똑같은 타이간흡충에서도 비슷한 연구 결과가 나왔는데, 담도암으로 죽은 사람을 부검했더니 타이간흡충이 나오는 일이 잦은 반면 간암으로 죽은 경우에는 타이간흡충이 거의 나오지 않았단다.

물론 이런 게 다 우연일 수 있다. 그래서 실험이 필요하다. 햄스터를 두 군으로 나눈 뒤 한 그룹에는 발암제만 주고, 다른 그룹에는 간디스토마를 감염시킨 뒤 발암제를 줬다. 10주가 지난 뒤 쥐의 간에 어떤 변화가 생겼는지 관찰했더니 발암제만 준 쥐들은 간이 멀쩡했던 반면 간디스토마를 감염시킨 쥐들 여덟 마리 중 무려 여섯 마리(75퍼센트)에게 담도암이 생겼다. 또 다른 실험에서도 간디스토마와 발암제를 같이 줬을 때 담도암에 걸리는 확률이 70퍼센트를 넘었다(열다섯 마리 중 열한 마리). 어떻게 이럴 수 있을까? 발암제는 DNA를 변성시켜 암을 유발하는데, 우리 몸은 여러 가지 방어 장치가 있어 변성된 DNA를 효과적으로 제거해 암 발생을 막아 준다. 그런데 간디스토마라는 놈이 있으면 우리 몸이 간디스토마를 상대하느라 DNA 감시에 소홀하게 되어 담도암 발생이 늘어나는 거다. 최근 연구에 의하면 B형 간염바이러스는 담도암 발생을 2.6배 증가시키고, C형 간염바이러스는 1.8배 증가시키지만, 간디스토마에 걸리면 담도암 발생이 무려 4.8배나 증가한다고 한다. 그렇다면 간디스토마도 발암제라고 할 수 있을까? 물론이다. 2009년 국제암연구기구(IARC)는 "사람에게서 담도암을 일으킨다는 근거가 충분하다"며 간디스토마와 타이간흡충을 모두 1군 발암물질로 지정했다.

이런 사실을 말해 줘도 강 유역 분들은 이렇게 말한다.
"걸리면 약을 먹으면 된다."
술과 같이 먹으면 간디스토마가 죽는다는 말은 과학적 근거가 없지만, 약이 잘 듣는다는 건 맞는 말이다. 간디스토마가 장에 사는 게 아니라 담도가 주요 기생 부위니 한 알 가지고는 부족하고, 두 알 반씩 세 차례 약을 먹어야 하는 불편함이 있지만, 제대로만 먹으면 거의 100퍼센트 치료가 가능하다. 하지만 간디스토마에 걸리면 담도 자체에 변성이 오고, 한번 그렇게 되면 나중에 치료를 하더라도 담도암 발생이 증가한다는 연구가 있으니, 자연산의 그 맛을 포기하고 싶지 않은 마음은 충분히 이해하지만, 건강을 위해서는 걸리지 않는 게 좋지 않을까 싶다. 간암도 무서운 병이지만 담도암은 예후가 더 나쁘니까.

회는 우리나라가 원조?

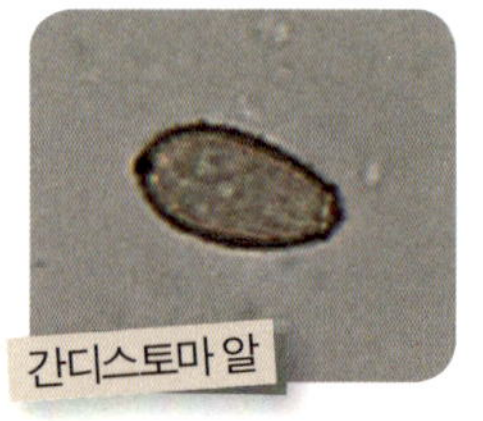

다섯 살에 죽은 뒤 회곽묘에 묻혔다가 미라가 된, 500년 전 아이의 변에서 간디스토마의 알이 많이 나왔다. 양반 가문의 자손이었긴 하지만 무려 다섯 살에 민물회를 먹었다는 게 충격적이었는데, 그 미라를 보면서 이런 의문이 들었다. 생선회 하면 누구나 일본을 떠올릴 만큼 일본의 전통 요리로 알려져 있지만, 혹시 우리나라에서 회를 먼저 먹은 건 아닐까? 일본에서 생선회가 널리 퍼진 건 임진왜란 후인 에도시대 이후라는데, 우리나라에서는 그 이전에도 생선회를 먹은 흔적이 여럿 있기 때문이다. 다섯 살 아이 말고도 간디스토마의 알은 조선시대 양반들의 묘에서 제법 발견되고, 심지어 삼국시대 화장실로 추정되는 구조물에서도 간디스토마의 알이 여러 차례 나왔다. 예컨대 가장 오래된 화장실로 알려진, 백제 시대에 사용됐던 익산 왕궁리 유적에서도 간디스토마의 알을 발견했고, 그보다 이른 시기의 화장실에서도 간디스토마의 알이 나온 바 있다. 이런 전통이 있었으니 다섯 살 아이도 민물회의 맛을 즐길 수 있었을 테고, 그 후손인 우리들도 생선회 하면 좋아서 몸을 비비 꼬는 유전자를 갖게 된 것이리라. 그렇다고 생선회의 원조가 우리나라라는 건 아니다. 춘추전국시대의 『시경(詩經)』에 구운 자라와 생선회 이야기가 나오고 '인구에 회자되다'의 '회자'가 '날생선과 구운 고기'라는 뜻이니, 다른 문화들이 대부분 그런 것처럼 생선회도 중국에서 전래된 것이겠지만, 최소한 일본보다 먼저 회를 먹은 건 확실해 보인다. 그럼에도 불구하고 생선회의 주도권을 일본에게 빼앗긴 건 마음 아픈 일. 담도암 발생을 증가시키는 나쁜 기생충이지만 간디스토마는 이렇게 말하고 있는 듯하다. 앞으로 잘하라고.

간디스토마

- 위험도 : ★★★★
- 형태 및 크기 : 주걱모양, 길이 10~25mm, 너비 3~4mm로 몸이 얇음
- 수명 : 20년 이상
- 감염원 : 붕어, 잉어, 돌고기, 모래무지, 향어 등 자연산 민물회
- 특징 : 꾸준한 감염률. 맑은 물에서만 사는 쇠우렁이가 중간숙주이기 때문에 양식 물고기에는 유충이 없음
- 감염 증상 : 복통, 식욕부진, 피로감, 황달(간디스토마로 담도가 막혀서 생기는 현상), 담도암

6. 와포자충 │ 수돗물을 통해 감염되는 기생충

19년 전 밀워키

1993년 4월, 밀워키 보건국에 한 통의 보고서가 전달됐다. 많은 주민들이 직장에 결근을 했는데, 이유가 모두 배탈이라는 것. 열이 나고 배도 아픈데다 물설사를 어찌나 심하게 하는지 탈수로 인해 쓰러질 지경이라는 게 그들의 증언이었다. 같은 회사 사람들끼리 전날 밤 으슥한 곳에서 모여 뱀이라도 잡아먹었다면 그게 원인이라고 우기겠지만, 환자들은 직종도 달랐고, 서로 만난 적도 없는 사이였다. 에라, 모르겠다 싶어 대변검사를 해 봤지만 특별히 나오는 것도 없었다. "도대체 하는 일이 뭐냐?"는 비난을 받을까 걱정하던 보건당국에 한줄기 서광이 비친 건 그로부터 며칠 뒤였다. 병원에 입원해 있던 주민 중 한 명의 변으로부터 와포자충(Cryptosporidium)이라는 기생충의 알(오오시스트, oocyst)을 발견한 것. 크기

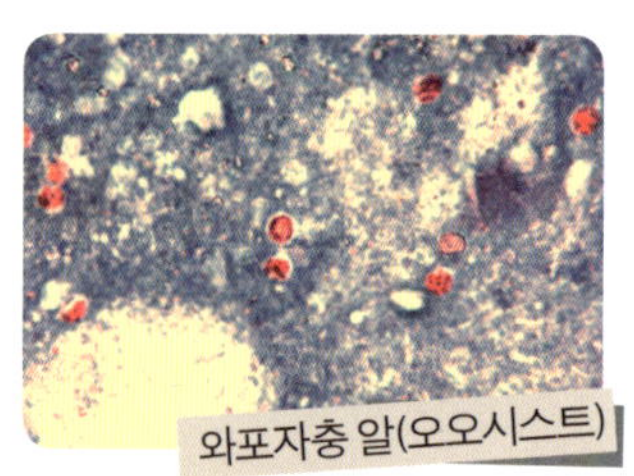

와포자충 알(오오시스트)

가 적혈구 한 개보다 더 작은, 5마이크로미터 정도밖에 안 되는데다 항산성 염색(acid fast stain)이라는 특수한 염색을 해야만 관찰할 수 있는데, 대부분의 병원에서는 이 기생충에 대한 검사를 시행하지 않고 있던 터였으니 한 곳에서라도 원인을 밝혀낸 건 대단한 성과였다.

와포자충(Cryptosporidium species)

와포자충의 존재가 알려진 건 1976년이었다. 세 살짜리 여자아이가 심한 물설사를 하기에 진단을 위해 장을 생검[7]해서 관찰했더니, 처음 보는 기생충이 어린아이의 장에 붙어 있는 게 아닌가. 그 기생충이 설사의 원인이라고 판단한 의사가 그 기생충에 자기 이름을 붙이려고 했지만, 안타깝게도 타이저(E.E.Tyzzer)라는 학자가 그로부터 69년 전인 1907년, 쥐에서 이 기생충을 발견해 이미 '작은와포자충'(Cryptosporidium parvum)이라는 이름을 붙여 놓은 상태였다. 그 후 면역억제제로 치료를 받다 물설사가 생긴 환자에게서 추가로 이 기생충이 발견되기도 했지만, 와포자충이 각광을 받기 시작한 것은 에이즈(AIDS)가 유행하기 시작한 1980년대부터였다. 와포자충에 걸린 에이즈 환자들은 하루 2리터 이상, 심하게는 25리터까지 물설사를 하며 죽어 갔다. 설사 중에서 가장 괴롭다는 물설사를 말이다. 사람들은 알게 됐다. 이 기생충이 면역이 억제된 사람들을 괴롭히는, 기회주의적인 기생충이라는 것을. 실제로 와포자충은 건강한 사람이 감염됐을 때는 1~2주 정도 물설사와 복통, 발열 등을 일으키다 저절로 회복되지만 면역이 약한 환자에게 감염되면 오랜 기간 몸

---

7 생검: 생체로부터 조직의 일부를 채취하는 검사법의 일종.

에 남아서 증상을 유발했다. 심지어 장에 머무르는 데 그치지 않고 담
도로 가서 담도염을 일으킨다든지, 췌장이나 귀 등에까지 기생충이 퍼
지는 일도 있었다.

감염원은 무엇일까?

학자들이 알아낸 와포자충의 감염원은 물이었다. 와포자충은 사람
이나 동물의 장에 살면서 기생충의 알에 해당되는 오오시스트를 만든
다. 숙주가 대변을 볼 때 이 오오시스트가 같이 나가 하수도로 들어가
는데, 어떤 이유로든 하수도의 오오시스트가 사람이 마시는 물에 섞이
는 경우 인체 감염이 이루어진다. 수돗물을 염소로 처리한다고 안심할
일은 아니었다. 와포자충은 우리가 쓰는 정도의 염소 농도에는 끄떡도
없었고, 그 시절 정수처리장의 여과 시설은 눈에 보이지도 않는 와포자
충을 걸러 내지 못했다. 1993년의 밀워키 사태도 그게 이유였다. 밀워키
주민들은 미시간 호수에서 끌어다 정수 처리한 물을 마셨는데, 집단 설

사가 생기기 열흘쯤 전부터 물이 혼탁해졌단다.
그러니, 어떤 이유인지 몰라도 대변이 담긴 물이
정수 시설로 흘러들었고, 그 대변에 있던 다량의
와포자충 오오시스트가 사람들의 입으로 들어
간 거였다. 그 당시 보관해 뒀던 수돗물을 나중
에 검사해 봤더니 아니나 다를까 와포자충의 오
오시스트가 다량 발견되었다(100리터 당 13.2개).

원인이 밝혀지자 밀워키 시는 신속하게 대응했다. 수돗물을 끓여 먹

으라고 주민들에게 당부한 것은 물론 문제가 생긴 수도 시설을 즉각 폐쇄했다. 그럼에도 불구하고 피해는 제법 컸다. 발생한 환자 수는 40만 명을 넘었고, 사망한 사람은 104명에 달했다. 이 사건 이후 와포자충 없는 수돗물을 공급해야 한다는 자성의 소리가 높아졌고, 실제로도 많은 노력을 기울이긴 했지만, 그 후로도 전 세계에서 잊을 만하면 한번씩 와포자충의 대량 발병이 있었다. 회충 알을 광화문 네거리에 뿌린다 해도 환자가 별로 생기지 않지만, 와포자충은 수돗물을 통해 전파되는 특성 탓에 생겼다 하면 환자 수가 어마어마했다. 최근 자료만 살펴봐도 2005년 뉴욕에서 3천8백 명, 2007년 미국 유타에서 2천 명, 2008년 달라스에서 수영을 하던 4백 명, 2010년 스웨덴에서 4천 명 등이 이 병으로 인해 한바탕 물설사를 해야 했다. 이건 좀 사는 나라들의 예일 뿐, 수도 시설이 엉망인 개발도상국은 설사로 죽는 사람들 중 상당수가 와포자충 때문이란다. 이것 역시 못사는 주민들만 괴롭히는 기생충의 기회주의적 속성을 잘 드러내 준다.

한국의 상황

와포자충이 그 존재를 드러냈던 1980년대, 한국에도 와포자충이 있을까 궁금해한 분이 있었다. 현재 건국대에 계시는 유재란 교수는 실험용 쥐에 스테로이드를 주사해 면역억제를 시켰는데, 그로부터 2주가 지났을 무렵 쥐의 대변에서 와포자충의 오오시스트가 나왔다. 항산성 염색을 통해 얻은 붉은 오오시스트를 우리나라에서 처음 확인했을 때의 기쁨은 어느 정도였을까? (그때의 경험 때문인지 유재란 교수는 그 후로도 꾸준히 와포자충을 연구해 와포자충의 세계적 대가가 된다) 와포자충은 물을 통해 전파되니 면역억제를 시키지 않아도 와포자충에 걸렸을 테지만, 면역억제를 시키면 개수도 많아지고 감염 기간도 길어져 오오시스트를 발견하기 쉬울 것이라는 점에 착안한 결과였다. 1990년 발표된 그 논문은 이렇게 끝난다.

"실험 결과 우리나라에도 와포자충이 존재하고 있음을 확인하였으며, 인체 감염례가 있을 가능성을 짐작할 수 있었다."

첫 번째 환자를 발견하기까진 그리 오랜 시간이 걸리지 않았다. 항산성 염색이란 방법이 나온 뒤였으니, 설사를 하는 환자들의 변을 염색해보면 그중 일부는 틀림없이 와포자충의 오오시스트가 나올 터였다. 그 일을 해낸 분은 조명환 박사였다. 그는 세브란스 병원에 온 환자로부터 와포자충의 오오시스트를 발견한 첫 번째 학자가 됐다. 이후 여러 건의 조사가 이루어졌는데, 그중 의미 있는 조사는 1996년에 이루어진 것으로, 그 결과에 따르면 서울의 감염률이 0.5퍼센트, 전라남도가 10.6퍼센트였다. 전라남도의 높은 감염률에 놀란 학자들은 앞다투어 전라남도를 찾기 시작했고, 거기서 기르는 소가 사람들에게 와포자충을 전파하는 주원인임을 알아냈다. 즉 와포자충에 걸린 소가 변을 보면 그 변으로 오오시스트가 나가고, 그게 사람들이 마시는 물에 섞여 사람 몸속으로 들어가 질병을 유발하는 거였다. 이런 문제는 상하수도 시설을 잘 만들면 해결되는 일이었기에 시간이 감에 따라 와포자충의 감염률은 줄어들기 시작했고, 그로부터 10년 뒤 전라남도의 와포자충 감염률은 1.5퍼센트로 급감한다. "서울시는 … 와포자충 등 병원성 원생동물까지 정수처리 항목에 넣었다"는 2004년 기사에서 보듯 서울은 원래 와포

자충 관리가 잘 되던 곳이고, 문제가 됐던 농촌 지역도 시나브로 줄어
들었으니, 우리나라는 더 이상 와포자충을 걱정할 필요가 없어 보였다.

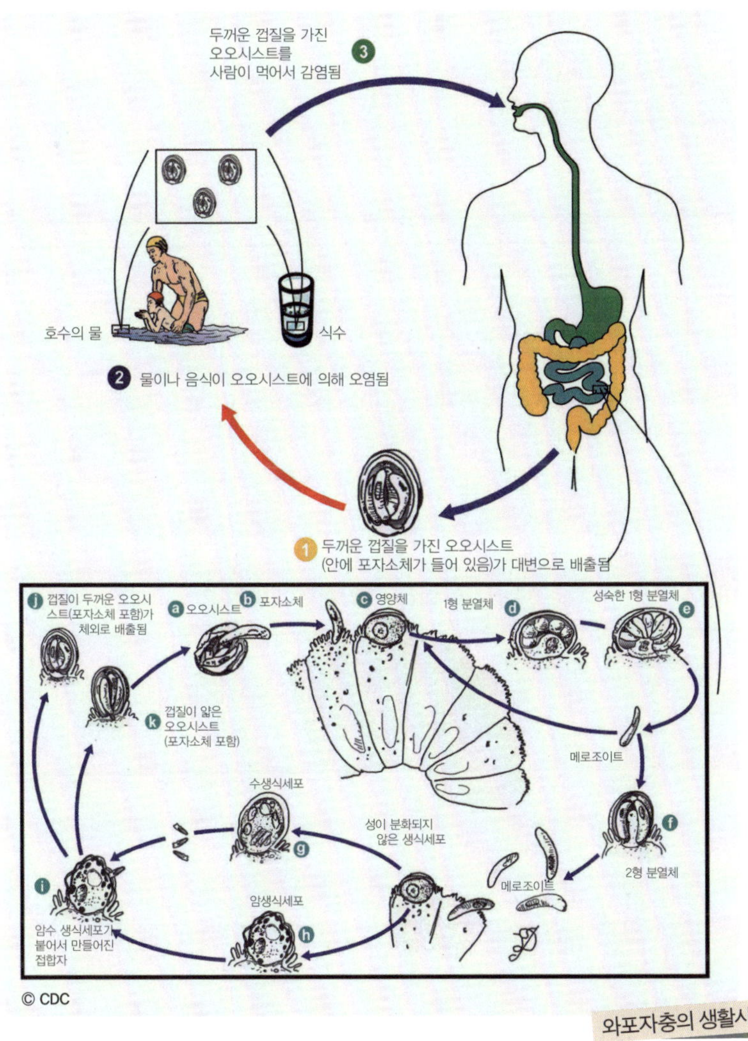

와포자충의 생활사

2012년 서울

2012년 5월 5일, 서울 동대문에 있는 한 아파트에서 설사 환자가 발생했다. 이틀 뒤 한 명, 사흘 뒤 두 명의 환자가 발생했을 때까지만 해도 그러려니 했지만, 일곱 명의 환자가 한꺼번에 생기면서 주민들은 안 좋은 사태가 일어나고 있다는 생각을 하게 됐다. 환자 수는 점점 늘어났고, 5월이 끝날 때까지 환자 수는 총 124명에 달했다. 기사에 나온 한 학생의 말이다.

"배가 콕콕 찌르듯이 아프고 설사를 계속 해서 학교도 갈 수 없었고 많이 불편했어요."

사태가 커지자 보건당국이 나섰고, 그들은 설사 환자의 변에서 와포자충의 오오시스트를 발견했다. 감염원은 보나마나 수돗물일 터, 보건당국은 수돗물 공급을 전면 중단한 뒤 아파트의 저수조를 조사했다. 그 결과 저수조의 물 안에 와포자충의 오오시스트가 잔뜩 들어 있는 것을 발견했다. 그렇게 안전하다고 했던 수돗물에 와포자충이 있다니, 더 이상 수돗물을 믿어선 안되는 것일까? 그렇진 않다. 사건이 생긴 아파트는 정화조와 저수조가 너무 가까이 설치되었고, 지은 지 35년이 지나면서 수도관이 노후해 그 틈새로 인분 등의 오염물이 저수조로 유입된 게 원인이었으니까.

와포자충의 치료와 예방

기생충의 좋은 점은 약이 아주 잘 듣는다는 것. 하지만 이 와포자충은 예외라, 아직까지 와포자충을 치료하는 특효약은 나오지 않았다. 현재 FDA가 효과가 있다고 인정한 건 니타족사니드(nitazoxanide)가 유일한데, 이것도 감염 기간을 줄여 주는 게 고작이라고 한다. 그러니까 와포자충의 치료는 환자가 탈수에 빠지지 않도록 수분을 공급하고 전해질 균형을 맞춰 주면서 환자의 면역이 작동해 와포자충을 격퇴해 주기를 기다리는 수밖에 없다. 1995년 백혈병 치료를 받던 어린아이는 와포자충으로 인해 물설사를 하자 할 수 없이 항암 치료를 중단했고, 그로부터 2주쯤 뒤 설사가 완전히 멎은 후 다시 항암 치료를 시작했다고 한다. 우리나라야 와포자충 감염으로부터 비교적 자유롭지만, 다른 나라는 그렇지 못하다는 걸 상기하자. 외국에 나가면, 그게 설령 스웨덴이나 미국이라 할지라도, 물을 끓여 먹거나 메이커 있는 생수를 사 먹길 권한다. 좋은 물을 먹는 데 돈을 쓰는 것이 체류기간, 혹은 우리나라로 돌아오는 비행기 안에서 물설사를 쭉쭉 하는 것보다는 훨씬 나은 선택일 것 같아서다.

와포자충

- 위험도 : ★★★★
- 형태 및 크기 : 5㎛ 정도로 적혈구보다 작음. 동그랗고, 자세히 보면 그 안에 스포로조이트(포자소체)가 있는 게 보임
- 수명 : 정상인에서 4주 이내, 면역억제자에서는 더 길어질 수 있음
- 감염원 : 물
- 특징 : 항암 치료 등으로 면역력이 떨어질 경우 왕성하게 활동. 와포자충 치료약이 딱히 없음. 항산성 염색을 해야만 알(오오시스트) 발견 가능
- 감염 증상 : 복통, 설사. 면역이 약한 환자에게 감염되면 오랜 기간 몸에 남아서 증상 유발. 담도염 등

7. 간질 | 미나리를 조심하라

담도에 사는 벌레

57세 여성이 오른쪽 윗배가 아파서 병원에 왔다. 위치로 보아 맹장염은 아니었고, 며칠 사이 상한 음식을 먹은 적도 없었다. 초음파를 했더니 담도 부근에 뭔가가 있었다. 담도는 십이지장과 쓸개를 연결해 주는 통로로, 우리가 밥을 먹을 때 간에서 만들어진 쓸개즙이 쓸개에서 농축된 뒤 담도를 통해 십이지장으로 분비되어 소화를 돕는다. 담도암일 수도 있는지라 환자는 큰 병원으로 옮겨졌고, 거기서 자세한 검사를 받기 시작했다. 하지만 환자를 진찰한 의사는 별다른 이상을 발견하지 못했고, 암일 때 올라가는 종양 표지자검사도 음성이었다. 혈액검사에서 호산구가 올라가지도 않았으며, 혹시나 싶어 시행한 대변검사에서도 기생충의 충란이 나오지 않았으니, 기생충일 가능성도 떨어졌다. 담도에 뭔가가 있는데 정체를 알 수 없다면 남은 것은 수술로 그 물체를 꺼내는 것. 의사는 그 여성의 배를 열고 들어가 담도를 관찰했다. 의사의 표현을 그대로 옮긴다.

“간디스토마와 비슷한데 몸집은 두 배 정도 큰 충체 두 마리가 담관벽에 매미처럼 붙어 있었다.”

충체와 더불어 담도의 일부를 제거한 결과 환자의 증상은 깨끗이 없어졌다. 이 여인을 아프게 하고 수술까지 받게 한 것의 정체는 기생충이었다.

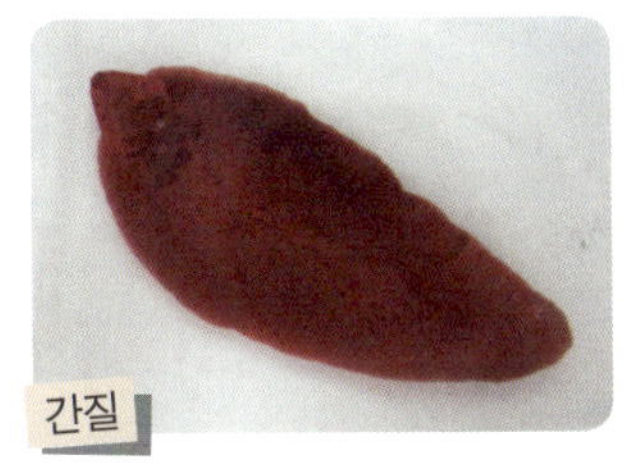

간질(Fasciola hepatica)

이 기생충의 이름은 간질, 학명은 Fasciola hepatica이다. 간질이란 이름은 '발작'을 한다는 게 아니라 간을 주로 침범한다는 의미에서 붙여졌다. 혹시 간디스토마를 기억하시는지? 간디스토마는 인체 감염 시 간담도[8]에 살며, 담도를 확장시키고 염증을 일으키는 등의 병변을 나타낸다. 소에서 간디스토마에 해당하는 기생충이 바로 간질이다. 소나 양 등 초식동물에서 유행하며, 우리나라 소들을 뒤져 봐도 간질을 어렵지 않게 찾을 수 있다. 하지만 간디스토마와 간질은 결정적인 차이가 있으니, 간디스토마는 크기 1.5~2센티미터 내외의 크기라 사람의 담도에 살아도 별 증상을 나타내지 않을 수 있지만 간질은 크기가 3~4센티미터 정도로, 두 배쯤 더 커서 담도에 기생할 때 무시무시한 통증을 유발할 수 있다는 점이다. 실제로 간질에 걸린 환자들은 거의 대부분 상복부가 너무 아파서 병원에 온다.

---

8 간담도: 간세포에서 형성된 담즙을 십이지장까지 운반하는 모든 관(管).

크기와 더불어 간질이 사람을 괴롭히는 점은 간질이 담도까지 가는 경로다. 간질은 주머니에 싸인 유충(피낭유충)의 형태로 십이지장에서 부화하는데, 위에서 말한 대로 우리 십이지장은 담도와 연결 통로가 있으니 그 길을 따라서 담도까지 내리 달리면 된다. 실제로 간디스토마는 이 연결 통로를 통해 담도로 가고, 거기서 간으로 이동해 나름의 삶을 살아간다. 그런데 간질은 원래 초식동물의 기생충으로, 우리 몸의 구조를 잘 알지 못하는 탓에 그 통로를 찾는 대신 장벽을 뚫고 밖으로 나가 버린다. 그래도 담도로 가긴 가야 하기에 간질은 담즙 냄새를 따라서 간으로 들어가며, 두세 달 정도 간을 헤집고 다니다 보면 소년 간질은 어느 새 어른이 돼 있다. 어른이 되면 어릴 적에 한 놀이들이 시들해지기 마련. 어른 간질은 간을 떠나서 담도로 간다. 크기도 별로 작지 않은 간질이 간에서 날뛰면 배가 아프고 열이 나는데, 성충이 담도에 안착하면 증상은 조금 완화돼 이따금씩 상복부가 아픈 정도에 그친다. 위에서 말한 여성분은 벌레가 담도까지 오는 데는 성공했지만, 안타깝게도 담도에 염증을 일으키는 바람에 통증이 다시 심해진 경우였다. "충체가 매미처럼 달라붙"었던 것도 담도에 염증이 생겼기 때문.

간질 알

길 잃은 간질

등산을 할 때 가는 길이 험하고 복잡하면 길을 잃고 엉뚱한 길로 가기 쉽다. 기껏 올라갔더니 "이 산이 아닌가 봐"라고 하는 경우는 험난한 산을 오를 때 나타나는 현상이다. 간질 역시 그랬다. 간을 뚫고 담도로 가는 과정은 워낙 험난한 코스인지라 모든 간질이 다 성공적으로 간과 담도에 가는 건 아니다. 근육이나 창자, 피부 등 아무 곳이나 들어가 머무는 간질도 있지만, 담즙을 찾겠다며 위로 올라가다 너무 지나친 나머지 가지 말아야 할 곳에 가는 놈도 있게 마련이다. 그 경우엔 충체가 다 자라지 못하고 미성숙한 형태로 남는데, 크기는 좀 작을지 몰라도 위치가 위치니 만큼 증상이 덜한 건 결코 아니다.

1994년 우리나라엔 원인 모를 두통과 쇠약감에 시달리던 28세 남자가 있었다. 한 달가량 그러다가 갑자기 오른쪽 눈이 아프면서 보이지 않게 됐는데, 눈을 검사한 의사는 환자의 눈에 벌레 하나가 왔다 갔다 하는 광경을 보고 기겁했다. 벌레 크기가 만만치 않은데다 벌레가 더 깊은 곳으로 숨어 버릴까 걱정이 됐던 의사는 환자의 오른쪽 눈을 아예 통째로 빼내는 수술을 시행한다. 그놈의 기생충 때문에 당시 전경이었던 그 젊은이는 한쪽 눈 없이 살아가게 됐다. 2008년 보고된 열 살 된 중국 소년의 경우도 마음이 짠하긴 마찬가지다. 반복되는 뇌출혈로 인해 뇌졸중 증상까지 생긴 이 소년은 알고 보니 뇌에 간질이 침투한 게 원인이었다.

뭘 먹고 걸리나?

간질이 이렇게 무서운 기생충이란 걸 알고 나면 대체 뭘 먹으면 이 기생충에 걸리는지 궁금할 거다. 감염원을 알기 전에 지금까지 보고된 우리나라 환자의 연령과 성별, 거주지를 한번 따져 보자.

1) 1976년 42세 여자, 서울

2) 1982년 19세 여자, 충남 홍성

3) 1984년 27세 여자, 서울

4) 1984년 4세 남자, 강원도 원주

5) 1986년 48세 남자, 경북 문경

6) 1986년 59세 여자, 강원도 속초

7) 1988년 56세 여자, 서울

8) 1989년 50세 여자, 서울

9) 1989년 44세 여자, 대전

10) 1990년 30세 여자, 대구

11) 1990년 34세 여자, 서울

12) 1991년 32세 여자, 서울

13) 1993년 22세 여자, ?

14) 1994년 28세 남자, 서울 – 눈에 들어간 그 전경

15) 1996년 37세 여자, 부산

16) 2001년 50세 여자, 대구

17) 2003년 5세 남자, 마산

18) 2005년 57세 여자, 대구 – 처음에 말했던 환자

19) 2005년 35세 여자, 대구

20) 2005년 50세 여자, 대구

21) 2005년 36세 여자, 대구

22) 2006년 69세 남자, 서울

23) 2010년 43세 여성, 서울

24) 2010년 37세 여성, 서울

정리해 놓고 보니 느낌이 딱 오지 않는가? 그렇다. 간질은 여성이 압

도적으로 많이 걸린다. 스물네 명 중 남자는 딱 다섯 명인데, 그나마도 한 명은 네 살, 또 한 명은 다섯 살이니 엄마가 주는 것만 먹었을 테고, 69세 남자 분도 스스로 찾아 드셨다기 보다는 며느리가 챙겨 준 걸 먹었을 확률이 높다. 남들이 잘 안 먹는 걸 먹고 기생충에 걸리는 일은 남자가 훨씬 흔한데 간질만큼은 여성이 많은 이유는 맨 위에서 설명한 것처럼 간질이 초식동물의 기생충이기 때문이다.

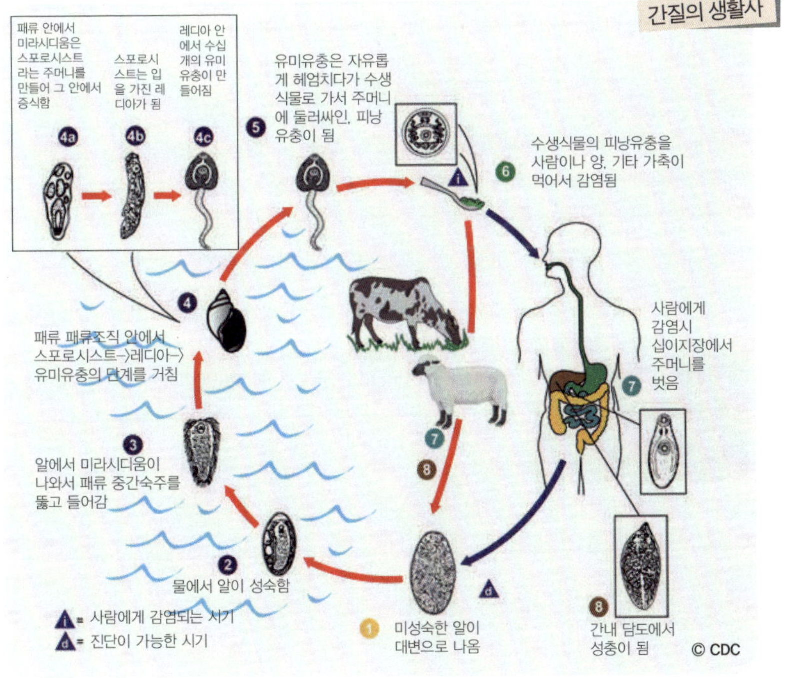

교과서에 나와 있는 간질의 감염원은 물냉이다. 간질의 유충이 풀에 붙어 있다가 사람 몸속으로 들어온다는 거다. 우리나라에도 물냉이가

분포하고, 먹는 사람도 있지만, 환자들의 얘기를 듣다 보면 물냉이보다
더 중요한 감염원은 미나리로 추정된다. 간질에 걸렸던 5세 남자아이는
"사과, 케일, 도라지, 미나리 등으로 만든 야채 생즙을 가끔 복용했다"고
했다. 미나리를 생식하는 습관은 생각보다 많이 퍼져 있는데, 인터넷을
검색해 보면 미나리즙을 파는 곳이 한두 군데가 아니다. 기생충 사랑이
남다른 삼성서울병원 임재훈 교수님도 이런 말씀을 하신다. "간질 유충
이 미나리에 붙어 있다 사람 입으로 들어"올 수 있으니 "충분히 삶거나
익혀 먹"어야 한다고 말이다. 미나리가 의심스러운 이유가 한 가지 더 있
다. 위 환자들의 자료를 보다 보면 2000년대 이후 대구에서 환자가 많이
나왔다. 왜 그럴까? 다른 곳에서도 미나리를 재배하겠지만, 미나리를 재
배하는 농가가 대구에 상대적으로 더 많이 분포한다. 이것 역시 미나리
가 우리나라에서 감염원의 역할을 할 것이란 추측에 신빙성을 더해 준다.

물론 미나리 등 수생식물을 전혀 먹지 않았음
에도 간질에 걸릴 수 있다. 드문 경우이긴 하지
만 간질이 소의 간에 있을 때, 즉 유충 상태로 간
을 헤집고 있을 때, 그 소간을 날로 먹으면 유충
도 같이 딸려 들어가 감염이 이루어질 수 있다. 참고로 우리나라 환자 중
엔 물냉이와 소간을 모두 드시고 간질에 걸린 남자 분이 계신데, 꼭 간질
에 걸려야 할 이유가 있는 게 아니라면 이런 식습관은 버리는 게 좋겠다.

미나리에는 얼마나 많은 간질 유충이 있을까?

미나리에 간질 유충이 얼마나 있는지에 대한 자료는 아쉽게도 전혀

없다. 기생충학계에서 간질의 감염원에 대한 조사를 한 적이 없어서다. 좋은 결과를 얻기 어려워서 선뜻 나서는 이가 없는 게 이유일 것이다. 사실 우리나라는 목축을 많이 하지 않고, 간질도 다른 나라에 비해 별로 유행하지 않는 편이다. 사람들이 미나리를 먹는 빈도에 비해 환자가 일 년에 한 명도 나오지 않는 걸로 보아 미나리에 간질이 있어도 극히 드물게 있을 것 같긴 하다. 게다가 간질은 한 마리만 있어도 심각한 증상을 유발하니, 미나리에서 감염된 간질 감염률은 보고된 환자 24명을 우리나라 사람들이 지난 38년간(1976년~2013년) 먹은 미나리 숫자로 나누면 된다. 0.00000001퍼센트도 안 될 듯한데, 이게 미나리 조사에 뛰어들지 못하는 이유일 것이다. 국민 보건상 중요한 문제이니 학계 차원에서 공동 연구로 조사하도록 하면 어떨까 싶다.

전 세계적으로 물냉이에서 간질 감염률을 조사한 연구는 딱 하나 있다. 프랑스에서 1990년부터 2004년까지 15년간 물냉이가 자라는 지역 59곳을 조사한 결과 평균 감염률은 1.2~2.4퍼센트였다. 생각보다 높은데, 프랑스에 간질 환자가 많은 이유도 그 때문인 듯하다. 우리나라와는 차원이 다른 616명의 환자가 프랑스 중부지방에서 나왔다고 하니 말이다.

간질의 진단과 치료

기생충은 주로 대변검사로 진단된다. 그러나 간질은 예외다. 위의 환자도 변에서 충란이 나오지 않았는데, 이유인즉슨 간질이 간을 헤집고 다니는 시기엔 알을 잘 낳지 않아서다. 간질이 성숙한 뒤 담도에 가 있다면 충란을 변에서 발견할 수 있겠지만, 담도가 아닌 전혀 엉뚱한 곳, 예를 들어 근육이나 창자 등에 가 있으면 변으로 알이 나올 수 없다. 그래서 간질의 진단에는 초음파나 CT가 도움이 된다. 간질이 간을 헤집고 다닌 흔적이 고스란히 찍혀 나오니까. CT 결과를 보다 보면 "아니 어떻게 저 정도로까지 간을 망가뜨릴 수가 있지?"라는 분노가 저절로 생긴다.

기생충은 대개 약에 잘 듣는다. 회충류는 알벤다졸이란 회충약, 디스토마와 촌충류는 프라지콴텔이면 끝이다. 그런데 간질은 디스토마지만, 예외적으로 약이 잘 안 듣는다. 물론 프라지콴텔을 주면 타격을 입긴 하고, 치료가 되는 경우도 드물게 있지만, 안 되는 때가 더 많다. 간질의 특효약으로 트리클로벤다졸이라고, 회충약을 조금 변형시킨 게 있긴 하지만, 간을 헤집고 돌아다닐 때는 약이 안 듣는 경우도 많다. 그래서 간질은 기생충 중에서는 드물게 수술이 요구될 때가 많은 놈이다. 그러니, 아무리 걸릴 확률이 낮다해도, 미나리를 살짝 한번 데쳐서 먹을 필요는 있지 않겠는가?

간질

- 위험도: ★★★★★
- 형태 및 크기: 3∼4cm, 긴 나뭇잎 모양을 하고 있으며, 앞부분에 삼각형 모양의 튀어나온 부분이 있음
- 수명: 9개월, 하지만 사람이 감염되면 증상이 심해져 그때까지 못 견딤
- 감염원: 물냉이, 미나리
- 특징: 담도에 있을 때가 아니면 대변검사로 알을 발견할 수 없음. 초식동물(소)의 기생충으로, 주로 여성이 감염됨. 크기가 커서 심한 통증 유발함. 대변검사로 진단 안 되는 경우가 많고, 약이 안 듣는 경우가 많아서 수술이 요구될 때가 많음
- 감염 증상: 상복부 통증

8. 서울주걱흡충 | 가난이 불러온 발견

정원의 쥐를 잡다

1960년대 초반, 기생충학과의 창시자 서병설 교수는 학교 마당에 앉아 머리를 쥐어짜고 있었다. 당시는 많은 이들이 굶주리던 시절이라 연구비 같은 것은 꿈도 꾸지 못하는 형편이었고, 심지어 월급이 제대로 지급되지 않는 경우도 흔했다. 연구에 대한 열정이 넘쳤던 서 교수는 그런 현실이 안타까웠다.

"연구는 해야겠는데 돈은 없고……."

그때 쥐 한 마리가 서 교수 앞을 지나갔다.

"할 일도 없는데 저거나 잡아서 해부해야겠다."

서 교수는 모든 것을 작파한 채 쥐를 잡기 시작했다. 쥐덫을 놔서 잡았는데, 그때는 '쥐를 잡자'라는 캠페인이 시시때때로 벌어질 만큼 쥐가 들끓던 시절이니, 쥐를 잡아서 연구하는 건 전문용어로 일석이조였다. 그때 잡은 쥐가 모두 624마리나 됐는데, 서 교수는 일일이 그 쥐들을 가져와 장을 꺼냈고, 현미경으로 어떤 기생충이 있는지 검사하기 시작했다. 지금도 그렇지만 그때는 특히 쥐에 기생충이 많았는데, 서 교수는 거기서 나온 기생충들이 뭔지 책을 찾아가면서 하나하나 분류했다. "그게 무슨 의미가 있냐?"고 물었다면 서 교수는 아마 이렇게 대답했으리라. "그럼…… 노냐?" 서 교수는 그때 발견한 기생충들을 직접 그린 그림들과 함께 논문으로 실었는데, 제목은 다음과 같았다.

"한국의 기생충 연구1: 쥐에서 나오는 디스토마들."

서울주걱흡충의 발견

서울주걱흡충

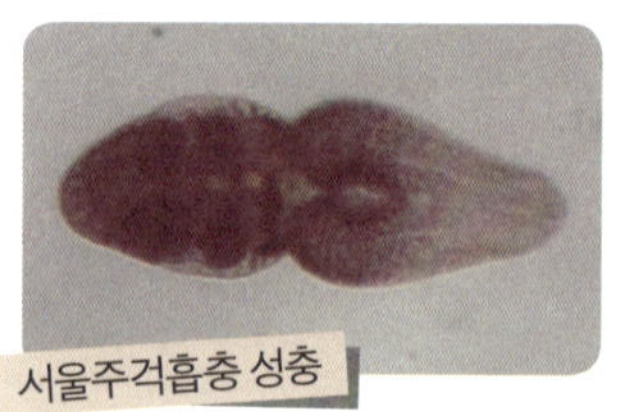

서울주걱흡충 성충

기생충을 분류하던 서 교수는 처음 보는 기생충을 발견했다. 그 기생충은 어떤 문헌에도 나오지 않는 새로운 기생충이었다. 앞과 뒤, 두 덩어리로 나누어진 형태였는데, 얼핏 보면 올챙이 같기도 하지만, 서 교수는 그 모양이 꼭 밥주걱 같다고 생각했다. 그래서 서 교수는 그 기생충에 '서울주걱흡충'이란 이름을 붙였다. 주걱처럼 생긴 디스토마로 서울대학교 정원에서 발견됐다는 의미였다. 주걱처럼 생겼다는 것 이외에도 그 기생충은 다른 디스토마와 다른 특징이 있었으니, 충체의 앞부분에 커다란 나팔 같은 구조물이 있었고, 충체의 뒤에는 나비 모양의 아름다운 고환이 두 개 있었다.

그 외에도 몇 종의 디스토마가 더 나왔는데, 하나하나가 다 나름의 의미가 있는 발견이었지만, 당시에는 별로 관심을 받지 못했다. 쥐에 기생충이 있는 건 너무도 당연한 일인데다 사람에게 전파되는 것도 아닌데 무슨 의미가 있겠는가 하는 생각을 했음직하다. 의대는 인체 기생충을 다루는 곳이니만큼 최소한 한 명이라도 감염자가 있어야 중요성을 인정받을 수 있었으니 말이다. 실제로 서울주걱흡충은 이 논문이 나간 1964년부터 무려 17년이나 무관심 속에서 울분을 삭여야 했다.

첫 감염자가 나오다

1982년, 서울에 사는 25세 남자가 서울대병원 응급실을 찾았다. 열이 나고 배가 아픈 게 그가 병원을 찾은 이유였다. 약국에 가서 약도 먹어 봤지만 전혀 차도가 없었고, 개인병원에 가도 증상이 계속된 데다 설사까지 생겨, 안되겠다 싶어 큰 병원에 온 것이었다. 남자를 진찰한 의사는 처음엔 장티푸스가 아닌가 의심했지만, 백혈구 중 호산구가 높은 게 마음에 걸렸다. 호산구가 높다면 아무래도 기생충일 가능성이 있는지라 의사는 환자의 대변검사를 의뢰했다. 아니나 다를까, 환자의 대변에서는 처음 보는 기생충의 알이 무수히 나왔다. 진단검사의학과에서는 기생충학과에 문의를 했지만, 처음 보는 건 피차 마찬가지였다. 하지만 기생충학과 교수들은 알고 있었다. 그 알이 디스토마의 알이라는 것을. 그것만 알아도 충분했다. 환자에게 디스토마 약을 먹인 후 그 변을 받으면 뭐가 됐든 간에 디스토마가 죽은 채로 환자 대변을 통해 나올 것이고, 그 디스토마가 뭔지를 알아내면 되는 일이니까. 그때는 디스토마의 특효약인 프라지콴텔이 상용화되기 이전이라 그보다 맛도 없고 성능도 떨어지는 디스토마 약인 '비티오놀'을 환자에게 먹여야 했다. 약을 먹고 난 뒤 환자가 첫 번째 변을 보기 전까지, 기생충학과 구성원들은 대체 뭐가 나올지 초조한 마음으로 기다렸을 것이다.

기다린 보람은 있었다. 환자의 변에서 처음 보는 기생충 79마리가 나온 것이다. 충체가 나오는 것과 동시에 배가 아파 죽겠다던 환자는 놀랍게도 평정을 되찾았다. 다시 말해서 그 충체가 환자에게 열이 나게 하고 복통을 일으킨 주범이었다. 환자 입장에서만 보면 아픈 게 다 나았는지라 귀가해도 되지만, 새로운 인체 감염 기생충을 찾아낸 기생충학자 입장에선 그때부터 모든 역사가 시작된다고 해도 과언은 아니었다. 당장 그 환자에 대한 문초가 시작됐다. 최근에 뭐 이상한 걸 먹은 적이 없느냐는 질문에 환자는 기억을 더듬었다.

"그러고 보니 아프기 닷새 전에 경기도 여주에서 뱀을 날로 먹은 적이 있어요."

그가 뱀을 먹은 것은 정력을 증강시키기 위해서였다. 20대라는 한창 나이에 왜 그런 게 필요했는지 의아했지만, "결혼을 앞두고 있어서"라는 말에 모든 게 이해가 됐다. 그때였다. 환자로부터 나온 충체를 보던 서 교수님은 다음과 같은 말씀을 하셨다.

"나 이 기생충 본 적 있어. 이건 20년 전에 봤던 서울주걱흡충이야."

서울, 서울, 서울

기생충의 학명이 붙여지는 방식에는 여러 가지가 있다. 첫 번째, 기생충의 형태학적 특징을 가지고 이름을 붙인 경우. 예를 들어 회충은 형태가 지렁이처럼 생겼다고 해서 Ascaris lumbricoides(lumbricus가 지렁이를 뜻함)가 됐다. 두 번째, 발견한 사람의 이름 혹은 발견한 사람이 존경하는 분의 이름을 붙이는 경우. 요코가와흡충은 은어를 통해 감염되는 디스토마로, 요코가와는 이 기생충을 발견한 일본 기생충학자의 이름이다. 세 번째, 지역 이름을 붙이는 경우. 장모세선충의 학명인 Capillaria philipinensis는 이 기생충이 주로 발병하는 지역이 필리핀이어서 그런 이름이 붙었다. 서 교수가 택한 방법은 세번째였다.

기생충 중 디스토마는 생선이나 해산 패류를 날로 먹어서 감염되는 경우가 많아 아시아 나라들에서 감염률이 높은데, 그중 일본은 디스토마, 특히 장에 사는 디스토마의 최강국으로, 디스토마 연구의 대부분이 일본에서 이루어졌다. 세계 최초로 발견된 디스토마의 상당수가 일본 학자들에 의해 발견된 것도 당연한 일. 그래서 디스토마 중에는 일본 학자의 이름이나 지명이 붙은 경우가 꽤 많다. 그런 관점에서 본다면 서울주걱흡충을 우리나라 학자가 먼저 발견한 건 칭찬받아 마땅한 일이다. 연구비가 없다고 마냥 손을 놓고 있기 보다는 쥐의 기생충이라도 연구하려고 했고, 또 거기서 발견한 기생충을 논문으로 발표한 서병설 교수 덕분에 우리는 우리나라의 수도 이름이 들어간 기생충을 갖게 됐다. 물론 '서울'이 들어갔다고 해도 그 기생충이 학자들 사이에서 자주 불리지 않으면 의미가 없지만, 서울주걱흡충은, 다행이란 표현을 여기서 써도 될지 모르겠지만, 인체 감염례가 발견되었기에 전 세계인이 관심을 갖는 중요한 기생충이 됐다. 예를 들어 우리나라와 반대편에 있는 브라질에서 서울주걱흡충 환자가 나왔다고 할 때, 다음과 같은 대화가 오갈지도 모른다.

의사: 당신은 서울주걱흡충에 걸렸습니다.
환자: 서울이요? 2002년 월드컵이 열렸던 대한민국의 수도 말입
　니까?
의사: 네, 그렇습니다.
환자: 이거 참, 배는 아팠지만 굉장히 반갑네요. 그때 우리나라가
　우승해서 한국에 대해 좋은 기억이 있는데.

감염원은 뱀

쥐에서 처음 발견했을 때는 이 기생충이 뭘 먹고 감염되는지 몰랐지만, 환자가 발견됨에 따라 서울주걱흡충의 생활사가 밝혀지게 됐다. 뱀의 내장을 날로 먹었을 때 감염되며, 개구리를 먹고도 감염될 수 있다. 자연계 보유숙주는 쥐로, 쥐는 뱀이 죽은 뒤 그 내장을 먹고 서울주걱흡충에 걸리고, 쥐가 변을 볼 때 서울주걱흡충의 알을 배출한다. 그 알이 물에서 부화해서 개구리를 감염시키고, 뱀이 개구리를 먹을 때 서울주걱흡충의 유충이 전파되어 내장에 유충이 있게 된다. 즉 서울주걱흡충의 생활사는 쥐와 개구리, 뱀이 지탱하고 있는 셈.

1982년 쓰인, 첫 번째 환자를 다룬 논문은 이렇게 끝난다.
"뱀을 날로 먹는 한국인의 습관으로 보아 사람이 이 기생충에 걸리

는 경우가 더 있을 것이다. 대변검사를 철저히 해서 사람 감염자를 찾아내야겠다."

실제로 우리나라 사람들은 정력 증강을 위해 뱀을 먹는 경우가 종종 있고, 이것 역시 다행이라고 할 일은 아니지만, 당시 우리나라에는 뱀을 먹는 집단이 존재했다. 군대 말이다. 생존훈련이라고, 식량도 없이 낙하산으로 아무 곳에나 떨어뜨려 놓은 뒤 부대로 찾아오게 하는 이 훈련은 병사들을 강하게 키우는 데는 도움이 될 것 같지만, 스파르가눔과 서울주걱흡충에 걸리게 만듦으로써 전투력을 약하게 만들 수도 있다. 실제로 서울대 팀이 군인들 244명의 대변을 검사한 결과 15명에게서 서울주걱흡충의 알이 나왔다. 이들을 조사하면서 알게 된 또 다른 사실은 서울주걱흡충의 인체 내 수명이 의외로 길다는 것. 군 인 한 명이 "마지막으로 뱀을 먹은 게 2년 전이다"라고 증언했는데, 그 말이 맞는다면 서울주걱흡충은 사람 몸에서 적어도 2년 이상 사는 것 같다. 그 후 2천여 명의 군인에게 대변검사를 시행한 적 있는데, 그때도 25명의 서울주걱흡충 환자가 나온 바 있다. 하지만 군에서 생존훈련을 더 이상 하지 않으면서 환자들은 시나브로 줄어들었고, 서울주걱흡충은 뱀을 먹는 민간인에게서 이따금씩 발견되는 디스토마로 남아 있다.

'리아이'의 발견

서울주걱흡충을 가지고 연구를 하던 서울대 팀은 이상한 현상을 발견했다. 쥐한테 100마리의 유충을 먹이면 장에서 100마리의 성충이 나와야 하는데, 70마리밖에 발견이 안 된 것. 나머지 30마리는 대체 어디로 갔을까? 보통 사람 같으면 "내 실수겠지"라든지 "맛이 간 유충을 먹였겠지"정도로 합리화를 했을 텐데, 당시 그 실험을 하던 국진아 선생은 그러지 않았다. 그 30마리가 어디 갔는지 알기 위해 국 선생은 쥐를 해부했고, 잃어버린 줄 알았던 그 유충들이 간에 가 박혀 있는 것을 알아냈다. 더 연구를 한 끝에 서울대 팀은 이게 쥐에게서만 일어나는 현상이 아니란 것도 밝혔는데, 나중에 알고 보니 간으로 간 그 기생충은 모양은 서울주걱흡충과 유사하지만 행동양식이 전혀 다른, 별개의 종이었다. 다시 말해서 쥐에게 100마리를 먹였다고 할 때 거기엔 서울주걱흡충 70마리와 별개의 종 30개가 섞여 있었으며, 서울주걱흡충은 쥐의 장으로 가서 성충으로 자라지만, 별개의 종은 유충 상태로 쥐의 간에 가고, 거기 머물다가 때가 되면 죽는 거였다. 즉 그 별개의 종에게 쥐는 종숙주가 아니었던 셈이다.

그렇다면 종숙주는 뭘까? 여러 동물을 가지고 실험을 한 끝에 서울대 팀은 병아리의 장에서 그 별개의 종이 성충이 된 것을 확인했다. 당연한 얘기지만 이 기생충은 세계에서 처음 발견된 신종이었고, 그 이름을 지을 권리는 발견자인 국 선생에게 있었다. 국 선생은 이 기생충의 이름에 지도 교수의 존함을 붙였고, 지도 교수의 성이 '이'였기에 이 기생충은 Neodiplostomum leei가 됐다. 이 기생충의 유충이 사람에게 들어가면 이것 역시 인체 감염 기생충으로 각광을 받을 수 있겠지만, 사람 역시 이 신종의 종숙주는 아닌지라 아직은 그런 사례가 발견되지 않았다. 그래도 이 말은 할 수 있다. 뱀을 날로 드시지 마시라. 스파르가눔 때문에 당신이 짝고환이 될 수 있고, 서울주걱흡충 때문에 배가 아파 응급실 신세를 져야 할 수 있으며, '리아이'때문에 당신의 간이 위험할 수 있다고.

※ 서울주걱흡충의 학명은 원래 Fibricola seoulensis였다가 나중에 분류학적으로 다른 속에 속한다는 게 밝혀져 Neodiplostomum seoulense로 바뀌었다.

서울주걱흡충

- 위험도: ★★
- 형태 및 크기: 1.5mm 정도로, 주걱이나 올챙이와 비슷한 모양.
- 수명: 2년 이상
- 감염원: 개구리, 뱀
- 특징: 장으로 이동해 성충으로 자람
- 감염 증상: 복통, 고열

9. 장모세선충 | 설사의 왕

첫 번째 환자가 발생하다

1991년 10월, 전라북도 남원에 살던 41세 남자가 서울대병원에 왔다. 하루 7~8회씩 계속되는 물설사 때문이었다. 그가 이 설사병에 시달리게 된 건 1년 전이었다. 설사를 하면 대부분 '좀 그러다 말겠지'라고 생각할 테지만, 이 환자는 달랐다. 하루 2회씩 반복되던 물설사는 해가 바뀐 후 3~4회로 늘어나 버렸으니까. 병원에 다녀 봐도 뾰족한 수가 없었다. 기껏해야 "위염 같습니다"라고 하든지, 아니면 별 효과도 없는 약을 처방해 줬으니까. 원래 86킬로그램이었던 체중은 설사가 시작된 지 6개월 만에 76킬로그램으로 줄었다. 안되겠다 싶어 서울의 병원에 입원까지 해 봤지만, 숱한 검사에도 불구하고 설사의 원인은 밝혀지지 않았다. 혹시나 싶어 시행한 대변검사 결과도 음성이었다. 다만 CT 촬영을 해 보니 소장의 벽이 다소 두꺼워졌고, 주위의 림프절이 커져 있는 게 관찰됐다. 결핵이 퍼져서 장으로 간 건 아닐까 해서 결핵약도 먹어 봤지만, 별 차도는 없었다. 설사 횟수는 급기야 하루 7~8회로 늘어났고, 호흡 곤란과 더불어 몸이 붓는 증세까지 나타났다.

지금은 좀 다를 수 있겠지만, 당시만 해도 생사의 고비에 있는 환자들이 마지막으로 희망을 걸어 보는 곳이 서울대병원이었다. 이 환자도 한 가닥 희망을 품고 서울대병원에 입원했다. 그때의 체중이 44킬로그램이었으니, 원래 체중의 절반을 겨우 넘는 수준이었다. 혈중 단백질 농도는 정상치보다 한참 낮았고, 배에는 복수가 차 있었다. 이런 심각한 재난을 가져온 이유가 대체 뭘까? CT, 혈액검사, 초음파검사, 위내시경, 대장내시경 등 할 수 있는 검사는 모두 해 봤지만 뚜렷한 단서를 얻을 수 없었던 의료진은 할 수 없이 진단을 위해 환자의 배를 열었다. 거기서도 별다른 이상 소견은 나오지 않았다. 벽이 두꺼워진 회장[9]의 일부를 잘라서 병리과에 보낸 게 유일하게 할 수 있는 일이었다. 병리과, 수술한 조직을 검사해 최종적인 진단을 내려주는 그 과에서 보내온 소견은 다음과 같았다.

"장에 융모가 있어야 하는데 그게 다 없어져서 장이 평평해졌습니다. 장벽 안에 염증세포가 가득 차 있네요. 그런데…… 웬 벌레의 단면이 관찰되네요. 이게 원인일까요?"

그 벌레가 기생충이라고 판단한 의료진은 기생충학과에 환자의 대변 검사를 의뢰했다. 결과는 놀라웠다. 기생충의 알이 무수히 많이 관찰된 것. 게다가 그 알은 지금까지 우리나라에서 한 번도 나오지 않았던

---

9 회장(ileum) : 공장에 이어지는 소장의 끝 부분.

장모세선충의 알이었다. 환자에게 1년여 동안 설사를 하게 만든 장본인은 그놈이었다.

장모세선충의 발견

장모세선충이 세상에 처음 알려진 건 1964년이었다. 필리핀에 살던 29세 학교 선생님이 3주 동안 설사를 맹렬히 하다가 영양실조로 죽고 말았는데, 부검을 해 보니 장에서 수없이 많은 기생충이 발견된 거였다. 그 선생님처럼 설사를 맹렬히 하는 사람을 조사하던 필리핀 학자들은 그 기생충이 의외로 넓게 퍼져 있음을 알아냈는데, 1967년까지 조사한 바에 의하면 1천 명 이상이 이 기생충으로 인해 설사를 했고, 그중 죽은 사람도 무려 77명이나 됐다. 이 기생충의 학명이 Capillaria philippinensis가 된 건 그런 이유다. 그 이후 태국에서도 많은 환자가 발생한 바 있고, 일본, 대만, 인도, 이란, 이탈리아, 스페인, 영국, 이집트 등에서도 이 기생충에 걸린 환자가 발견된 걸 보면, 그리고 한국에서도 환자가 발생한 걸 보면, 장모세선충이 전 세계적으로 퍼져 있는 게 아닌지 의심이 된다.

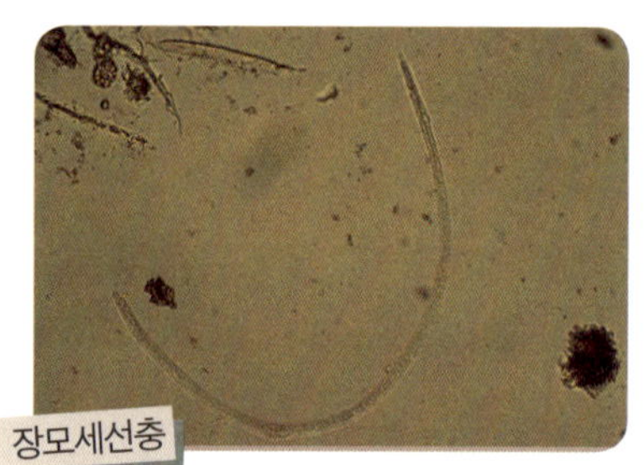

장모세선충

그런데 막상 장모세선충의 충체를 보면 의아해진다. 5밀리미터도 채 안 되는 작고 가느다란 벌레가 어떻게 사람을 죽음으로 몰아넣을 정도의 심한 설사를 유발할 수 있을까? 작은 고추가 맵다는 속담도 떠오르지만, 그것보다는 '한 사람의 열 걸음보다 열 사람의 한 걸음으로'라는 경구가 더 적당해 보인다. 특이하게도 장모세선충은 사람 몸 안에서 숫자를 늘릴 수 있으니 말이다. 회충 알을 한 개 먹으면 한 마리의 회충밖에 갖지 못하는 것처럼, 대부분의 기생충은 섭취한 알 개수 이상 늘어나지 못한다. 하지만 장모세선충은 사람 안에서 낳은 알이 그 안에서 부화해 어른이 되니, 치료하지 않으면 마릿수가 늘어나 증상이 심해진다. 상기 환자가 처음에는 하루 두 번씩 설사를 했다가 1년이 지난 후 7~8회로 늘었던 것, 그리고 장의 융모가 모조리 박살난 것도 다 그 때문이었다.

감염경로는?

이 무서운 기생충은 어떻게 해서 사람 몸에 들어오는 것일까? 장모세선충이 유행했던 필리핀의 한 마을에선 "강의 신이 저주를 내렸다. 우리들은 모두 죽을 것"이라고 믿었단다. 그러니까 강에 뭔가가 있다는 얘기. 오랜 기간의 연구 끝에 민물에 사는 물고기를 날로 먹을 때 그 안에 있던 유충이 같이 들어와 감염되는 것으로 추정됐다. 그렇다면 회를 즐겨 먹는 우리나라에 환자가 아주 많을 텐데 왜 1991년에야 첫 환자가 발견된 걸까? 디스토마의 유충이 근육에 사는 데 비해 장모세선충은 물고기의 장에 사는데, 사람들은 대부분 물고기의 근육만 먹지 장은 먹지 않으니까. 그런데 장까지 모두 먹게 되는 물고기가 있다. 초고추장에 머리를 찍어 입에 넣는 빙어가 그 예. 그래서 학자들은 조그만 물고기가 인체 감염원이라고 추정한다. '추정'이란 말을 두 번이나 쓰는 건 아직 정확하게 확인된 게 없기 때문이다. 물고기에서 장모세선충의 유

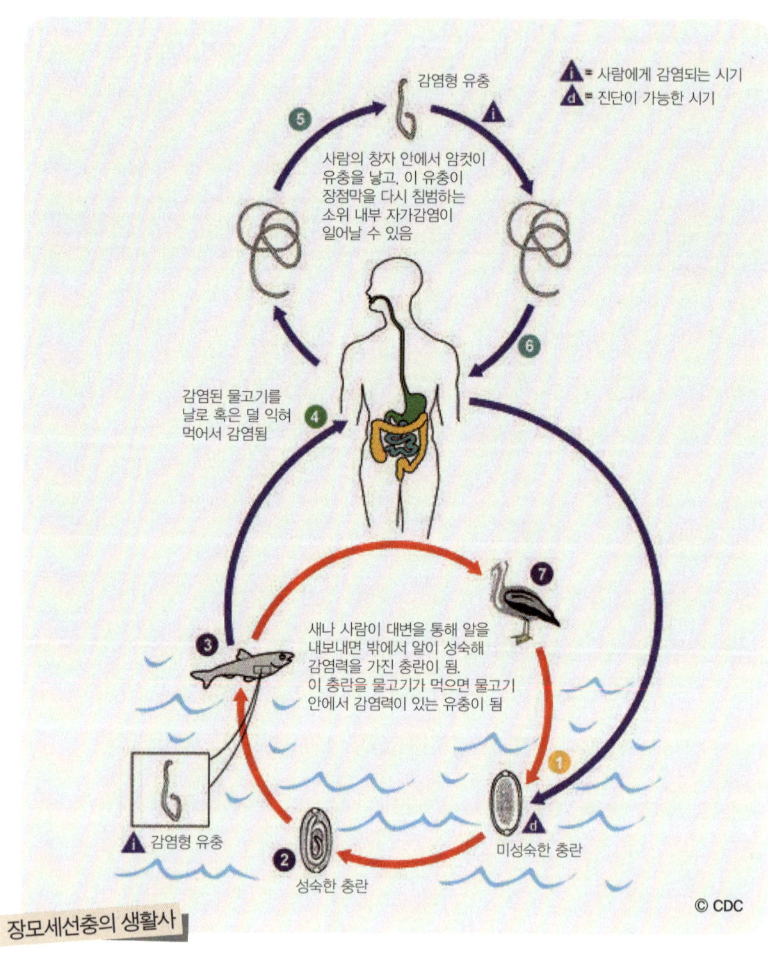

장모세선충의 생활사

충을 발견하고 그걸 쥐나 사람에게 먹인 후 물설사가 생겨야 이 가설이 확인될 텐데, 아직까지 어떤 물고기가 이 기생충을 전파하는지 밝혀지지 않았다. 우리나라 빙어에서도 아직 장모세선충의 유충이 발견된 적은 없다. 다만 전 세계로 감염을 확산시키는 게 물고기를 잡아먹고 사는 새들이라는 건 확실해 보인다. 필리핀에 사는 새 한 마리의 장에서 장모세선충의 성충이 발견된 것으로 보아, 이 새가 다른 곳으로 날아가 변을 본다면 알도 같이 뿌려지고, 그곳에 사는 물고기들이 유충을 가질 수 있게 되니까 말이다.

이제 1991년의 환자가 어떻게 감염됐는지 알아보자. 가장 먼저 생각할 수 있는 건 외국에서 걸려올 가능성. 하지만 그 환자는 한 번도 외국에 다녀온 적이 없었다. 즉 우리나라 안에서 감염된 것. 우리나라처럼 새들이 많이 오가는 나라에서 장모세선충에 걸린 새가 한 마리 쯤 날아오지 말란 법은 없으니, 거기서 나온 유충이 물고기의 장에 도사리고 있다 환자에게 갔으리라. 환자는 말했다.

"민물에 사는 물고기를 날로 먹은 적은 셀 수도 없고요, 멧돼지나 사슴 같은 것도 잡아서 고기를 날로 먹고 그랬어요."

대체 어떤 물고기가 원인일까 싶어 환자의 고향인 남원 근처의 강을 뒤진 적이 있지만, 물고기 기생충만 잔뜩 봤을 뿐 사람에게 감염되는 장모세선충의 유충을 발견하진 못했다. 그러니까 장모세선충의 유충이 물고기에 있더라도 그 비율이 굉장히 낮을 거란 얘기다. 전 세계 학자들이 아직까지 못 찾은 이유가 괜한 데 있는 게 아니다. 참고로 첫 번째 환자는 회충약으로 잘 치료가 됐고, 그로부터 6개월이 지난 뒤 체중은 70킬로그램으로 회복됐다. 기생충으로 인해 생사의 귀로까지 갔던 그 환자는 지금쯤 생식을 전면 중단하지 않았을까?

남원에는 뭔가가 있다

첫 번째 발견 후 우리나라에선 다섯 명의 환자가 추가로 발생했다. 사례별로 보면 다음과 같다.

두 번째(1992): 41세 남자로, 설사 기간은 8개월이었다. 사업 때문에 인도네시아에 2년간 가 있었는데 오기 전부터 설사가 나더니 귀국해서는 점점 더 심해졌다. 대변검사에서 장모세선충의 알이 발견됐다.

세 번째(1993): 남원에서 농사를 짓는 78세 남자로, 한 번도 외국에 간 적이 없다. 4개월간 물설사에 시달렸고, 체중이 무려 24킬로그램이나 줄어들었다. 남원병원은 이 환자의 대변검사를 서울대병원 측에 의뢰했는데, 검사결과 장모세선충의 알이 나왔다.

네 번째(1999): 42세 남자 환자. 3개월간 설사를 했는데, 처음 대변검사에선 아무것도 나오지 않았지만 재입원 후 검사했더니 역시나 장모세선충의 알이 나왔다. 환자는 6개월 전 사이판에 다녀온 적이 있는데, 거기서 민물장어회를 먹었다고 한다.

다섯 번째(2000): 31세 남자, 물설사 기간 2년, 키 174센티미터에 53킬로그램이었는데, 이는 원래 체중보다 9킬로그램이 빠진 거란다. 내시경에서 벌레를 발견해 장모세선충으로 진단했다. 사이판에서 주로 거주하고 있었고, 민물장어의 간과 쓸개를 먹은 적이 있단다.

여섯 번째(2012): 37세 남자, 경남 사천에 거주하며 외국에 나간 적은 없다. 1년 이상 지속된 설사로 15킬로그램 가량이 빠졌다. 내시경에서 벌레 단면이 발견되어 진단됐다. 환자는 평소 망둑어를 회로 즐겨 먹었다고 했다.

끊임없는 물설사로 20킬로그램 이상의 체중을 빠지게 만드는 무서운 기생충 장모세선충. 이쯤 되면 이 기생충을 '설사의 왕'이라 부른다고 해도 무방할 것 같다. 이 여섯 명 중 세 명은 외국에서 걸린 것으로 추정되지만, 나머지 세 명은 모두 외국 경험이 없으니 국내에서 걸린 게 확실하다. 신기한 것은 그중 두 명이 남원에서 살았다는 것. 나머지 한 명의 거주지인 경남 사천도 남원에서 그렇게 멀지는 않다. 그러니 남원을 중심으로 우리나라에서 장모세선충의 생활사가 돌고 있다고 해도 될 것 같다. 남원 근교 강에 사는 민물고기, 특히 내장까지 모두 먹는 그런 물고기에 대해 대대적인 조사가 이루어져야 하는 이유다.

물론 빙어를 비롯한 작은 생선들이 그렇게 많이 날로 먹히는데도 장모세선충이 세 건에 불과하다는 건 우리나라가 비교적 장모세선충에 안전하다는 얘기일 수 있다. 하지만 외국의 예를 보면 얘기가 달라진다. 필리핀에서는 60년대의 대유행 이후에도 환자가 꾸준히 발생해 1999년에 마흔두 명, 2007년에 일곱 명이 장모세선충으로 목숨을 잃었다. 아홉 명의 사망자를 낸 태국도 장모세선충에 관한 한 결코 만만치 않은 나라이며, 한국인이 자주 가는 관광지인 사이판이나 발리도 조심해야 할 나라들 중 하나다. 남들이 많이 가는 길이 안전하다고, 조그만 생선 대신 광어, 농어 등 근육만 먹는 생선을 먹자. 살이 빠진다는 것에 혹해 작은 생선만 먹는 사람이 있을 수도 있겠지만, 물설사로 뺀 살은 금방 다시 회복되고, 괜히 항문만 헌다는 걸 기억하시길.

대변검사가 중요하다

설사를 하면 대개는 세균이나 바이러스를 생각한다. 2004년 기생충 감염률이 3.8퍼센트에 불과했으니 "기생충은 없어졌는데 무슨 대변검사냐"고 생각하는 건 당연할 수도 있다. 하지만 물설사가 오래 계속되고 점점 심해지는데 혈중 단백질 농도까지 낮다면, 장모세선충을 한번쯤 의심해 보자. 제대로 된 대변검사 한 번이 수천 리터의 물설사를 막아 줄 수 있으니 말이다. 주의할 사항, 위 환자들에서 보듯 장모세선충에 걸렸다고 늘 대변검사에서 알이 나오는 건 아니다. 한 번 검사하고 그만두지 말고, 의심이 된다면 세 번 정도는 시간을 두고 검사해 볼 필요가 있다. 그래서 우리 기생충학자들은 늘 말하곤 한다. 대변에 길이 있다고.

에피소드 하나. 1993년 남원병원에서 대변검사가 의뢰됐을 때 난 당시 서울의대 기생충학과에서 조교를 하고 있었다. 그때는 대변검사 의뢰가 오면 무조건 내가 검사를 했는데, 1991년 사례를 알고 있었기에 대변에서 장모세선충의 알이 나왔을 때 대번에 "이거구나!"했다. 그때 내 눈앞에 나타났던 아름다운 알은 지금도 기억이 생생하다.

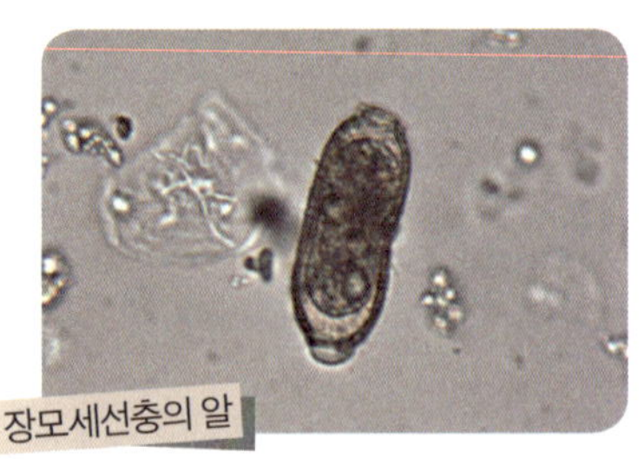

장모세선충의 알

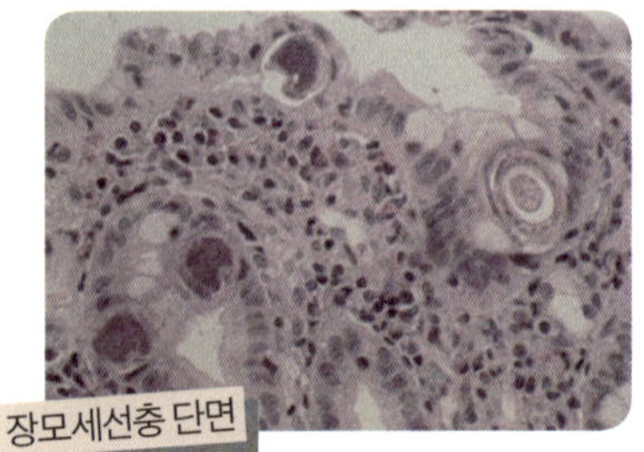

장모세선충 단면

에피소드 둘. 그 사례가 논문으로 나가자 병원 전공의들이 많은 관심을 보였다. 해결이 안 되는 물설사에 시달리는 환자가 꽤 많았던 것. 그중 외과 전공의 한 분은 물설사를 하는 환자의 24시간 대변을 받아서 나한테 보냈다. 설사변에서 장모세선충을 찾아 달라는 취지였다. 한 번 그러다 말겠지 싶었지만 거의 20일간 그런 일이 계속됐다. 한 주먹 정도의 변을 뒤지는 것도 시간이 꽤 걸리는 일이었는데 몇 리터짜리 물설사를 어떻게 검사하겠는가? 실험실에는 점차 종이 상자가 쌓이기 시작했다. 넓은 실험실의 3분의 1가량이 종이 상자로 채워졌을 때 교수님은 "안 되겠다. 저거 다 버려라"라고 하셨고, 난 그 물설사들을 하나씩 변기에 갖다 버렸다. 조교 시절 힘든 일이 꽤 많이 있었지만, 가장 힘든 순간은 역시 그 물설사와 씨름할 때였다.

장모세선충

- 위험도 : ★★★★★
- 형태 및 크기 : 4mm, 가늘고 길며 모양만 봐서는 별로 인상적이지 않음
- 수명 : 사람 몸 안에서 자가증식하므로 치료 안 하면 무한대
- 감염원 : 민물고기
- 특징 : 사람 안에서 낳은 알이 사람 몸 안에서 부화해 성충이 되기 때문에 치료하지 않으면 마릿수가 늘어나 증상이 심해짐
- 감염 증상 : 설사 횟수가 점점 늘어나고 나중에는 장의 융모가 손상되며, 호흡 곤란이나 몸이 붓는 증세가 나타나기도 함

10. 참굴큰입흡충 | 가장 한국적인 기생충

1988년, 한 여성이 배가 아파서 병원에 왔다. 상태가 심각해서 입원해야 할 정도였는데, 검사를 해 보니 혈중 아밀라아제의 농도가 높았다. 아밀라아제 농도가 높아지는 질환 중 대표적인 게 바로 급성 췌장염이기 때문에 병원에서는 통증이 심한 이 환자의 췌장을 제거하는 수술을 고려하고 있었다. 하지만 바로 그때 변수가 생겼다. 혹시나 해서 해 본 대변검사에서 난생 처음 보는 기생충의 알이 나온 거였다. 알에 뚜껑이 있는 것으로 보아 디스토마의 알인 건 확실했기에 환자에게는 디스토마약이 투여됐고, 대체 어떤 기생충이 저런 알을 낳는지 알기 위해 약을 먹고 난 뒤 환자가 싼 변을 모조리 수거해 서울의대 기생충학과로 보냈다. 환자의 변에서는 천 마리가 넘는 기생충이 나왔다. 알이 처음 보는 것이었던 만큼 변에서 발견된 기생충도 사람에게서는 한 번도 보지 못한 종이었다. 기생충을 빼내자 환자의 증상은 급속히 사라졌다. 대변검사를 하지 않았다면 환자는 남은 평생을 췌장 없이 살아야 할 뻔했으니, 훌륭한 기생충 전문가가 있는 대학병원에 입원한 건 환자로선 다행이었다.

짐노팔로이데스 서이

이제 남은 것은 환자 변에서 나온 기생충이 무엇이냐는 것. 조사 결과 그 기생충은 아직까지 사람은 물론이고 동물에게서도 한 번도 발견된 적이 없는 새로운 기생충이었다. 연구진은 논의 끝에 서울의대 기생충학교실을 처음 만드신 서병설 교수님을 기념하는 의미에서 그 기생충의 이름을 Gymnophalloides seoi라고 짓는다. 이런 궁금증이 생길 만하다. 그 환자는 대체 뭘 먹고 그 기생충에 감염됐을까? 디스토마의 인체 감염원은 대개 물고기나 조개 같은 해산물인데, 마침 그 환자도 압해도라고 하는 신안군의 조그만 섬에 살고 있었다. 연구팀은 환자가 사는 마을에 가서 주민들에게도 이 기생충이 있는지를 확인했다.

"확인했다"라고 간단하게 썼지만, 실상 그 과정은 결코 간단하지 않았다. 주민들의 대변을 걷은 뒤 다시 서울로 올라가 기생충의 알이 있는지 검사를 하고, 그 환자에게서 나온 것과 똑같은 알을 배출하는 사람들이 누구인지를 체크한다. 그 후 다시 신안군으로 내려가 기생충 알이 나온 사람들에게 약을 주고, 그 사람들의 변을 몽땅 받아서 서울로 올라가 변 속에 그 기생충이 나오는지를 확인해야 했으니, 이것만 해도 대변과 더불어 한 달 이상을 보내는 셈이었다. 과정은 냄새가 났지만 그 열매는 달았다. 그 마을 주민들의 절반가량(49퍼센트)이 그 기생충을 가지고 있었고, 적게는 100마리를 가진 사람부터 많게는 2만 마리 이상 들어 있는 사람까지 각양각색이었다. 그들이 이렇다 할 증상을 호소하지 않는 것으로 미루어 이 기생충은 사람에게 그렇게까지 큰 해는 없어 보였지만, 맨 처음 환자가 췌장염으로 고생했던 만큼 극히 일부에서는 심각한 증상을 일으킬 수도 있을 터였다. 크기가 1밀리미터도 안 되는 작은 기생충이니 십이지장에서 췌장으로 뻗어 있는 통로를 따라 췌장까지 가는 것도 얼마든지 가능할 테니까 말이다. 그런데 이런 우려와는 달리 이 기생충에 걸린 사람들 중 배가 아파 병원에 가야 했던 사람은, 아직까지는 맨 처음 환자밖에 없다.

굴이 감염원이다

기생충에 걸린 사람들에게 물어 본 결과 그들이 공통적으로 먹은 것은 그 지역에서 나오는 참굴이었다. 실제로 그 지역 굴을 잔뜩 가져다가 검사를 해 봤더니 아니나 다를까 그 환자에게서 봤던 기생충의 유충이

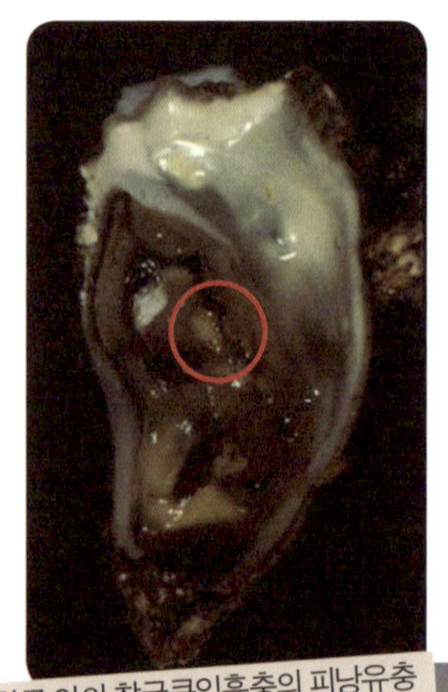

참굴 안의 참굴큰입흡충의 피낭유충

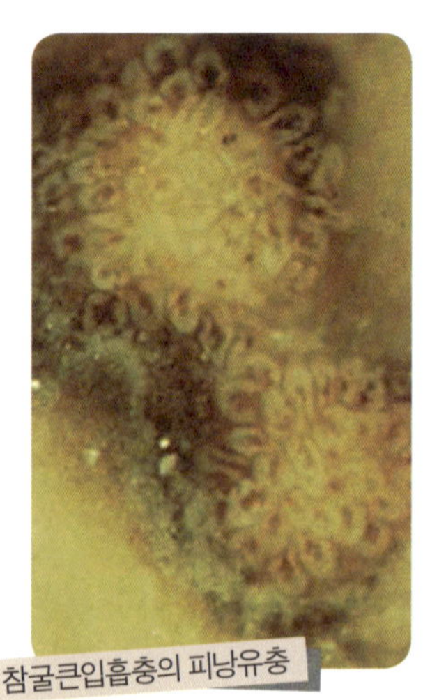

참굴큰입흡충의 피낭유충

들어 있는 게 아닌가! 그 유충을 쥐에게 먹여 어른으로 키우는 데 성공함으로써 연구진은 그 기생충의 감염원이 굴이라는 걸 확인할 수 있었다. 당시는 기생충의 한글 이름 짓기가 대세였기에 연구진은 입이 크고 굴에서 나온 디스토마라는 뜻으로 '참굴큰입흡충'이라는 이름을 붙였다.

추후 조사한 결과 신안군의 굴 한 개당 평균 600개 정도의 유충이 들어 있었다. 많은 것은 굴 한 개에 5천 개 가까운 유충이 있기도 했으니, 마을 주민 중 한 분이 2만 마리 이상을 갖고 있는 것도 그리 놀랄 일만은 아니다. 신기한 것은 이 기생충이 신안 앞바다의 굴에만 들어 있다는 사실이다. 연구팀이 서해안은 물론이고 남해안의 굴까지 가져다 조사해 봤더니 전라북도 부안이나 전남 무안의 굴 몇 개에 참굴큰입흡충의 유충이 들어 있긴 했지만, 신안 굴처럼 압도적인 감염량을 가진 굴은 다른 지역에선 발견하지 못했다. 또한 자연산 굴에만 있고 양식 굴에는 이 기생충이 없으니, 이 글을 읽고 굴 맛의 묘미를 포기하는 사람이 없기를 바란다.

검은머리물떼새의 비밀

이 기생충은 원래 어디서 왔을까? 어떤 동물이 이 기생충을 사람에게 전파해 줬을까? 디스토마 중 많은 수는 철새에 의해 전파된다. 계절에 따라 호주와 시베리아를 오가는 철새들은 중간중간 갯벌에 내려 지렁이와 해산물을 잡아먹으며 계속 날아갈 에너지를 얻

검은머리물떼새

는데, 우리나라 서해안의 갯벌은 면적으로 보나 해산물의 양으로 보나 철새들이 좋아할 만한 곳이다. 우리나라가 세계적인 철새 도래지가 된 것도 그 때문인데, 철새들은 그 갯벌에서 먹이를 먹으며 수시로 변을 본다. 야생 철새에게는 해산물을 통해 감염되는 여러 종류의 디스토마가 들어 있으며, 그 디스토마들은 철새의 변을 통해 알을 내보낸다. 철새가 내보낸 알들은 부화한 뒤 갯벌의 해산물 속으로 들어가고, 사람이 그 해산물을 날로 먹으면 디스토마에 걸리게 된다. 우리나라 서해안 마을 주민 중 많은 수가 각종 디스토마에 걸려 있는 것도 그 때문이고, 철새 덕분에 호주, 우리나라, 시베리아 사람이 모두 같은 기생충에 걸리는, 극단적으로 표현하자면 기생충을 통한 인류의 통합이 이루어지기도 한다.

참굴큰입흡충 역시 철새가 전파하는 기생충으로 추측됐기에, 도요새를 비롯해 우리나라에 기착하는 철새 여러 종류를 조사했지만 참굴큰입흡충을 발견하지 못했다. 그러다 찾은 게 바로 검은머리물떼새, 이 새는 10월 중순이 되면 첫 번째 환자의 고향인 신안군 압해도에서 겨울을 난다니 참굴큰입흡충의 전파원일 확률이 높았다. 그 새의 영어 이름도 oystercatcher, 즉 굴을 잡는 녀석이라는 뜻이다. 이 새가 신안군의 굴을 먹어서 참굴큰입흡충에 걸리고, 대변으로 알을 내보냄으로써 그 지역 굴들이 감염되게 하는 데 중요한 역할을 담당하는 것이 확실해 보였다. 추측과 실제 결과가 얼마든지 달라질 수 있는 게 바로 연구건만, 검은머리물떼새는 배신하지 않았다. 검은머리물떼새가 천연기념물이라 조사를 위해 조류학자의 도움과 정부의 허가를 얻어야 했는데, 가까스로 잡은 일곱 마리 중 다섯 마리가 참굴큰입흡충을 갖고 있었고, 한 마리당 평균 보유수는 900마리였다.

장디스토마 연구

인체 감염 기생충, 그것도 신종을 세계 최초로 발견했다는 건 기생충학계로 봐서는 쾌거이다. 그럼에도 우리나라가 피겨 금메달만큼 찬사를 보내지 않는 이유는 기생충에 대한 혐오감과 무관심이 주된 이유겠지만, 기생충학계마저도 그다지 기뻐하지 않았던 데는 다른 이유가 있다. 우리나라가 '세계 최초의 장디스토마 인체 감염례'를 수도 없이 보고했기 때문이었다. 실제로 기생충학 교

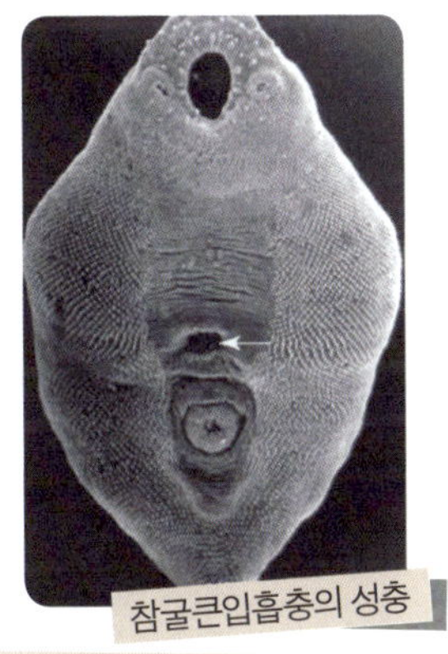

참굴큰입흡충의 성충
가운데 화살표는 수정체 모양의 홈(ventral pit)

과서의 장디스토마 단락을 펴보면 채종일 서울대 교수를 비롯해 한국 기생충학자의 이름이 여럿 나온다.

이렇게 된 데는 사연이 있다. 기생충학이 시작된 지 얼마 안됐을 때 우리나라는 무척 가난했다. 교수 월급도 줬다 안줬다 하던 그 시절에 연구비를 받아서 연구를 한다는 건 사치에 가까웠다. 그래서 그 당시 교수들은 정원에 산책 나온 쥐를 붙잡아 장에 어떤 기생충이 있는지 살펴본다든지 하는 식의, 돈이 거의 들지 않는 일만 해야 했다. 그중 하나가 바로 해안가 마을 주민들의 장디스토마 연구였고, 날것을 유난히 좋아하는 한국인의 식습관이 더해져 기생충학 교과서에 실릴 수많은 연구

들이 이루어졌다. 참굴큰입흡충은 병원에 온 환자로부터 우연히 발견됐지만, 그 후 참굴큰입흡충을 대상으로 이루어진 연구들은 우리나라 연구팀이 20년 이상 축적한 노하우가 제대로 발휘된 것들이었다. 게다가 참굴큰입흡충의 학명에는 서병설 교수의 존함까지 들어갔으니, 이것이야말로 가장 한국적인 기생충이라 할만하다.

500년 전의 세상

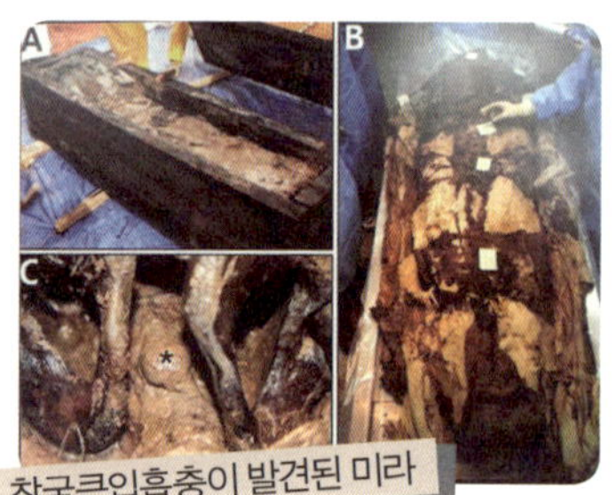
참굴큰입흡충이 발견된 미라

2006년, 경남 하동에서 500년 전으로 추정되는 조선시대 여성의 미라가 발견됐다. 당시 양반 가문에서는 회곽묘가 유행했는데, 그 덕분에 우리나라에서도 미라가 종종 발견되곤 한다. 양반 관료의 부인이었던 이 여인의 장 내용물을 검사했더니 요코가와흡충이라는 장디스토마의 알이 나왔다. 요코가와흡충은 은어회를 먹고 걸리는 기생충으로, 물이 맑은 섬진강 하류는 은어가 서식하기 좋은 곳이다. 그래서 하동은 예부터 요코가와흡충의 유행지로 유명한 곳이고, 그런 측면에서 볼 때 하동 미라에서 요코가와흡충의 알이 나온 건 너무도 당연한 일이었다. 그런데 놀라운 사실은 장 내용물에서 참굴큰입흡충의 알도 같이 나왔다는 것이다. 혹시나 잘못 본 게 아닌가 싶어 몇 번이나 확인했지만, 그건 틀림없는 참굴큰입흡충의 알이었다. 개수도 한두 개가 아니라 변 1그램당 2만 개가 넘었으니, 실험실의 알이 섞여 들어갔다고 우길 수도 없었다. 웬만한 지역의 굴을 다 조사했지만 참굴큰입흡충의 유충은 신안군에서만 발견됐고, 혹시나 싶어 하동의 굴을 가져다 조사한 결과 유충은 보이지 않았다.

두 가지 해석이 가능했다. 그 여자분이 살아생전 신안에 와서 굴을 원 없이 먹고 하동으로 돌아갔거나, 그 당시에는 하동 굴에 참굴큰입흡충의 유충이 살고 있었거나. 전자라고 하기에는 변의 알 개수가 너무 많았고, 하동에도 굴이

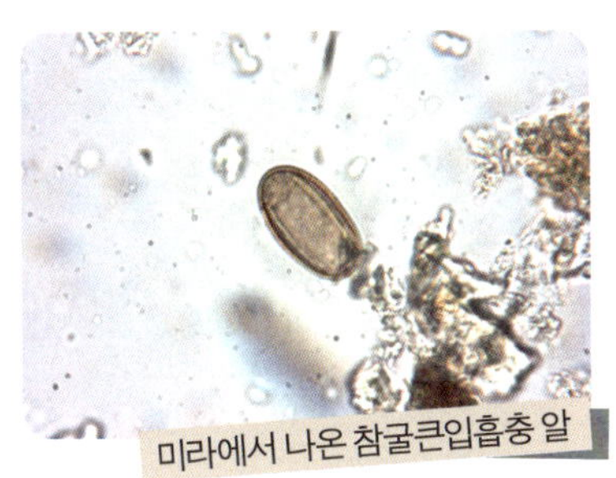

미라에서 나온 참굴큰입흡충 알

있고 교통도 그리 좋지 않은데 굳이 신안에 와서 배가 터지도록 굴만 먹었을 것 같지는 않았다. 아마도 그때는 검은머리물떼새가 하동에도 머물면서 이 기생충의 알을 대변으로 뿌렸을 것 같지만, 여기에 대해 좀 더 증거가 필요했다. 그러던 중 충남 삽교에서 16세기를 살았던 남성의 미라가 발견됐다. 이 남성의 장 내용물을 현미경으로 검사했더니 역시 많은 기생충의 알이 나왔는데, 거기에는 간디스토마와 편충의 알과 더불어 참굴큰입흡충의 알도 있었다. 이 사실로 추측컨대 500년 전의 세상은 참굴큰입흡충의 세상이었을지도 모르겠다. 웬만한 굴에는 참굴큰입흡충의 유충이 들어 있었고, 그때 사람들도 지금 사람들과 마찬가지로 굴을 날로 먹는 걸 좋아했을 테니, 우리 선조들은 이 기생충을 수백, 수천 마리씩 가지고 있었을 것이다. 굴이란 게 또 왕에게도 진상되는 음식이니, 어쩌면 조선 왕도 이 기생충으로부터 자유롭지 못했으리라. 이름에 'seoi'가 들어가고 우리나라에서 세계 최초의 인체 감염례

가 발견된 것까지 고려해 보면, 참굴큰입흡충이 지극히 한국적인 기생충이라는 데 이의가 있을 수 있을까? 날씨가 좋은 4월에는 바닷가에 가서 굴을 한번 먹어 보자. 한때 해안가를 지배했던 참굴큰입흡충의 추억을 되살리면서.

참굴큰입흡충

- 위험도: ★★
- 형태 및 크기: 방추형으로 몸 전체에 외피성 가시를 가지고 있으며 길이는 305~307㎛, 폭은 200~230㎛이며 구흡반이 매우 크고 잘 발달되어 있음
- 수명: 정확히 알려진 바는 없지만 이 책의 저자는 6개월 미만으로 추정
- 감염원: 참굴(자연산)
- 특징: 굴의 외투막에서 피낭을 형성하지 않은 상태로 기생. 일부 지역의 자연산 굴에서만 발생하고 아직까지 양식 굴에서의 발생 보고는 없음
- 감염 증상: 큰 해는 없는 편이지만, 복통 등 심각한 증상을 일으키는 경우도 간혹 있음

III. 조직을 침범해 사는 기생충

1. 스파르가눔 │ 뱀, 개구리 많이 드셔서 정력 좀 좋아지셨습니까?

중국에서 일어난 일

"두통 호소 10대 소녀 뇌 열어 봤더니…… 경악"

2012년 5월 12일, 세계일보 인터넷 판의 제목이다. "이럴 수가", "알고 보니", "이렇게까지……" 같은 낚시성 제목이 횡행하는 세상인지라 저 기사 역시 클릭하면 별거 아닐 거라고 생각한 분들이 꽤 계실 거다. 하지만 그건 아니었다. 기사에 따르면 1년 전부터 어지럼증을 호소했던 중국 소녀(16세)는 결국 병원에서 수술을 받았는데, 길이가 20센티미터에 이르는 베이지 색 벌레를 꺼냈다. 이 기생충은 몸 밖으로 나온 뒤에도 계속 꿈틀거렸단다. 이 정도면 "경악"이란 기사 제목이 그리 부끄럽진 않다. 이 기생충의 이름은 스파르가눔으로, 뱀이나 개구리를 먹고 감염된다. 이 소녀의 경우에도 뱀 쓸개를 먹은 적이 있다니, 아마 그게 원인이었을 거다. 신기한 일은 중국에서 발생한 이 사례가 엽기적인 일처럼 포장되어 신문에 실렸다는 것이다. 우리나라는 중국을 능가하는 스파르가눔의 대국으로, 뇌로 간 스파르가눔 사례도 세계 최다를 기록 중

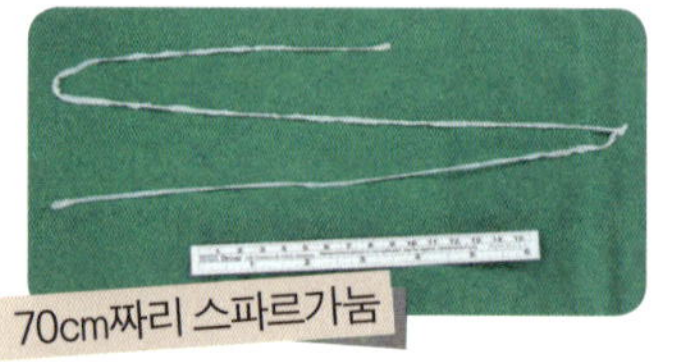

인데 말이다. 기사에선 겨우 20센티미터짜리 벌레에 '경악'을 갖다 붙였지만, 1998년 한림대 병원에서 수술을 받은 우리나라 여성 분의 뇌에선 그보다 더 긴, 50센티미터짜리 스파르가눔이 나오기도 했다. 길이만 가지고 따진다면 태국에서 나온 70센티미터짜리 스파르가눔이 세계에서 가장 길다고 알려져 있는데, 2년 전 우리나라 환자의 종아리에서 발견된 스파르가눔은 72센티미터 정도 된다. 우리나라가 괜히 스파르가눔의 강국이겠는가.

스파르가눔이란?

스파르가눔은 만손열두조충(Spirometra mansonoides)이라는 촌충의 유충이다. 만손열두조충은 살쾡이나 야생 고양이를 종숙주로 하며, 이들의 장 안에서만 어른으로 자란다. 만손열두조충을 가진 개나 고양이는 대변으로 이 기생충의 알을 배출하는데, 그 알이 물과 접촉하면 알뚜껑이 열리면서 알 속에 있던 유충이 튀어나온다. 유충은 굶주린 물벼룩에게 잡아먹히는데, 기생충이 다 그렇듯이 이게 먹어도 먹은 게 아닌 결과로 이어진다. 유충은 물벼룩의 장 안에서 소화되어 영양분이 되는 대신 물벼룩의 장을 뚫고 나가 꼬리가 달린 유충(프로서코이드 유충, procercoid larva)으로 자란 뒤 물벼룩의 몸속에서 잠복하고 있다. 유충이 들어 있는 물벼룩은 움직임이 둔해지는데, 그 결과 물벼룩은 다른 동물들, 즉 개구리나 뱀 등에게 잡아먹힐 확률이 높아진다. 물벼룩이 개구리나 뱀에게 잡아먹혀 포만감을 제공하는 반면 그 안에 있던 유충은 또다시 장을 뚫고 근육으로 가며, 거기서 꼬리를 떼고 좀 더 긴 유

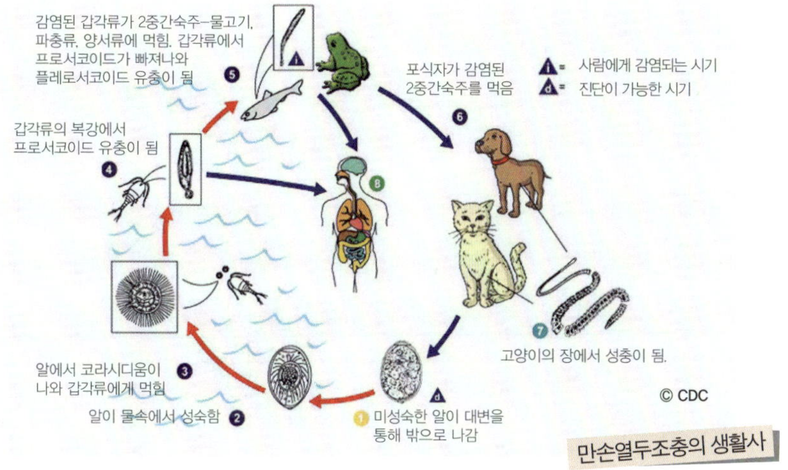

충(플레로서코이드 유충, plerocercoid larva)으로 자란다. 이걸 특별히 스파르가눔이라고 부르는데, 야생 뱀이나 개구리엔 대부분 스파르가눔이 여러 마리씩 들어 있다. 이 스파르가눔을 종숙주가 먹으면 장 안에서 스파르가눔이 만손열두조충 어른으로 자람으로써 생활사가 완성된다.

스파르가눔으로 인한 증상

대부분의 기생충은 유충의 이름이 따로 없다. 회충의 경우를 보면 발육 상태에 따라 1기 유충, 2기 유충 이런 식으로 불려지고, 다른 기생충도 사정은 비슷하다. 그런데 만손열두조충의 유충은 스파르가눔이란 이름이 붙었다. 왜일까? 다른 기생충과 달리 만손열두조충은 유충이 사람에게서 병을 일으키기 때문이다. 어떤 사람이 정력 증강을 위해 뱀을 먹었다고 치자, 그러면 뱀의 근육에 있던 스파르가눔이 사람의 입 안으로 들어온다. 사람은 종숙주가 아닌지라 유충이 어른으로 자라는 일은 일어나지 않는다. 대신 스파르가눔은 사람의 장을 뚫고 나가 몸 여기저기를 돌아다니는데, 주로 가는 곳은 피부다. 피부에 뭔가 튀어나온 게 있는데 그게 매일같이 위치를 바꾼다면, 그리고 그가 최근 뱀을 먹은 적이 있다면, 그건 십중팔구 스파르가눔이란 기생충이 피부 안에서 움직이는 탓이다. 처음에는 아프지 않지만 스파르가눔이 자라면서 염증을 유발해 점차 통증이 생긴다. 그래도 피부에만 있다면 좋으련만, 스파르가눔은 뇌나 눈, 척추 같은 치명적인 장소로 가기도 한다. 뇌로 가는 경우 위에 언급한 소녀의 경우처럼 어지러움을 유발하거나 간질 발작, 반신불수 등의 치명적인 증상을 일으킬 수 있는데, 이럴 경우 뇌수술을 해야 하니 문제다. 기생충 때문에 뇌수술을 하는 것처럼 안타까운 일이 또 있을까? 음낭이나 고환으로 가는 경우도 예후는 그리 좋지 않다. 처음에 고환이 커지고 뭔가 튀어나오니 "뱀의 효과가 있구나" 하며 좋아하다가 결국 고환을 제거해야 하는 사태가 일어날 수 있으니까. 실제로 우루과이에서는 아홉 살 난 소년의 고환에서 스파르가눔이 발견되어 한쪽 고환을 들어낸 경우도 있었다. 겨우 아홉 살인데 말이다.

무서운 사실은 스파르가눔의 수명이 무지하게 길다는 거다. 내가 경험한 환자 한 명은 20년 전부터 무릎 근처에서 뭔가가 왔다 갔다 했다는데, 어느 순간부터 소식이 끊겼다가 최근 발목 근처에 다시 나타나 결국 수술로 벌레를 제거해야 했다. 발목에서 제거한 18센티미터짜리 벌레는 꺼낸 후에도 꿈틀댔는데, 이것으로 보아 스파르가눔의 수명은 최소 20년은 된다. 이게 제일 오래 산 게 아닌가 싶어 문헌을 뒤져 보니까 이탈리아 남자는 25년 동안이나 스파르가눔을 가지고 있었단다. 이런 사례들에 비추어 보면 위에서 언급한 중국 소녀의 뇌에 1년간 들어 있던 스파르가눔이 수술 후 꿈틀댔다는 건 뉴스거리도 안 될 듯하다.

무서운 사실 한 가지 더. 뱀을 먹은 환자에게서 스파르가눔을 한 마리 꺼냈다고 치자. 아까 뱀 한 마리엔 여러 마리의 스파르가눔이 들어 있다고 했는데, 혹시 몸속에 또 한 마리가 들어 있지는 않을까? 충분히 가능성이 있다. 하지만 현대 의학의 진단 기술로는 한 마리가 더 있는지, 그게 어디 있는지 알 도리가 없다는 게 문제다. 스파르가눔이 특정 장기로 가서 증상을 일으키든지, 아니면 피부로 나오든지 하기 전엔 진단이 어렵다는 얘기다. 실제로 발목에서 스파르가눔이 나온 환자는 종아리에 또 스파르가눔이 나타나는 바람에 수술을 한 번 더 해야 했고, 한 환자는 수시로 출몰하는 스파르가눔 때문에 7년간 여섯 차례나 수술을 했단다. 후자의 환자는 공수부대 출신으로, 군부대에 있을 때 낙하산을 타고 깊은 산골짜기에 투하되어 부대까지 찾아오도록 하는, 소위 생존 훈련을 여러 차례 받은 적이 있다. 산속에 먹을 거라곤 뱀과 개구리뿐이었는지라 그가 여러 마리의 스파르가눔을 갖고 있었던 건 어쩔 수 없는 일이었다. 거듭된 스파르가눔으로 고생하던 그는 국가에 소송을 제기했고, 2007년 5월 서울고등법원에서는 그를 국가유공자로 인정했다.

사람이 스파르가눔에 걸리게 되는 경로

가장 흔한 경로는 역시 뱀과 개구리를 날로 먹는 것. 우리나라를 비롯한 동아시아 국가엔 뱀이 정력을 길러 준다는 이상한 믿음이 있으며,

스파르가눔이 주로 남자에게 많은 것도 이 때문이다. 물론 여자도 그럴 수 있다. 얼마 전 있었던 사례 하나다. 한 여성이 가슴에 통증이 심해 병원에 왔다. 심장에 물이 찬 탓이었는데, 원인을 모르겠어서 그냥 입원시키고 놔뒀더니 좋아지기에 퇴원을 시켰다. 하지만 며칠 못 가서 다시 심장에 물이 찼고, 이런 일이 한 번 더 반복되자 의사는 혹시 이상한 거 먹은 적 없느냐고 환자에게 물었다. 환자는 그제야 고백했다. 갑상선에 좋다는 친척의 권유로 개구리 30마리를 날로 먹었다고. 그러니까 환자는 스파르가눔 때문에 심장에 물이 찬 거였다. 여기서 이걸 알 수 있다. 뭔가 이상한 걸 먹고 탈이 난 경우 의사에게 사실대로 털어놓아야 진단을 더 빨리 할 수 있으며, 날개구리가 갑상선 기능을 좋게 하는지는 알 수 없지만 스파르가눔에 걸리게 만드는 건 100퍼센트라는 걸. 그리고 몸에 좋다며 뭔가를 권하는 주위 사람을 조심해야 한다는 걸.

뱀과 개구리만 조심하면 되느냐면 그건 아니다. 앞 부분에서 만손열두조충의 숙주 중에 물벼룩이 있었고, 그 안에서 꼬리가 달린 프로서코이드 유충이 된다고 했다. 산에서 약수를 먹다 이 프로서코이드 유충이 들어 있는 물벼룩을 먹는다면 굳이 뱀 같은 혐오식품을 먹지 않아도 스파르가눔에 걸릴 수 있다. 뱀을 한 번도 먹지 않은 여성들이 스파르가눔으로 병원에 오는 건 이 때문으로, 전체의 20퍼센트가량을 차지한다. 물론 약수라고 다 물벼룩이 있는 건 아니며, 물벼룩이 있다 해도 극히 일부만 만손열두조충의 유충을 갖고 있으니 약수를 매일 먹는다 해도 걸릴 확률이 그리 높은 건 아니지만, 스파르가눔에서 완벽하게 자유로우려면 생수를 먹거나 약수를 끓여서 먹는 게 안전하다. 그 밖에 멧돼지나 오소리도 근육에 스파르가눔을 갖고 있을 수 있으니, 이들 고기를 생식해도 스파르가눔에 걸릴 수 있다.

스파르가눔과 성장 호르몬

조교 시절, 스파르가눔 실습이 끝난 뒤 남은 스파르가눔을 쥐한테 먹여 놓은 적이 있다. 몇 주 뒤 그 쥐를 봤을 때 쥐가 너무 커져 버린 것에 깜짝 놀랐다. 논문을 찾아보니 스파르가눔은 성장호르몬 비슷한 물질을 내서 숙주를 크게 만든다고 했다. 기생충이 왜 숙주 좋은 일을 할까 의아하겠지만, 사실은 그 반대다. 스파르가눔은 유충에 불과하며, 어른인 만손열두조충이 되어 자손을 낳기 위해서는 종숙주로 옮겨가야 한다. 그러기 위해서는 자기가 몸을 의탁하고 있는 쥐가 살쾡이에게 잡아먹혀야 된다. 여기서 스파르가눔의 잔머리가 돌아간다. 쥐를 뚱뚱하게 만들어 달리기를 못하게 만들면 야생 고양이에게 잡아먹힐 가능성이 커지지 않겠는가? 이게 스파르가눔이 성장호르몬 비슷한 물질을 내는 이유다. '그럼 그렇지, 역시 백해무익이라니까'라는 말을 하기 전에 이런 생각을 해 보자. 그 성장호르몬 비슷한 물질을 사람에게 주면 키가 안 커서 고민하는 아이들이 혜택을 보지 않겠는가? 실제로 1970~1980년대에 이런 연구를 한 사람이 제법 있었지만, 사람에게 적용될 만큼 결과가 좋지는 않았던 것 같다. 그 이후 발달한 유전공학으로 인해 사람의 성장호르몬과 똑같은 단백질이 다량 합성됐으니, 구태여 스파르가눔으로부터 단백질을 뽑을 필요가 없어졌던 것도 이유였을 것이다. 그렇긴 해도 스파르가눔의 단백질이 어떤 쓸모가 있지 않을까 싶어 그

만손열두조충
(스파르가눔) 알

에 관한 연구는 지금도 계속되고 있다.

스파르가눔의 진단과 치료

스파르가눔이 어디 있는지는 알 수 없지만, ELISA[10]라는 진단법을 이용해 환자의 혈액에서 항체가 얼마나 있는지를 측정하면 감염 여부를 알 수 있다. 특히 뇌에 있을 때는 뇌종양과 구별이 어려울 수 있는데 그때 항체를 측정하면 진단에 도움이 된다. 뱀과 개구리를 많이 드신 분은 꼭 항체가를 측정해 보고, 증상이 있으면 즉각 병원에 가는 게 좋다. 대부분의 기생충은 기생충약을 먹으면 효과가 있지만 스파르가눔은 약을 먹어도 거의 효과가 없으니 병원에 갈 때 마음을 단단히 먹는 것도 필요하다. 그분들에게 한 말씀 올리며 글을 마친다.

"뱀, 개구리 많이 드셔서 정력 좀 좋아지셨습니까?"

스파르가눔

- 위험도: ★★★★★
- 형태 및 크기: 5〜72cm, 흰색 또는 황색의 끈 모양이며, 수시로 몸을 움츠렸다 폈다 하면서 벌레가 근육질인 것을 알게 해줌
- 수명: 20〜25년
- 감염원: 뱀, 개구리, 약수(물벼룩), 멧돼지, 오소리
- 특징: 약을 먹어도 효과가 거의 없어서 직접 제거해야 함
- 감염 증상: 피부에 뭔가가 튀어 나오는데 위치가 바뀜. 염증과 통증. (뇌나 척추로 가면) 어지러움, 간질 발작, 반신불수

---

10 ELISA(enzyme-linked immunosorbent assay): 기생충이 있으면 항원이나 항체가 혈액 속에 있기 마련인데, 그 항원이나 항체가 있는지 여부를 확인해서 진단하는 방법.

2. 메디나충 | 추억의 기생충이 되고 있는 메디나충

성서에 기록된 기생충

9시 뉴스 앵커 흉내를 한번 내 본다.

"1미터짜리 벌레가 사람 몸에 살다가 새끼를 낳을 때가 되면 사람을 물로 뛰어들게 한다면, 믿으시겠습니까?"

1미터짜리 벌레가 몸 안에 있다는 것만 해도 소름이 끼치지만, 물로 뛰어들게 한다는 건 더 엽기적이다. 게다가 이 벌레에 감염된 사람 중 일부는 발목이나 무릎이 구부러져 영구적인 불구가 된다니, 기생충은 대부분 착하다던 그간의 주장이 무색해진다. 이 나쁜 벌레가 바로 그 유명한 '메디나충(Dracunculus medinensis, Guinea worm)'이다. 처음 들어 보는데 왜 유명하다고 하느냐고 항의할 분이 계시겠지만, 이 기생충은 성서에도 기록된 몇 안 되는 기생충이다. 기원전 1200년 경, 그러니까 이스라엘인들이 홍해를 건너 '엑소더스(exodus, 출애굽)'를 감행한 직후 그들을 괴롭혔던 게 바로 메디나충이란다. 민수기 21장 4~9절의 내용을 보자.

"여호와께서 불뱀들을 백성 중에 보내 백성을 물게 하시므로 이스라엘 백성 중에 죽은 자가 많으리라."

여기 나오는 '불뱀(fiery serpent)'이 바로 메디나충이라는 게 학자들의 공통된 견해다. 기원전 1550년으로 추정되는 이집트 의학 관련 파피루스(Elbers Papyrus)에도 이 기생충이 등장하고, 실제로 이집트 여성 미라에서 이 기생충이 발견된 바 있다.

이 기생충에게 왜 메디나충이란 이름이 붙었느냐면, 이슬람 성지인 메디나(Medina)라는 도시에서 이 기생충이 많이 발생해서 그랬다는 설이 있다. 이 기생충의 또 다른 이름인 기니웜(Guinea worm)도 서아프리카의 기니 해안을 따라 이 기생충이 유행했기 때문이란다. 이왕 이름을 설명한 김에 조금 더 나가자면, 기생충의 학명인 Dracunculus는 '작은 용에 의해 고통을 받는다'는 의미가 있단다. 1미터 쯤 되는 가느다란 벌레를 보면 용이 아닌가 하는 생각도 들 수 있겠다.

메디나충
출처: The Carter Center

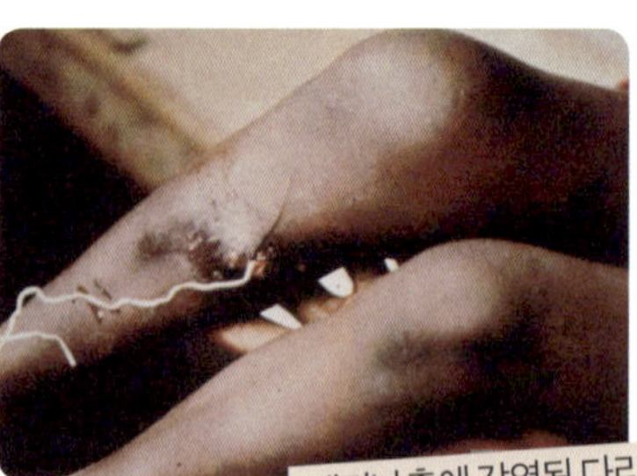

메디나충에 감염된 다리

메디나충은 사람을 물로 가게 만든다

주위에 우물이나 호수가 있으면 사람들은 그 물을 마시기 마련이다. 생수는 꿈도 못 꾸던 시절엔 그게 당연한 일이었다. 하지만 물에는 물벼룩이 살기 마련이고, 그 물벼룩 중 일부는 메디나충의 유충을 가지고 있다는 게 문제다. 사람이 물을 마실 때 메디나충을 지닌 물벼룩이 들어가면 일이 생긴다. 물벼룩은 위산 때문에 죽지만, 거기서 나온 메디나충의 유충은 작은창자로 달아나고, 적당한 곳에서 창자를 뚫고 나가 배나 가슴에 머무른다. 2~3개월쯤 지나면 유충은 어른이 되고, 다 자란 남녀가 할 수 있는 일을 한다. 일을 치른 뒤 수컷은, 너무 힘을 쏟은 탓인지는 모르겠지만, 바로 죽어 버리고, 혼자 남은 암컷은 차분하게 때를 기다리는데, 이때 암컷의 몸 안에는 수천 마리의 새끼들이 자라고 있다.

1년 정도가 지난 후, 즉 새끼들이 충분히 살 수 있게 된 때, 암컷은 자신의 최후를 준비한다. 암컷은 사람의 피부 표면으로 기어 나가고, 거기서 피부 밖으로 머리를 들이미는데, 이 과정에서 수포가 만들어진다. 메디나충이 아무 곳에나 수포를 만드는 건 아니다. 물과 접촉할 확률이 높은 곳을 선택하는데, 인체 내에서 그럴 가능성이 높은 곳이라면 아무래도 발이 될 테고, 실제로 복숭아뼈 근처가 가장 흔히 수포가 생기는 장소다. 수포가 생기면 그 부위가 뜨거워 미칠 지경이 되고, 통증도 무지 심하다. 성서에서 '불뱀'이라고 표현한 이유도 여기에 있다. 이쯤 되면 사람은 수포를 터뜨리고 싶고, 또 발이 뜨겁다 보니 상처 부위를 물에 담그게 된다. 신기하게도 발을 물에 담그면 통증과 뜨거움이 사라지니, 주위에 수포가 생긴 사람이 있다면 "너도 빨리 물에 담가!"라고 권

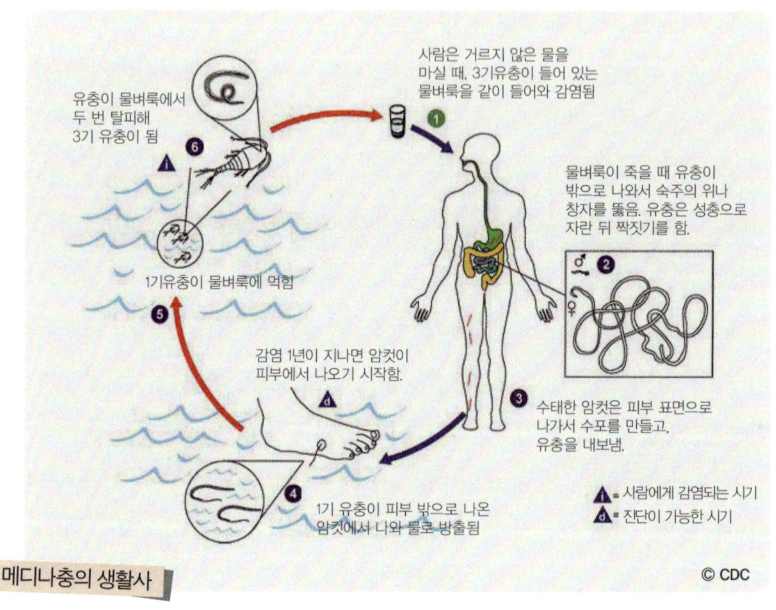

메디나충의 생활사

© CDC

하게 된다. 하지만 이게 바로 메디나충의 노림수다. 물을 만나면 메디나충은 몸에서 키우던 수천 마리의 유충들을 물속으로 내보내니까. 그유충들은 먹을 게 없어 주위를 살피던 물벼룩에게 잡아먹히고, 물벼룩안에서 또 다른 사람에게 먹힐 날을 기다린다.

이게 메디나충의 최후인 것이, 몸에 있는 유충을 모두 쏟아 내면 암컷은 곧 죽어 버리기 때문인데, 그렇지 않다 해도 이 과정에서 감염자는 메디나충의 존재를 알게 되고, 이 벌레를 빼내려고 하기 마련이다. 수포가 터진 자리를 들여다보면 피부에 움푹 파인 궤양이 있고, 그 속으로 메디나충의 머리가 보인다. 이걸 그냥 놔둬도 저절로 죽겠지만, 일단 벌레의 존재를 알고 나면 그냥 놔두긴 어렵다. 당연히 그 동네의 용한 의사를 찾아가 제발 어떻게든 해 달라고 매달리게 되는데, 용한 의사가 어떻게 할지는 치료 부분에서 설명하겠다. 참고로 한 사람에게 열여덟 마리가 감염된 예가 있긴 하지만, 환자 한 명당 평균 마릿수는 1.8이란다. 한 가지 더 언급하자면 오랜 기간 인류는 메디나충을 알고 지냈지만 그 생활사가 제대로 밝혀진 것은 1913년에 이르러서였으며, 인도의 세균학자 터커드(Dyneshvar Atmaran Turkhud)는 생활사를 알기 위해 자원자를 모집해 그들에게 물벼룩을 먹였다고 한다. 다른 기생충이라면 모르겠는데 이런 치명적인 벌레를 일부러 먹이다니, 요즘 같으면 상상도 못할 일이 아닐까 싶다.

치료할 때는 건드리지 말자

메디나충을 치료하는 약제는 불행히도 없다. 메디나충이 머리를 디밀어야 비로소 진단이 되는데, 이때 해야 할 일은 물통에 해당 부위를 담그고 벌레가 남은 유충을 모두 배출하도록 유도하는 거다. 그렇게 해야 환

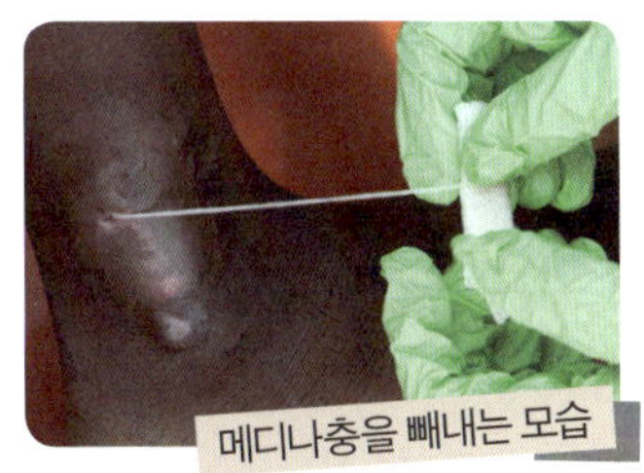

메디나충을 빼내는 모습
출처: The Carter Center

자의 증상이 덜해지고 충체를 빼내는 일도 좀 쉬워지니까. 메디나충의 성충이 자기 뜻을 이루고 나면 의사는 막대기를 꺼내고, 조심스럽게 머리를 빼내 막대기에 감기 시작한다. 아주 천천히 막대기를 감아야 하는데, 이 과정은 몇 시간에서 몇 달까지 걸릴 수가 있다니 마음을 단단히 먹는 게 좋겠다. 주의해야 할 점은 만일 중간에 끊어져 버리면 끝

장이라는 것. 누군가가 "어이, 의사 선생님, 식사라도 하세요"라고 어깨를 툭 치는 경우 감염자는 남은 생애 동안 몸 안에 끊어진 벌레를 가지고 살아야 할지도 모른다. 그것뿐이면 모르겠다만 죽은 벌레 주위로 2차적 세균 감염이 될 수 있고, 그러다 보면 염증이 생기고 석회화되어 무릎이나 발목 관절의 장애가 남을 수도 있으니, 누가 메디나충을 빼내고 있다면 근처에 얼씬거리지 않는 게 좋겠다. 아쉬운 점은 이런 치료법이 기원전 1550년 이집트 파피루스에 나온 내용이라는 것. 그러니까 3500년이 다 되도록 메디나충의 새로운 치료법이 개발되지 않았다는 뜻인데, 이건 의학자들이 좀 부끄럽게 생각해야 할 점일 수도 있지만, 몸에 터널을 파면서 기생하는 메디나충의 행태가 워낙 엽기적인 탓으로 봐 주면 좋겠다.

아스클레피오스

의학의 신인 아스클레피오스의 지팡이는 뱀 한마리가 감겨 있는 모양이다. 그는 왜 이런 지팡이를 들고 다녔을까? 일설에 의하면 이 뱀은 메디나충이고, 지팡이는 메디나충을 둘둘 말아 빼내는 광경을 묘사한 거란다. 사실 여부야 알 수 없지만 이 기생충이 예부터 골칫거리였음을 증명하는 일화가 아닌가 싶다.

메디나충의 박멸

1986년만 해도 메디나충은 아시아와 아프리카 20개 나라에서 유행했

고, 감염자는 무려 350만 정도로 추정
됐다. 마땅한 약이 없는데다 백신을 만
드는 것도 불가능하지만, 그렇다고 인
류가 같이 살아가기엔 너무 엽기적인지
라 이에 대한 박멸 대책이 수립되는 건
당연한 일이었다. 한 가지 다행스러운
건 말라리아를 옮기는 모기가 자유롭
게 날면서 사람을 무는 반면 메디나충
의 중간숙주인 물벼룩은 그 이름처럼
물속에서만 사니, 노력만 한다면 충분
히 박멸이 가능하다는 점이었다.

메디나충에 관해 교육하는 모습

필터를 이용해 물 먹는 모습

출처: The Carter Center

　가장 먼저 고려된 게 안전한 물 공급이었다. 모든 이가 안전한 생수를
마신다면 추가적인 감염자가 나오지 않을 테니까. 하지만 이게 말처럼
쉬운 건 아니었다. 생수 사업은 해당 나라의 경제 능력과 관련된 사항이
라 안전한 물 공급을 위한 설비를 만들어 놓아도 유지가 안 되면 소용
이 없었다. 불행히도 메디나충이 유행하는 나라들은 그다지 경제적 여
유가 없는 곳들이었다. 또한 좋은 설비를 만들어 놔도 주민들의 터전에
서 너무 멀리 떨어져 있다면 실속이 없었다. 물 한 그릇 뜨러 10킬로미
터를 가느니, 위험해도 근처에 있는 우물물을 마시는 걸 뭐라고 할 수
는 없는 노릇이잖은가? 그래서 생각한 게 필터를 나눠 주고 물을 걸러
서 먹게하는 거였다. 물벼룩이 작아 봤자 1밀리미터는 넘으니, 거른 물
을 마시면 최소한 메디나충의 위험에서 벗어날 수 있었다. 게다가 물 공

급 설비를 만드는 것보다 필터를 주는 게 훨씬 쌌고, 간단한 교육만 시켜도 주민들이 잘 따를 수 있다는 것도 매력적이었다. 또한 벌레로 인한 수포가 생겼을 때 물가로 달려가는 대신 물통에 발을 담근 뒤 그 물을 먼 곳에 버리게 함으로써 유충이 물로 살포되는 걸 막았고, 우물에 약을 뿌려 거기 사는 물벼룩을 죽였다.

이런 여러 가지 노력을 한 끝에 메디나충은 시나브로 박멸되기 시작됐다. 20년 전만 해도 65만 명의 환자가 발생하던 나이지리아에선 2009년 단 한 명의 환자도 발생하지 않았다. 메디나충의 마지막 유행지로 불리던 수단에서도 2005년 내전 종식 후 감염자가 급속히 줄고 있다. 세계보건기구에서 발행하는 주간감염병보고(weekly epidemiological record)에 의하면 1986년 300만을 넘었던 감염자 수는 2000년이 되었을 때 75,000례로 줄어들었고, 2008년 4,619례, 2009년 3,190례, 2010년 1,797례, 2011년 1,058례로 점점 박멸에 가까워지고 있다. 기생충에 대한 경각심을 불러일으키기 위해 기생충 다큐멘터리를 찍으려던 모 방송국 촬영팀이 메디나충 촬영을 가까스로 했다는 걸 보면, 2012년 환자는 그보다 훨씬 더 적지 않을까 싶다(최근 자료에 의하면 2012년 5월까지 267례가 발생했다고 한다). 앞으로 10년 정도만 더 노력한다면 3500년 이상 인류를 괴롭혔던 메디나충이 추억의 기생충이 될 날이 오지 않을까? 평소 기생충에 애정을 갖고 그들을 변호해 온 나지만, 메디나충의 박멸에 대해서는 이렇게 말하련다.

"축 메디나충 박멸! 다시는 나타나지 마세요!"

메디나충

- 위험도 : ★★★★★
- 형태 및 크기 : 70~150cm, 흰 뱀처럼 생겼는데 뱀보다 가늚
- 수명 : 1년 반
- 감염원 : 물벼룩
- 특징 : 중간숙주인 물벼룩에게 가기 위해 발에 수포를 만들어 아프고 뜨겁게 하여 물에 발을 담그게 만듦. 치료 약 없음. 막대기로 감아 빼내야 함
- 감염 증상 : 수포가 생기는데, 그 부위가 심하게 뜨거워지고 통증이 심함

3. 톡소포자충 │ 사람을 조종하는 것이 가능한가?

톡소포자충의 발견

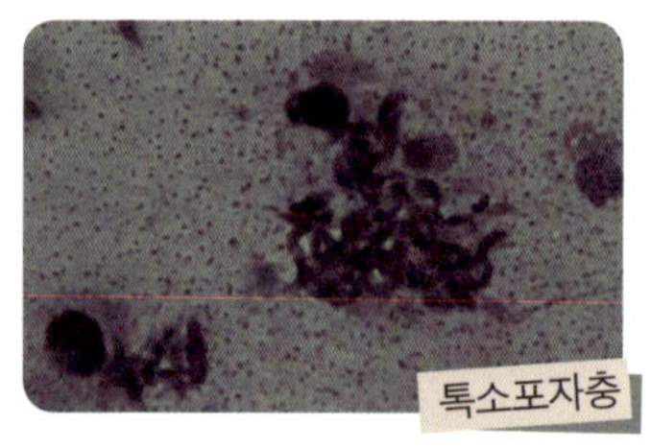

1923년, 체코의 장쿠(Janku, J)라는 의사에게 환자가 한 명 왔다. 환자는 태어난 지 11개월 된 아이였고, 뇌척수액이 순환이 안 돼 머리에 물이 찬, 소위 수두증(hydrocephalus)이 날이 갈수록 심해지고 있었다. 안타깝게도 아이는 시시때때로 간질 발작을 한 끝에 오래 못 견디고 죽어 버렸다. 아이의 조직을 현미경으로 보던 도중 망막에서 뭔가가 발견됐는데, 큰 주머니 안에 기생충으로 보이는 것들이 들어 있었다. 알고 보니 그 기생충은 이전에 쥐와 토끼에서 발견되어 '톡소포자충(Toxoplasma gondii)'이라고 이름 붙여진 것, 그러니까 아이가 이렇게 된 이유는 어머니가 임신 중 톡소포자충에 감염되었고, 이것이 혈액을 통해 태아에게 옮겨간 탓이었다. 소위 선천성 톡소포자충증. 이 아이는 전 세계에서 톡소포자충에 걸린 첫 번째 환자로 기록됐다. 이후 몇 건의 인체 감염례가 발견되면서 톡소포자충은 중요한 인체 감염 기생충으로 분류됐는데, 톡소포자충이 특히 주목을 받았던 건 에이즈가 창궐하기 시작한 1980년대부터였다. 그 이유에 대해선 나중에 설명하겠다.

톡소포자충의 생활사

많은 기생충이 그렇듯 톡소포자충도 중간숙주와 종숙주가 있다. 중간숙주가 유충 단계를 보유하는 반면 종숙주는 성충이 기생하고, 암·수의 교미가 이루어져 알을 낳는 숙주를 일컫는다. 인간이 만물의 영장이라 생각하는, 그래서 사람은 꼭 종숙주여야 한다고 생각하는 분들에겐 아쉽겠지만, 사람은 쥐나 토끼가 그런 것처럼 톡소포자충의 중간숙주에 불과하다. 종숙주는 1970년에 가서야 밝혀졌는데, 그건 바로 고양이었다. 즉 고양이 안에서 유성생식이 일어나고, 고양이 대변을 통해서 톡소포자충의 알이 외부로 나온다. 쥐나 돼지 등 다른 동물들이 이 알을 먹으면 그 안에 있던 유충이 빠져나와 병을 일으키는데, 이때 동물이 죽어버릴 수도 있지만 살아남으면 면역이 작동하면서 톡소포자충과 싸움을 벌이게 된다. 톡소포자충으로선 면역세포와 계속 싸움을 하자니 승산이 없어 일정 시간이 흐른 뒤엔 커다란 주머니(cyst)를 만들어 그 안에 숨는다. 이 경우 숙주세포는 톡소포자충으로 인한 증상이 없어지니 좋고, 톡소포자충 역시 면역세포를 피해 편하게 있을 수 있으니, 일견 봐선 윈윈(win-win)인 것 같다. 이런 주머니가 만들어지는 장소로 가장 흔한 곳은 뇌이며, 그 밖에 눈과 근육, 간 등이다. 첫 번째 환자가 톡소포자충에 걸린 걸 알게 된 것도 망막에 있던 주머니를 관찰해서라는 걸 상기하자.

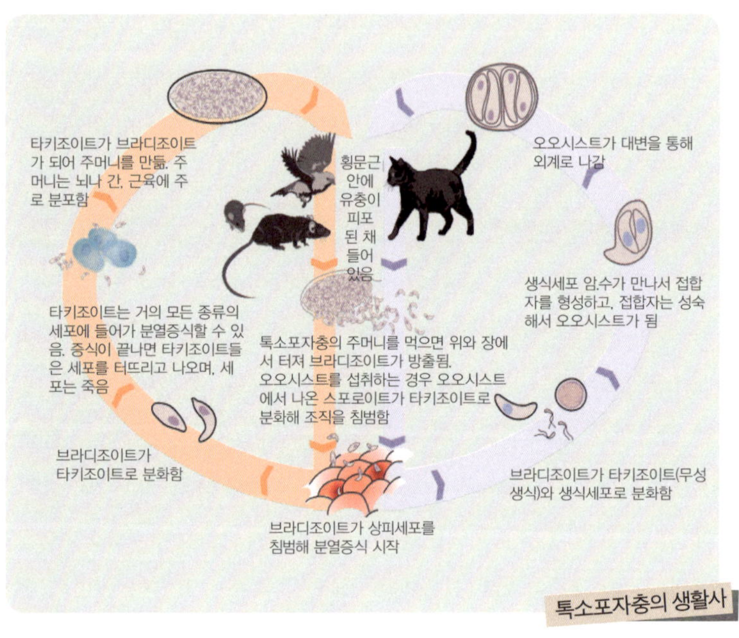

    사람은 알을 먹거나 유충이 든 주머니를 먹음으로써 감염된다. 톡소포자충의 알은 오직 고양이에게서만 나오니 "아, 고양이를 가까이하면 안 되겠구나"라고 생각할 분이 계시겠지만, 실제로 고양이가 톡소포자충 감염의 원인이 되는 경우는 거의 없다. 톡소포자충에 걸린 고양이가 대변으로 알을 내놓는 기간은 길어야 1~2주에 불과한데다, 고양이가 톡소포자충에 걸리려면 감염된 동물을 잡아먹어야 하는데, 사료나 생선만 먹고 나머지 시간엔 잠만 자는 집고양이가 톡소포자충에 걸릴 확률은 극히 희박하다. 길고양이라면 좀 다를까? 아무래도 길고양이는 쥐를 잡아먹기도 할 테니 확률이 좀 더 높겠지만, 그래 봤자 알을 배출하는 기간이 1~2주 아니겠는가? 학자들은 말한다. "고양이와 접촉한다

고 톡소포자충에 걸릴 확률은 거의 없
다"고. 애꿎은 고양이에게 의심의 화살
을 돌리는 대신 현실을 제대로 보자. 미
국에선 육회를 통한 감염이 많다는 조
사 결과에서 보듯, 사람 감염의 대부분
은 동물의 고기를 통해서란다. 동물의

근육 안에 있는, 유충이 잔뜩 들어 있는 주머니가 톡소포자충에 걸리
는 원인인 거다. 최근에 발표된 논문을 보면 국내 감염자 열 명 중 상당
수가 멧돼지 고기나 사슴피를 먹은 적이 있다니, 정 톡소포자충이 무
섭다면 날것을 피하고 손을 잘 씻는 게 안 걸리는 방법이다. 야채나 과
일을 대충 씻어 먹는 것도 감염의 원인이 될 수 있으니, 이것 역시 주
의할 필요가 있다. 그래도 고양이가 마음에 걸린다면 고양이에게 날고
기 대신 통조림 같은 것을 주고, 고양이가 변을 보는 모래상자를 잘 관
리해 주면 된다.

톡소포자충의 증상

대부분의 사람들은 톡소포자충에 걸려도 별 증상이 없다. 잘 해야
감기몸살 정도가 고작이니, 톡소포자충에 걸려도 걸린 줄 모르는 경우
가 많다. 실험실에서 쥐에게 톡소포자충을 감염시키려다 손가락을 찔
렸던 한 교수님도 림프절이 붓고 열이 좀 나는 정도였다. 혈액검사를 해
보면 전 국민의 5퍼센트정도가 톡소포자충에 한 번씩 걸린 것으로 나
타나지만 이 병에 대해 사람들이 잘 모르는 것도 증상이 애매해서다. 그
렇다고 모든 사람의 증상이 약한 건 아니어서, 눈에 염증이 생기는 경

우가 간혹 있다. 안과 의사들이 톡소포자충에 대해 잘 아는 이유는 이 때문으로, 눈이 잘 안 보인다든지 통증이 있을 때는(물론 톡소포자충이 원인인 경우는 드물겠지만) 톡소포자충 감염 여부를 확인해 볼 필요가 있다.

이전에 톡소포자충에 걸리지 않아 항체가 없는 임산부가 아이를 가진 상태에서 톡소포자충에 걸렸다면, 맨 위에서 소개한 예처럼 아이한테 '선천성 톡소포자충증'이 생길 수 있다. 이 경우 눈에 염증이 생기거나 경련을 한다든지, 발육 지연이나 정신지체까지 올 수 있다. 증상이 증상이니만큼 임산부는 날것을 피하고 야채나 과일을 잘 씻어 먹는 등 주의를 기울여야 하지만, 우리나라는 톡소포자충 감염률이 다른 나라에 비해 낮고, 또 애가 생기면 알아서 잘 조심하는 탓에 임산부가 톡소포자충에 걸리는 경우는 극히 드물다. 2005년 조사에 따르면 5천 명이 넘는 임산부의 혈액을 검사해 본 결과 임신 기간 중 톡소포자충에 걸린 사람은 딱 한 명이었고, 다행스럽게도 건강한 아이를 출산했다고 한다.

위에서 톡소포자충이 에이즈 유행 이후 주목을 받았다고 했다. 이유인즉슨 건강한 사람은 면역세포가 톡소포자충을 효과적으로 제어해 몸살 정도의 증상만 나타나는 데 반해 에이즈에 감염된 경우처럼 면역이 약해지게 되면 톡소포자충이 뇌를 침범해 뇌염을 일으키거나 폐렴 등을 일으킬 수 있어 치료하지 않으면 생명이 위험하기 때문이다. 꼭 에이즈가 아니라도 항암 치료를 받거나 스테로이드 치료로 인해 면역력이 떨어진 경우도 비슷한 증상이 생길 수 있으니, 면역이 약할수록 위생에 신경 쓰고 고기는 꼭 익혀서 먹자.

톡소포자충의 숙주 조종

톡소포자충이 동물에게 침투하면 면역계와의 싸움이 벌어진다. 초반에는 톡소포자충이 기세를 올리지만, 시간이 갈수록 면역계에게 밀리게 된다. 그 결과 위에서 말한 것처럼 둘 간의 타협이 이루어져, 톡소포자충은 근육이나 조직에 주머니를 만들고 그 안에 살게 된다. 위에선 이걸 윈윈 게임이라고 했지만 어찌 보면 감옥에 톡소포자충을 가둬 놓은 숙주의 승리일 수도 있다. 하지만 이게 끝은 아니다. 감옥에서 가끔씩 죄수가 탈출하는 것처럼, 톡소포자충도 주머니에서 나와 다시 병을 일으킬 수 있으니까. 이런 일이 생기는 건 이런저런 이유로 숙주의 면역이 약해졌을 때로, 뇌에 있는 톡소포자충이 밖으로 나오면 뇌염이나 기타 신경학적 증상을 일으킬 수 있으니 주의해야 한다.

그런데 숙주 면역이 약해지지 않아도 톡소포자충이 숙주의 삶을 위협할 수 있다. 톡소포자충에 걸린 쥐가 고양이를 덜 무서워하게 만드는 게 바로 그 예. 그렇다고 쥐가 고양이에게 맞짱을 뜨자고 하는 차원은 아니다. 원래 쥐는 고양이 소변에 강한 공포감을 드러내는데, 톡소포자충에 걸린 쥐는 그게 좀 덜하고, 고양이 소변을 뿌려 놓은 방에 보통 쥐보다 더 자주 드나든다는 거다. 어떤 학자는 이걸 '치명적 유혹(fatal attraction)'이라 표현하면서 이 현상은 쥐의 뇌 주머니 안에 사는 톡소포자충이 종숙주인 고양이에게 가기 위해 숙주를 조종한

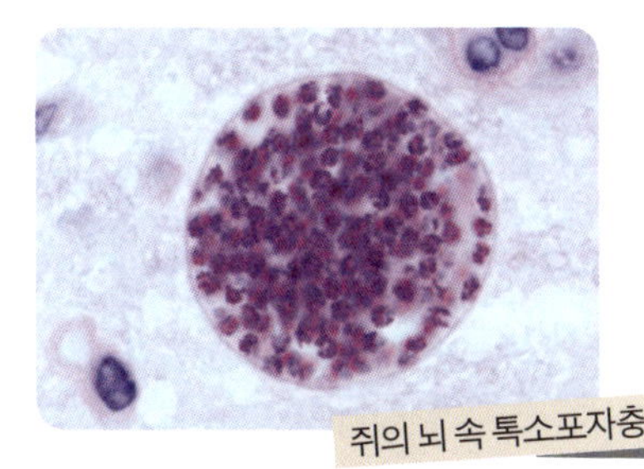

쥐의 뇌 속 톡소포자충

거라고 주장했다. 그리고 이후의 연구에 의해 톡소포자충은 기생충이 숙주를 조종하는 예로 확실히 자리매김했다.

그렇다면 사람은 어떨까? 사람은 쥐보다 훨씬 고등한 동물로, 기생충에게 절대 조종될 리가 없다는 생각이 지배적이었다. 하지만 플레그르(Flegr, J)라는 체코 학자가 여기에 이의를 제기했다. 창형흡충(Dicrocoelium dendriticum)에 의해 개미가 조종되는 얘기를 들은 플레그르는 자기가 했던 이상한 행동들, 그러니까 정신을 차려보니 차가 달리는 길거리 한 가운데 있다든지, 근처에서 총격전이 벌어져도 태연하게 앉아 있다든지, 체코에서는 절대 권력인 공산당의 명령을 따르지 않아 감옥에 갈 뻔한 일들이 사실은 톡소포자충의 조종 때문이었다고 주장했다. 물론 그의 주장은 "UFO를 봤다"는 것과 비슷한 헛소리로 치부되었다. 플레그르의 훌륭한 점은 거기에 굴하지 않고 계속적인 연구를 했다는 거다. 그는 자신의 주장이 옳다는 걸 증명하기 위해 톡소포자충 감염자들의 행동을 일반인과 비교·분석했고, 다음과 같은 결과를 학술지에 발표했다.

"톡소포자충에 걸린 사람들이 그렇지 않은 사람보다 교통사고를 2.6배 더 냈다."

"자살을 시도한 사람들 중 톡소포자충에 양성인 비율이 그렇지 않은 사람보다 유의하게 높았다."

"남자의 경우 톡소포자충에 걸리면 친구가 없다."

맨 마지막 연구 결과는 무엇을 의미하는지 모르겠지만, 앞의 두 경우는 사람에 있던 톡소포자충이 고양이로 가기 위해 숙주를 조종했다고 해석될 수 있는 내용이었다. 이런 일련의 발표가 있은 후 연구자들은 플레그르의 말을 믿기 시작했고, 톡소포자충에 대한 여러 형태의 연구를 시행한다. 톡소포자충이 정신분열증의 위험인자라는 논문도 발표된 바 있고(그 반대의 결과도 있다), 심지어 "톡소포자충에 걸린 남자는 고양이 냄새를 더 좋아한다"라는 주장도 제기되고 있으니, 톡소포자충이 사람의 행동에 영향을 미치는 건 확실해 보인다. 어떤 연유로 이런 일이 생기는지에 대해선 좀 더 연구가 필요하겠지만 말이다.

진단과 치료

톡소포자충에게 있어 사람은 종숙주가 아니라 중간숙주라고 했다. 사람의 대변을 아무리 뒤져도 톡소포자충의 알을 찾는 건 불가능하니, 진단을 위해선 혈액을 뽑아 톡소포자충에 대한 항체가 있는지 여부를 검사하면 된다. 문제는 치료법으로, 톡소포자충의 특효약이 없는 탓에 그런대로 듣는 약을 써야 한다. 피리메타민(pyrimethamine)이 가장 널리 쓰이고, 임산부에겐 태아한테 넘어갈 염려가 없는 스피라마이신(spiramycin)을 예방적으로 쓰기도 한다. 최근에는 클린다마이신(clindamycin)도 치료 약으로 쓰이는데, 이것들이 톡소포자충을 완벽하게 치료하는 게 아닌 만큼, 좀 더 완벽한 특효약 개발이 필요하다. 특히 뇌나 신경계에 주머니를 만들고 사는 톡소포자충을 죽이는 약이 개발되는 게 시급한 과제다. 더 이상 인간의 행동이 기생충에 의해 조종되어선 안 되니까.

톡소포자충

- 위험도: ★★★★ (면역력이 떨어지면 위험해짐)
- 형태 및 크기: 길이 4~6㎛, 폭 2~3㎛, 타키조이트와 브라디조이트 모두 반달 모양
- 수명: 주머니 안에 든 채 숙주와 남은 생애를 같이 함
- 감염원: 오염된 야채, 과일, 멧돼지 고기, 사슴피, 덜 익은 양고기
- 특징: 임신 중 태아에게 감염될 수 있음. 혈액으로 감염 여부 진단
- 감염 증상: 림프절이 붓고 열이 좀 남. 감기 증상과 비슷. 눈에 염증. 감염자의 면역력이 떨어지면 뇌염이나 기타 신경학적 증상을 일으킴

4. 선모충 | 멧돼지를 조심해야 하는 이유

은사님 차에 탄 채 강원도의 한 도로를 달리던 중, 차 앞으로 뭔가가 휙 지나갔다. 운전을 하던 은사님은 너무 놀란 나머지 급정거를 했는데, 정신을 차려 보니 그 물체는 바로 멧돼지였다. '차랑 부딪혔다면 어떻게 됐을까', '차가 없는 상태에서 마주치지 않아 다행이다' 등등의 애기를 하며 놀란 가슴을 쓸어내리던 우리와 달리 멧돼지는 뒤도 한번 안 돌아보고 개울을 건너 자기 갈 길을 가는데, 제왕의 풍모라는 게 바로 저런 건가 싶었다.

멧돼지가 무서운 이유는 수세에 몰리면 사람을 공격할 수도 있기 때문인데, 실제로 멧돼지에 물려 사람이 죽었다는 기사가 이따금씩 올라온다. 심지어 도심에도 심심치 않게 출몰해 주민들을 공포에 떨게 만들며, 농작물을 먹어 치워 많은 피해를 입히기도 한다. 하지만 멧돼지가 정말로 무서운 이유는 이런 공격성 때문만은 아니다. 일부 멧돼지에 기생충이 있어서, 잘못하면 그로 인해 목숨을 잃을 수도 있기 때문이다.

분노의 검색질

2011년 1월 1일, 신년을 맞아 어머니 댁에 갔다가 약간의 짬을 내서 이메일을 확인했는데, 모르는 주소로부터 메일이 한 통 와 있었다.

"저희 남편에게 10일 전부터 이상한 증상이 생겼어요. 얼굴이 퉁퉁 부어 눈이 안 떠지더니만 갑자기 근육이 아프다고 하는 거예요. 다행히 부기는 점점 빠지고 있지만 병원에서 진단을 제대로 못하는 것 같아 조언을 부탁드립니다."

기생충학자에게 메일을 보낸 것에서 알 수 있듯이, 그녀는 스스로 '분노의 검색질'이라 칭한 인터넷 검색을 통해 어느 정도 남편의 병명을 알아낸 상태였다.

그녀는 우선 남편 회사 사람들 중 같은 증상을 앓고 있는 사람이 열 명이나 있다는 걸 알아냈다. 그들을 추궁한 결과 11월 말 회사 사람들이 멧돼지 바비큐 파티를 열었는데, 익힌 고기만 먹은 사람들은 아무 탈이 없었지만 육회를 먹은 열 명에게서만 증상이 나타났단다. 멧돼지를 날로 먹는 사람이 있나 싶겠지만, 네이버 검색을 해 보면 다음과 같은 글을 쉽게 만날 수 있다.

"오늘은 오랜만에 멧돼지 육회를 먹기로 했습니다."

(CC)Richard Bartz, Munich Makro Freak

"멧돼지 육회…… 맛은 기대 이상이고 씹는 맛은 거의 죽음입니다."

"무척 부드럽고 냉동 소고기 육회보다 훨씬 나았다."

원인이 된 음식을 알아냈다면 진단

은 쉽다. 멧돼지를 따라 들어와 남편을 괴롭힌 그것은 바로 선모충이라
는 기생충이었다.

선모충(Trichinella spiralis)

그 남편이 먹은 멧돼지 회에는 선모
충의 유충(3기)이 잔뜩 들어 있었다. 이
게 사람 몸에 들어오면 불과 이틀 만에
어른으로 자라는데, 밀고 당기는 밀당
과는 담을 쌓은 종이라 그런지 암컷과

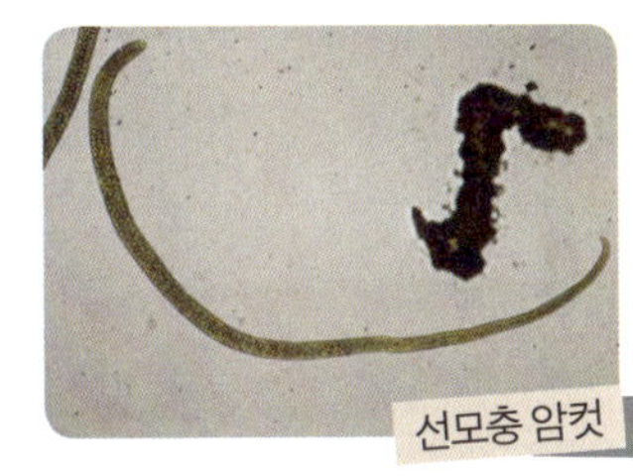

수컷의 교미도 순식간에 이루어진다. 욕구를 채운 선모충 수컷은 대변
을 통해 밖으로 나가 버리고, 분노한 암컷은 혼자 사람의 장 속에 남아
무수히 많은 새끼를 낳는다. 다른 기생충과 달리 선모충은 알 대신 꿈
틀거리는 유충(1기)을 낳으며, 이 유충들은 장에 연결된 혈관을 타고 몸
전체로 퍼진다. 그 남편의 얼굴이 퉁퉁 부은 건 이 유충들이 얼굴, 특히
눈 주위로 몰려가 염증을 일으킨 탓이었다. 몸 여기저기에 퍼졌던 유충
들은 하나둘씩 죽고 말지만, 상당수는 팔, 다리, 어깨, 가슴 등 근육이
많은 곳으로 우르르 몰려간다. 근육에 자리를 잡은 유충들은 3기 유충
으로 자란 뒤 똬리를 틀고 앉아 새로운 숙주에게 건너갈 날만을 기다린
다. 유충이 근육에 침투할 때 심한 근육통이 생기는데, 어느 정도 자리
를 잡으면 그런 증상이 없어지고 기생충과 인간의 평화로운 공존이 시
작된다. 기생충이 근육 안에서 얌전히 있는 대신 우리 몸은 기생충에게
살 집을 마련해 줄 뿐 아니라 먹을 것을 주고 배설물까지 치워 주니, 굳
이 따지자면 인간이 기생충을 상전으로 모시는 셈이다. 연구에 의하면

선모충의 유충은 사람 몸에서 40년까지 살 수 있다는데, 선모충에 걸렸지만 진단이 안 돼 치료를 못 받은 사람들의 근육 속에는 선모충의 유충이 살아 숨 쉬고 있을지도 모르겠다.

그렇다고 선모충에 걸린 모든 사람들이 이런 무난한 결말을 맞는 건 아니다. 환자의 5~20퍼센트 정도에선 선모충의 유충이 심장을 침범해 염증을 일으키는데, 심장은 우리 몸 전체에 혈액을 공급하는 가장 중요한 장기인지라 극히 드물긴 하지만 이 경우, 환자가 죽을 수 있다. 이것 말고도 뇌에 유충이 들어가 뇌염을 일으킨 경우에도 환자의 목숨이 위태로울 수 있다.

돼지고기 기피는 선모충 때문

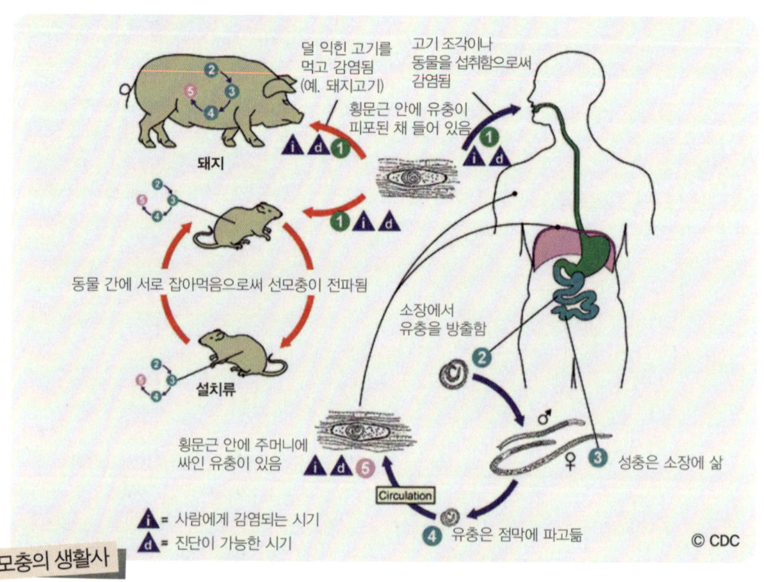

선모충의 생활사

원래 선모충은 야생 동물들 간에 유행하는 기생충이었다. 선모충은 육식을 하는 모든 동물이 종숙주이자 다른 동물의 감염원이 되는 특이한 생활사를 가졌는데, 야생 쥐의 근육에 있는 선모충의 유충을 멧돼지가 먹으면 멧돼지가 걸리고, 이 멧돼지가 죽고 난 뒤 그 시체를 쥐가 먹으면 쥐가 걸리는 식으로 생활사가 오래도록 이어져 내려가고 있다. 야생 곰에게도 선모충이 흔해서, 일본의 경우엔 곰 고기를 덜 익혀 먹는 게 환자들의 주된 인체 감염경로라고 한다. 그 밖에도 오소리나 족제비, 퓨마 등 거의 모든 육식동물이 인체 감염원 역할을 한다. "에이 설마, 퓨마를 날로 먹는 사람이 어디 있어?"라고 생각하겠지만, 세상은 넓고 사람은 많은지라, 스페인에는 퓨마를 먹고 선모충에 걸린 환자가 있었다. 하지만 전 세계적으로 봤을 때 선모충의 가장 중요한 인체 감염원은 그냥 돼지고기다. 우리나라야 돼지한테 사료를 먹여서 기르니 100퍼센트 안전하지만, 음식 찌꺼기나 도살장 부산물을 돼지한테 먹이는 나라들에선 돼지의 선모충 감염률이 상상 외로 높다. 그런 나라들에선 심지어 시장에서 파는 돼지고기에도 선모충이 들어 있어, 조금만 덜 익혀 먹으면 감염되기 십상이다.

3200년 전으로 추정되는 이집트 미라에서 선모충이 발견된 것처럼 선모충의 역사는 꽤 오래됐다. 돼지고기를 먹고 얼굴이 부었다면 돼지고기가 원인이라는 것 정도는 과거 사람들도 충분히 생각할 수 있었을 것 같다.

"돼지는 굽은 갈라졌으나 새김질을 하지 아니하므로 부정한 것이다. 이런 것들의 고기는 먹지 못할 뿐 아니라 그 주검을 건드려도 안 된다."

성경책에 쓰인 이 구절을 보면 성서시대 초기에도 이미 돼지고기의 위험성을 알았던 모양이고, 과거 유대인들이 돼지고기를 못 먹게 했던 것도 겉보기엔 멀쩡하게 보이는 돼지를 잡아먹은 뒤 쓰라린 경험을 했던 게 한 원인이 됐다고 한다. 7세기 경 모하메드가 식단에서 돼지고기를 금지한 것 역시 선모충의 위험성을 알았기 때문이라는 게 학자들의 추측이다.

1791년 35세의 나이로 요절한 모차르트의 사인으로 중독설을 비롯해서 연쇄상구균 감염설 등 여러 가지 주장이 제기된 바 있는데, 그중 한 가지가 바로 선모충이다. 모차르트는 죽기 44일 전 돈가스 비슷한 돼지고기를 덜 익혀 먹은 적이 있는데, 그때 감염된 선모충이 그의 목숨을 빼앗았다는 것이다. 이 주장이 맞는다면, 인류가 모차르트의 주옥같은 곡들을 즐길 기회를 기생충이 빼앗은 셈이다.

우리나라의 선모충 사례들

예부터 산이 있고 야생동물이 뛰노는 나라에선 어김없이 선모충이 유행했다. 더구나 이웃 중국은 선모충 환자가 세계에서 가장 많이 발생한 나라인데다 뭐든지 날로 먹는 걸 좋아하는 우리나라의 식습관을 생각한다면 선모충 환자가 제법 나올 만도 했다. 하지만 1996년까지 우리나라에서 발견된 선모충 환자는 단 한 명도 없었다. 학회 때 만난 일본 기생충학자는 우리한테 "있는데 너희가 못 찾은 거 아니냐?"는 말을 하기도 했는데, 제대로 진단을 못해 선모충으로 보고되지 않은 경우도 틀림없이 있었을 거다. 얼굴이 붓고 눈을 못 뜨게 된다고 해서 기생충을 의심하는 의사가 얼마나 되겠는가?

　　그러던 1997년 12월, 거창에 사는 30대 남자 네 명이 산에서 오소리를 잡아 "근육과 간, 비장, 혈액을" 먹었다. 열흘 가량의 잠복기가 지나자 본격적으로 증상이 생기기 시작했는데, 환자

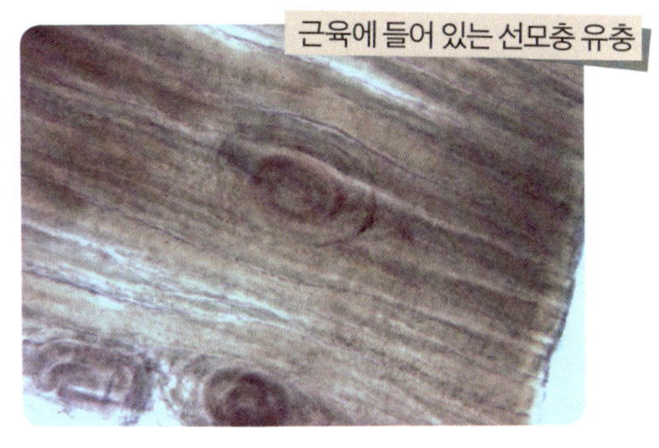

들은 처음엔 얼굴과 눈 주위가 붓다가 며칠이 지나자 팔, 다리, 어깨의 통증을 호소했다. 선모충 감염을 의심한 의사는 환자의 종아리 근육을 조금 떼어 내 현미경으로 관찰했는데, 아니나 다를까 선모충의 유충이 똬리를 튼 채 근육 속에 있었다. 국내에서 처음으로 확인된 선모충 감염이었다. 선모충의 진단은 근육을 떼어 내 그 안의 유충을 관찰하는 게 가장 확실한 방법이지만, 근육을 떼어 내는 게 여의치 않을 경우 환자의 혈액에 항체가 있는지 여부를 검사하는 것도 한 방법이다. 혈중 항체 검사에서 양성이 나오기까지는 감염된 지 한 달 이상이 지나야 한다는 게 단점이긴 하지만 말이다. 지금까지 우리나라에서 확인된 선모충 발병례는 모두 일곱 번이 있었다.

1) 1997년 12월, 지리산에서 잡은 오소리를 먹고 걸린 30대 남자 네 명.

2) 2001년 2월, 강원도 인제군에서 멧돼지를 먹고 다섯 명이 감염됐다. 이는 멧돼지를 먹고 선모충에 감염된 국내 첫 번째 증례다.

3) 2002년 2월, 강원도에 살던 40대 남자가 멧돼지를 잡아 아내와 장인, 장모를 모시고 즐겁게 먹었는데, 네 명 모두 선모충에 걸렸다.

4) 2003년 3월, 강원도 인제군의 주민 열세 명이 트럭에서 파는 멧돼지 육회를 나눠 먹은 뒤 모두 선모충에 걸렸다.

5) 2010년 11월, 강원도 양구군에서 잡은 멧돼지를 모 회사 사람들끼리 맛있게 먹었는데, 육회를 먹은 열 명만 선모충에 걸렸다. 앞서 말한 '분노의 검색질'사례다.

6) 2010년 12월, 강원도에서 사냥해 온 멧돼지를 마을 주민 20여명이 나누어 먹었고, 역시 육회를 먹은 열두 명만 선모충에 걸렸다. 마을 주민이 냉장고에 보관해 뒀던 멧돼지 고기를 조사한 결과 선모충의 유충이 잔뜩 들어 있는 걸 발견했다.

7) 2012년 8월, 충북의 한 식당에서 자라회를 먹고 여섯 명이 감염됐다. 파충류를 먹고 선모충에 감염된 예는 세계적으로 드문데, 대만에서도 2009년 비슷한 증례가 보고된 바 있다.

야생동물에는 얼마나 많은 선모충이 있을까?

이상의 예에서 알 수 있듯이 우리나라의 선모충은 주로 멧돼지를 먹고 감염되며, 야생동물이란 게 혼자 먹기보단 여럿이 같이 먹기 마련인지라 한 번 발병할 때마다 최소한 네 명 이상의 환자가 생긴다. 뭐든지 날로 먹는 걸 좋아하는 우리나라의 식습관에 비춰 보면 일곱 번의 발병은 오히려 적은 감이 있는데, 이 사실로 미루어 볼 때 우리나라 멧돼지들의 선모충 감염률은 극히 낮을 것으로 추정된다. 그렇긴 해도 야생동물의 선모충 감염 실태에 대한 조사가 이루어질 필요는 있다. OECD에 속하는 국가들은 물론이고 조금 산다는 나라 중 야생동물에 대한 대대적인 조사를 안 한 나라가 우리나라밖에 없으니 말이다. 막연하게 "멧돼지를 조심하라"고 하는 것보다는 "멧돼지의 몇 퍼센트가 선모충에 감염됐으니 조심해야 한다"라고 말하는 게 훨씬 더 설득력이 있을 테니, 이에 대한 조사가 조속히 이루어져야 한다. 이건 우리 기생충학자들의 몫이겠지만, 의사들도 갑자기 얼굴이 붓고 근육이 아픈 환자를 본다면, 혹시 선모충이 원인이 아닐까 한번쯤 생각해 주면 좋겠다. 제대로 된 진단이 이루어지지 않을 경우 증상은 시나브로 없어지겠지만, 환자는 몸속에 수십 년간 기생충을 가지고 살아야 할 테니까 말이다.

선모충

- 위험도: ★★★
- 형태 및 크기: 수컷 1.4~1.6mm, 암컷 3~4mm. 근육 속에 들어 있는 유충은 길이가 900~1300㎛로, 둥글게 말려 있음
- 수명: 40년
- 감염원: 멧돼지, 오소리, 족제비, 퓨마 등 모든 육식동물의 육회나 덜 익은 고기
- 특징: 돼지·쥐·고양이·사람 등 모든 동물이 종숙주이자 감염원. 알이 아닌 유충을 낳음. 혈액검사나 근육을 떼어 내 검사
- 감염 증상: 얼굴이나 팔, 다리가 붓고 통증

5. 개회충 | 소간과 개회충의 관계는?

호산구(eosinophil)

사람의 혈액에는 적혈구, 백혈구, 혈소판이 있다. 적혈구는 산소를 운반하고 혈소판은 혈액을 응고시킨다. 그렇다면 백혈구는? 세균이나 바이러스와 싸우는, 소위 면역기능을 수행한다. 여기까지만 해도 충분히 머리가 복잡한데, 그 백혈구를 또 다섯 개로 분류한 사람이 있었다. 다행스럽게도 이 글을 읽기 위해 그 다섯 개를 모두 알 필요는 없다. 딱 한 개만 알면 되는데, 그게 바로 호산구다. 에오신(eosin)이라는 산성 색소에 잘 염색되어 호산구라고 부르며, 개수도 적어 정상인의 경우 전체 백혈구 중 2퍼센트 미만이다. 이 호산구의 기능은 크게 두 가지인데, 첫 번째로 기생충과의 싸움을 담당하고, 둘째로 다른 세포들과 함께 천식과 같은 알레르기 질환의 매개체로 증상을 일으키는 데 한 역할을 한다. 원래는 2퍼센트 미만이어야 할 호산구가 10퍼센트 (또는 500/mm³) 이상으로 증가하는 현상을 호산구증다증(eosinophilia)이라고 부르는데, 다른 경우에도 호산구가 증가할 수 있지만, 임상 의사들은 호산구증다증이 발견되면 환자가 기생충에 걸렸거나 알레르기 질환이 아닌지를 먼저 의심한다.

대부분의 경우 호산구증다증은 별 증상이 없어, 우연히 혈액검사를 했다가 발견되는 일이 많다. 그런데 우리나라에는 이 호산구증다증 환자가 꽤 많은 편이다. 캐나다의 한 병원에서 혈액검사를 한 20만 명의 환자들 중 호산구증다증이 얼마나 되는지 관찰한 적이 있는데, 혈액에 호산구가 많은 사람의 비율은 대략 전체의 0.1퍼센트 정도였다. 병원에 오는 1천 명 중 한 명이 호산구증다증이란 얘기. 하지만 우리나라는 사정이 좀 다르다. 2011년 자료에선 4퍼센트 정도였지만, 그보다 더 대규모로 시행한 연구에선 혈액검사를 한 사람 중 무려 12.2퍼센트가 호산구증다증으로 밝혀졌다. 호산구가 많아도 대개는 증상이 없지만, 너무 높아지면 끈적끈적해진 혈액 때문에 뇌혈관이 순간적으로 막혀 의식 소실이나 마비 등이 올 수가 있으니 결코 바람직한 건 아니다. 대체 무엇 때문에 우리나라는 호산구가 많은 사람이 이리도 흔한지 그 원인을 알아내야 하는 건 그런 이유다. 이미 박멸된 기생충 때문에 이럴 리는 없으니 알레르기의 만연이 이유인 듯했지만, 실상은 달랐다. 호산구증다증 환자의 상당수가 개회충에 감염되어 있었던 것.

개회충(Toxocara canis)

개회충은 말 그대로 개의 회충이다. 사람에게 사람 회충이, 고양이에게 고양이 회충이 있는 것처럼, 개회충은 개만을 종숙주로 하는 기생충이다. 생활사는 사람 회충과 비슷해, 개의 창자에 있는 개회충이 알을

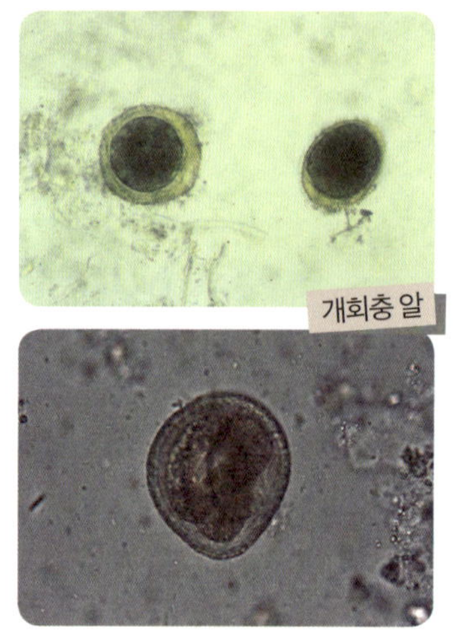

낳으면 그 알은 개가 대변을 볼 때 밖으로 배출되며, 흙 속에서 3~4주가량 숙성된 알을 다른 개가 먹으면 그 개에서 어른으로 자란다. 희한한 건 이런 과정이 생후 6개월 미만의 어린 개에서만 가능하다는 점. 나이든 개가 개회충의 알을 먹는 경우엔 개회충이 간이나 폐, 심장 등 여러 장기로 가서 사는데, 어른으로 자라지 못한 채 유충 상태에 머물러 있다. 문헌에는 "대부분 별 증상은 없다"고 기술되어 있지만, 어쩌면 그건 개들이 말을 안 해서 그렇게 착각한 것일 수 있다. 개들은 대개 인내심이 뛰어나 웬만큼 아파도 말을 잘 안 하지 않는가? 그러니 개가 산책 중 땅에 떨어진 것들을 주워 먹을 때는 말리는 게 좋겠다.

신토불이라고 뭐든지 자기에게 주어진 걸 먹어야겠지만, 사람이 개회충의 알을 먹으면 어떻게 될까? 그 경우 나이든 개에서 그랬던 것처럼 장에서 알이 부화된 후 유충 상태로 여기저기를 침범한다. 그렇다고 지레 겁먹지 말자. 대부분의 경우, 이건 사람의 경우니까 사실로 믿어도 되는데, 호산구가 높아지는 걸 제외하면 증상이 없으니까 말이다. 개회충 유충의 크기가 불과 몇 밀리미터이니, 간이나 폐 같은 곳에 한두 마리가 있다고 해서 큰일 날 건 없다. 문제는 다음과 같은 일이 벌어질 때이다. 첫째, 마릿수가 많은 경우. 티끌 모아 태산이라고, 개회충 알을 만

성적으로 먹는 환경이라면 증상이 생기기 마련이다. 그리고 어떤 장기가 침범됐느냐에 따라 다른데, 폐라면 기침이 나고 가슴이 답답해질 테고, 간이라면 쉽게 피곤해지고 입맛이 없어지며 열이 나는 등의 증상이 나타날 수 있다. 두 번째, 치명적인 장기로 갔을 때다. 개회충이 우리나라에서 요주의 기생충이 된 건 눈을 침범해 망막박리를 일으키는 사례가 여럿 보고되고 난 후였는데, 유충 한 마리만 눈에 가더라도 이런 일이 생길 수 있다. 극히 드물긴 하지만 염증이 심해져 실명에 이른 사례도 외국에서 보고된 바 있으니, 개회충을 결코 만만히 볼 것만은 아니다. 이것 말고도 척수로 가서 신경을 마비시킨 사례도 있고, 뇌를 침범해 간질 발작을 일으킨 일도 있다. 듣기만 해도 무시무시하지만, 기생충답게 약에는 잘 들어 회충약을 5일간 먹으면 금방 좋아진다.

개회충의 감염경로

사람이 개회충에 걸리는 가장 흔한 경로는 잘 숙성된 개회충 알을 먹는 거다. 개회충 알이 3~4주가량 숙성되어야 감염력을 가진다는 점을 고려하면, 개를 산책시킬 때 주인이 변만 잘 치워 주면 아무런 문제가 없다. 하지만 개의 변을 치우지 않는 사람이 제법 있고, 매년 수천 마리씩 개들이 버려지고 있는 탓에 수많은 개회충 알이 길거리에 뿌려진다. 조사된 바에 따르면 개회충 한 마리를 가진 개는 대변 1그램에 개회충 알 십만 개 이상을 내보낸단다. 그 결과 놀이터나 운동장 등엔 개회충 알이 생각보다 많다. 경기도 지역 놀이터는 17퍼센트, 서울시 놀이터는 7.3퍼센트 등 지역에 따라 다르지만, 아이들이 흙장난을 하다가 개회충의 알을 먹는 건 충분히 가능한 일이다. 물론 요즘엔 학원이다, 컴퓨터 게임이다 해서 너무 바쁜 관계로 우리나라 아이들은 개회충에 잘 걸리지 않는 듯하고, 오히려 어른들 중에 개회충에 걸린 사람이 더 많다. 위에서 말한 호산구가 높았던 분들도 대개 어른이었다.

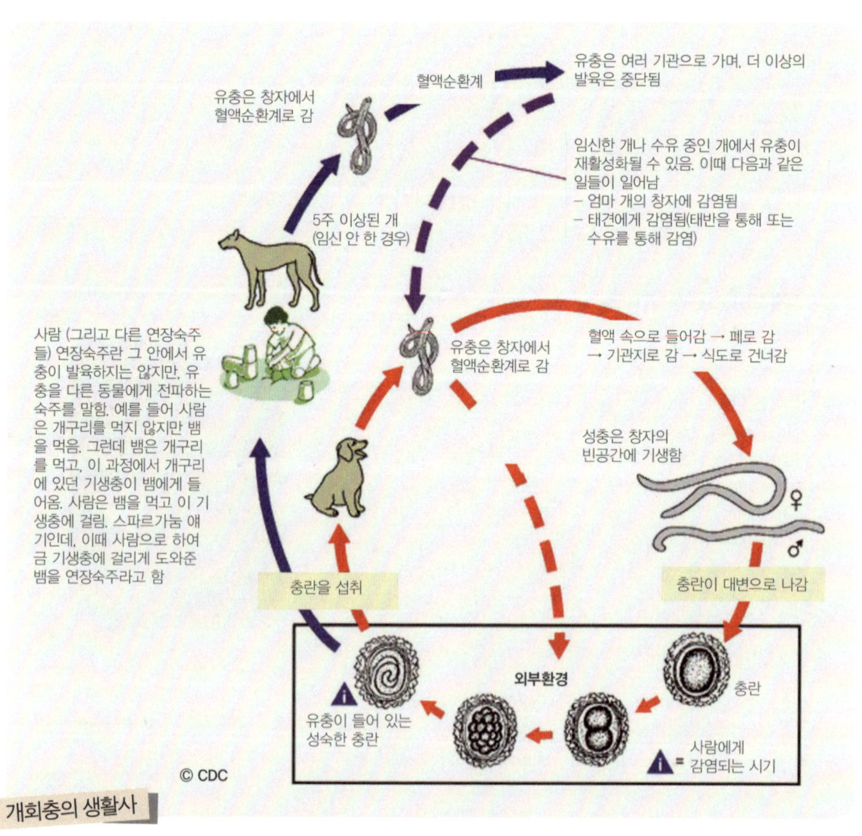

개회충의 생활사

그렇다면 어른은 왜 개회충에 걸리는 걸까? 설마 어른들도 흙장난을 하는 걸까? 물론 땅 파는 걸 좋아하는 어른이 우리나라에 많은 건 사실이지만, 그래도 어른들은 뭘 먹기 전에 손을 씻으니 그럴 확률은 낮다. 정답은 '간 때문이야'다. 소간을 날로 먹을 때 개회충의 유충도 같이 섭취된다는 얘기다. 소가 풀을 뜯거나 사료를 먹을 때 거기 들어 있던 개회충 알이 소한테 가고, 소 안에서 부화된 유충이 간으로 가 발육하지 않은 채 들어가 있으니 말이다. 개회충으로 진단된 사람들을 추적 조사해 보니 90퍼센트 정도가 소간을 날로 먹은 적이 있었고, 우리나라나 베트남, 중국처럼 소간을 주로 먹는 나라들에서 개회충에 걸리는 어른들이 많았던 것도 다 그런 이유였다. 땅바닥에 있는 먹이를 주워 먹는 닭이나 오리도 개회충 감염에 일조를 하는데, 일본에선 71세 아버지와 45세 아들이 닭 간을 먹고 같이 개회충에 걸린 경우가 보고된 바 있다.

혹시 개를 쓰다듬다 개회충에 걸릴 수도 있을까? 여기에 의문을 품은 학자가 개털을 조사한 적이 있는데, 털에 개회충 알이 있는 경우도 그리 많지 않은데다 그 알들이 전혀 숙성이 안 돼 감염력이 없었단다. 그러니 개회충 때문에 개 쓰다듬는 걸 피할 필요는 없어 보인다.

포기한 질환

한 병원에서 폐에 조그만 결절이 있는 환자들로부터 혈액을 뽑아 개회충에 대한 항체가 있는지 여부를 조사했다. 결과는 놀라웠다. 66.7퍼센트가 개

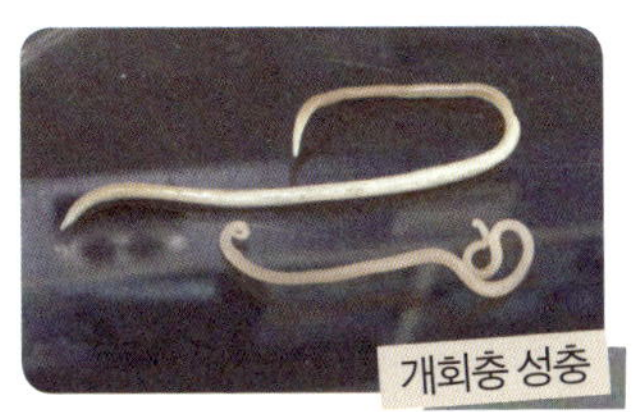

회충에 양성이었던 것. 그들 대부분이 소간을 날로 먹은 적이 있음은 물론이다. 그러니까 폐나 간에 원인 불명의 결절이 있고 호산구까지 높다면 한번쯤 개회충을 의심해 봐야 한다. 우리나라에선 예부터 눈이 침침할 때 소간을 먹었고, 빈혈에도 소간이 효과가 있다고 믿어 왔으니, 개회충은 생각보다 훨씬 더 광범위하게 퍼져 있을 것 같다. 뭐든지 알면 쉽다고, 혹시 개회충이 아닐까 의심을 하면 진단이 쉽지만, 그렇지 않다면 진단이 제대로 이루어지지 않을 수가 있다. 다행히 개회충의 대부분은 증상이 있더라도 저절로 낫기 마련이라, "어? 이 환자는 왜 간에 뭔가가 있지? 호산구는 또 왜 이렇게 높아?"라며 머리를 싸매다 보면 환자가 벌떡 일어나 집에 가겠다고 할 수도 있다. 하지만 눈에 들어간 개회충은 오랜 기간에 걸쳐 염증을 일으킬 수 있으니, 제대로 된 진단과 치료가 중요하다. 회충약만 제대로 먹으면 나을 텐데 암으로 오인되어 항암 치료를 하는 일도 있었다고 하니, 개회충에 대해 경각심을 가질 필요가 있다. 삼성서울병원 영상의학과 임재훈 교수는 "특별한 이유 없이 호산구가 높다면 우리나라에서는 한번쯤 개회충을 의심해야 하"지만, 임상의들이 개회충에 대해 별반 관심이 없다고 개탄한 바 있다. 임 교수가 2012년에 쓴 개회충 논문의 제목을 '포기한 질환(A disease abandoned)'이라 한 것도 그런 이유다.

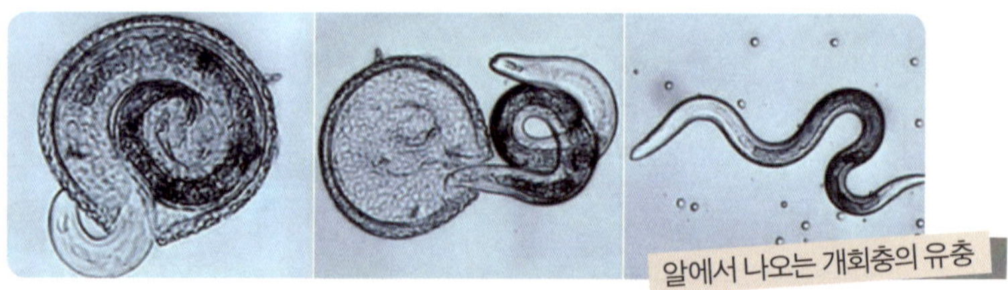

소간에는 얼마나?

이쯤 되면 우리나라 소간이 개회충에 얼마나 감염되어 있는지 궁금할 만하다. 소간을 먹지 말자고 캠페인을 벌이려 해도 자료가 있어야 하니까. 그런데 놀랍게도 그런 자료는 거의 없다시피 하다. 1976년 딱 한 번 조사가 이루어진 바 있는데, 도축장에서 195마리의 소간을 조사한 결과 11.8퍼센트인 23마리의 간에서 기생충의 유충이 나왔다. 총 25마리가 나왔으니 감염량은 많지 않았는데, 종 동정(同定) 결과 그 유충들은 모두 소회충(Toxocara vitulorum)의 유충이었고 기대했던 개회충의 유충은 나오지 않았다. 그 뒤 50년이 다 되도록 소간 조사를 한 사람이 없어 나라도 조사하자는 마음에 2012년 여름 도축장을 뒤져 봤지만, 소간 37개에서 유충을 발견하지 못한 채 아쉽게 조사를 마무리했다. 소간의 개회충 감염률은 여전히 베일에 싸여 있지만, 한 가지는 자신 있게 말할 수 있다. 소간을 자주 날로 먹으면 개회충에 걸릴 가능성이 높아진다는 것. 임재훈 교수는 다음과 같이 절규한다.

"동물 간을 날로 먹고 개회충에 감염돼 비싼 검사를 받거나 심지어 항암 치료를 받는 경우도 있습니다. 이런데도 생간을 드시겠습니까?"

정 소간을 먹어야겠다면, 살짝이라도 데쳐 먹는 지혜가 필요할 듯하다. 눈은 소중하니까.

개회충

- 위험도: ★★★★
- 형태 및 크기: 암컷 7~10㎝, 수컷 4~6㎝, 사람 회충과 비슷한 외형을 가졌으나 크기가 좀 작음
- 수명: 8개월 이상일 것으로 추정
- 감염원: 날로 먹는 소, 닭, 오리의 간, 오염된 흙
- 특징: 사람에서는 유충 상태로 병을 일으킴
- 감염 증상: 폐, 간 등에서도 증상을 일으키지만, 눈에 침범하면 망막박리를 일으킴

IV. 뇌에서 사는 기생충

감비아파동편모충

유구낭미충

말라리아

1. 감비아파동편모충 │ 얼룩말의 줄을 만든 수면병

식사할 때 밥과 반찬에 붙는 파리 때문에 짜증을 낸 경험은 다들 있을 것이다. 파리가 환영받지 못하는 건 화장실처럼 그리 깨끗하지 않은 곳을 다니던 그 발로 음식에 붙음으로써 불쾌감을 주고, 때에 따라서는 나쁜 병균을 옮기기까지 하는 탓이다. 원광법사가 화랑의 계명으로 준 세속오계 중 하나는 살생유택, 즉 '살생을 함부로 하지 말고 가려서 하라'지만, 그 원광

체체파리

법사라 할지라도 파리에 대해선 그리 호의적이었을 것 같진 않다. 하지만 세상에는 정말 흉측한 파리가 많다. 사람의 피를 빠는 파리도 한둘이 아니지만, 흡혈에 그치지 않고 살인 병균을 옮기는 파리까지 있으니, 음식에 걸터앉아 단맛을 즐기는 게 고작인 우리나라 파리는 착해 보이기까지 한다. 심지어 두 앞발로 빌기까지 하지 않는가! 그에 반해 흉측한 파리의 대표 격인 체체파리(tsetse fly)는 사람의 피를 빠는 와중에 수

면병을 전파함으로써 사람의 생명을 앗아가기까지 한다. 그럼 생명까지
도 빼앗는 수면병은 과연 무엇이며, 수면병과 얼룩말 사이에는 대체 어
떤 관계가 있는지 알아보자.

공포의 신혼여행

네덜란드에 사는 30세 여성이 열이 펄펄 끓어서 병원에 왔다. 평소
건강했던 이 여인은 열흘 전 3박4일의 일정으로 탄자니아에 신혼여행
을 다녀왔다고 했다. 탄자니아는 동물의 왕국으로 유명한 곳으로, 실제
로 이들 부부는 세렝게티(Serengeti)와 타랑기레(Tarangire)를 비롯한 탄자
니아의 관광지들을 차례로 구경했단다. 그것도 뚜껑이 없는 지프를 타
고 말이다. 대부분의 사람들은 "호랑이나 사자한테 습격을 받으면 어쩌
나?" 걱정하겠지만, 그런 일은 극히 드물다. 그보다는 모기나 파리처럼
오픈카에 탄 사람들을 목표로 삼는 곤충들이 훨씬 무서운 법으로, 잘
못하다간 말라리아에 걸려 목숨이 위험할 수도 있다. 열이 40도까지 오
른 걸 보면 말라리아도 의심할 만했지만, 여인은 다행히 여행기간 동안
말라리아 예방약을 먹었고, 혈액검사 결과도 음성이었다.

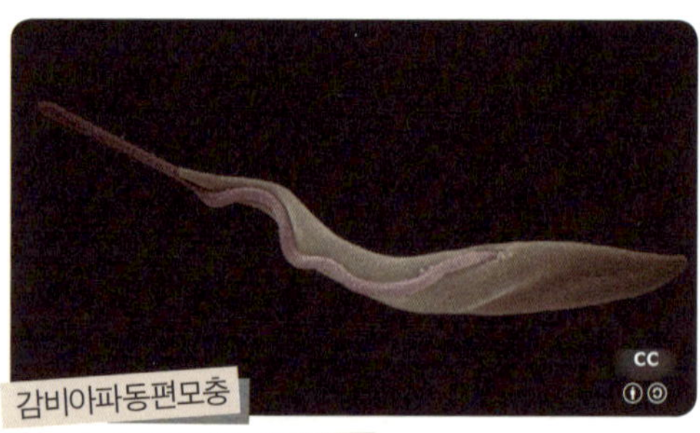

감비아파동편모충

(CC) Zephyris at Wikimedia.org

그런데 혈액검사에
서 이상한 물체가 발
견됐다. 흡사 갈치처
럼 생긴 그 벌레의 이
름은 수면병을 일으
키는 감비아파동편모

충(Trypanosoma brucei gambiense)이었다. 여인의 말을 들어 보자.

"사파리를 다니는 동안 파리한테 여러 번 물렸어요."

전부는 아닐지라도 그 파리 중 일부는 체체파리였고, 체체파리 주둥이에 있던 감비아파동편모충이 파리가 여인을 물 때 몸 안으로 들어와 버린 것. 이 단계에서 바로 치료하지 않으면 수면병원충이 혈액은 물론이고 심장과 신장 등 여러 장기를 침범해 심각한 증상이 유발될 수 있다. 네덜란드 여인도 그랬다. 게다가 수면병 치료 약의 부작용까지 나타나는 바람에 여인은 중환자실을 오가야 했고, 완전히 낫기까지 6개월의 투병 생활을 더 견뎌야 했다.

이 여인이 사파리 투어를 갔다가 걸린 것처럼 수면병은 아프리카, 그것도 사하라 남부 국가들에서만 유행한다. 이 병을 매개하는 체체파리가 그 지역에서만 서식하기 때문이다. 그렇긴 해도 사람의 생명을 앗아 가는 무서운 병인지라 세계보건기구는 일찌감치 이 병을 박멸하려고 노력해 왔고, 여러 단체가 적극적으로 힘을 보탠 덕분에 환자 수가 많이 줄어들긴 했지만, 2008년만 해도 수면병으로 죽은 이가 무려 4만 8천 명에 달했다. 이 병에 대해 우리가 주의를 기울여야 하는 이유다.

윈터보텀 사인

감비아파동편모충이 사람에게 들어오면 일단 혈액과 림프절에서 숫자를 불리는데, 이때 심한 열이 난다. 열과 더불어 이 시기 특징적인 증상이 있으니, 바로 목

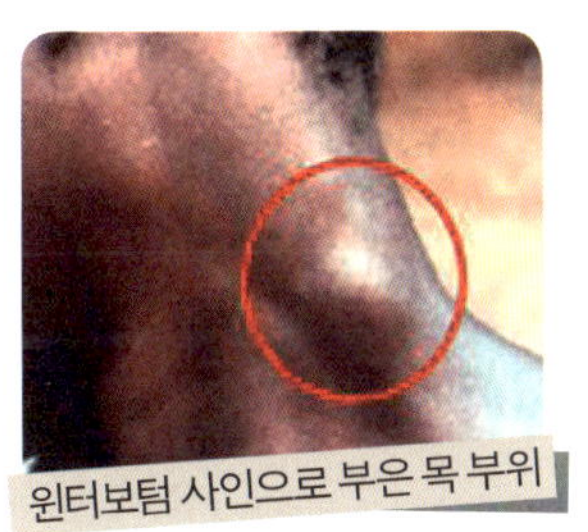

윈터보텀 사인으로 부은 목 부위

뒤 림프절이 붓는 윈터보텀 사인(Winterbottom's sign)이다. 50세를 넘은 분들이라면 1977년 절찬리에 방영됐던「뿌리」(알렉스 헤일리 원작)라는 미니시리즈를 기억할 것이다. 알렉스 헤일리가 자신이 어디에서 왔는지를 알기 위해 12년간 아프리카 대륙을 헤맨 결과물이 바로 그 책인데, 그 1대 조상인 쿤타 킨테는 아프리카에서 미국으로 끌려와 노예 생활을 했다. TV에서 봤던 장면 하나. 쿤타 킨테가 노예선을 타고 바다를 건너는 도중 총을 든 노예상인이 노예들을 한 줄로 쭉 세워 놓고 목을 어루만지고 그러더니 몇몇 노예들을 총으로 쏴 죽인 다음 바다에 빠뜨려 버린다. 당시 초등학교 4학년이었던 난 도대체 왜 그랬는지 알지 못했고, 아버지께 여쭤 봤지만 "그냥 봐라" 하신 걸로 보아 역시 모르시는 것 같아서, '노예들이 말을 안 들어서 그랬겠지'라고 생각하고 말았다. 그런데 그 의문은 10년이 지난 후에야 풀렸다. 기생충학을 배우던 도중 교수님이「뿌

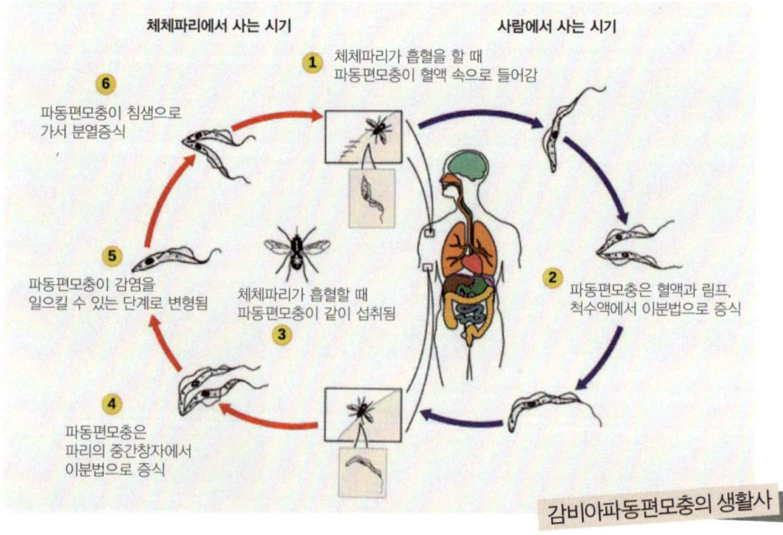

리」얘기를 해 주시면서 그게 윈터보텀 사인을 보는 거였다고 말씀해 주신 것. 때로는 기생충학이 오래된 의문을 해결해 주기도 한다. 참고로 윈터보텀(Thomas M. Winterbottom)은 18~19세기에 시에라리온에 4년간 살았던 영국인으로, 당시 노예상인들이 아프리카에서 유럽으로 노예를 데려갈 때 목 뒤 림프절을 만져 보고 수면병 감염 여부를 판단한다는 것을 관찰해 이를 최초로 기술한 사람이다. 노예상인으로 잘못 알려지기도 했지만 사실 그는 의사였는데, 내 예상과 달리 목 뒤 림프절이 붓는 증상에 그의 이름을 붙인 건 윈터보텀이 아닌 후세 사람들이었단다.

수면병 환자는 자고 있지 않다

혈액과 림프절에서 어느 정도 숫자가 늘어나면 파동편모충은 뇌로 들어가 뇌와 뇌수막에 염증을 일으킨다. 원래 뇌에는 뇌혈관장벽(Blood-Brain Barrier)이란 게 있어서 병균으로부터 보호되지만, 수면병은 그런 장벽쯤은 우습게 뚫어 버린다. 이때가 되면 뇌염의 기본 증상인 열과 두통은 물론이고 의식 자체를 잃어버리게 되는데, '수면병'이라는 이름이 붙은 것도 이 때문이다. 문제는 일반적인 수면과 달리 웬만큼 깨워도 일어나지 않는다는 것, 그리고 수면병에 쓰는 약이 뇌혈관장벽을 뚫지 못하므로 이 단계가 되면 약이 잘 듣지 않는다는 거다. 그러니 사파리투어에 갈 때 체체파리를 조심해야 하고, 혹시 물리는 경우 빠른 진단과 치료가 필수적이지만, 수면병에 대한 지식이 있는 여행자는 그리 많지 않다.

우레크(Karin Urech) 박사는 "여행자들은 진짜로 자는 걸까?"라는 논

문에서 "세계보건기구의 적극적인 노력으로 현지인들의 감염은 크게 줄
고 있는 반면, 여행자들이 걸리는 경우가 늘어나고 있다"고 개탄하면서
"여행자들은 현지 주민에 비해 잠복기가 짧고 병의 진행이 빠르며, 윈터
보텀 사인 같은 특징적인 증상이 나타나지 않아 진단이 늦어지는 경우
가 많으니 주의해야 한다"고 경고한 바 있다. 특징적 증상이 없는 건 여
행자들이 현지인과 달리 수면병에 대한 면역을 갖고 있지 않아서일 텐
데, 우레크의 분석에 따르면 외국에서 수면병에 걸려 온 57명 중 무려
86퍼센트가 야생동물 보호구역과 사파리를 갔다가 걸린 경우였다(나머
지는 해외 군복무 5퍼센트, 해외 사업 3.5퍼센트 등).

줄무늬 옷을 입자

그런데 의문이 있다. 모기에게 물리지 않는 것도 어려운데, 기회를 노
리다 잽싸게 흡혈하는 체체파리를 대체 어떻게 막는단 말인가? 호랑이
나 사자를 보고 싶은데 사파리를 안 갈 수도 없고 말이다. 뚜껑이 있는
지프를 타는 것도 필요하겠지만, 결정적인 방법이 하나 있다. 바로 줄
무늬 옷을 입는 것. 우리가 흔히 얼룩말이라고 부르는 zebra는 한국말
이름이 잘못 붙여진 대표적인 동물로, 몸에 얼룩 대신 줄이 그어져 있
으니 '줄말'로 불리는 게 맞다. 얼룩소와 비교해 보면 확연히 그 차이를
알 수 있는데, 이 줄은 대체 왜 생겼을까? 학자들은 여러 의견을 내놓
았다. 첫째, 위장. 줄 때문에 숲에 들어가면 잘 안 보인다. 둘째, 온도 조
절. 검은 줄 부분은 온도가 빨리 오르고 하얀 부분은 온도가 늦게 오
른다. 셋째, 얼룩말은 떼를 지어 다니는 동물인데 줄이 있으면 같은 얼
룩말끼리 쉽게 식별이 가능하다. 어느 것 하나 그럴 듯한 게 없다. 특히

첫째와 셋째는 상호 모순이지 않은가?

　여기에 종지부를 찍어 준 학설이 바로 호바스(Horvath, G)라는 학자다. 그는 얼룩말의 줄이 수면병으로부터 스스로를 보호하기 위해 진화한 것이라고 주장했다. 그의 주장에 따르면 세로로 된 줄무늬가 편광 현상을 일으켜 파리가 사물을 식별하는 데 지장을 준다고 한다. 즉 얼룩말은 원래 수면병에 취약한 동물이었는데 줄무늬를 만듦으로써 체체파리에 물리지 않게 됐다는 것. 진짜로 그런지 알아보기 위해 연구팀은 표면을 끈끈이로 만든 가짜 말 모형을 준비했다. 흰 말, 검은 말, 갈색 말, 그리고 얼룩말. 그들은 미리 잡아 온 말파리를 거기다 풀었고, 일정 시간이 지난 후 각각의 말 모형에 붙은 파리 숫자를 셌다. 검은 말에는 562마리가, 갈색 말에는 334마리가, 흰 말에는 22마리가 붙었다. 그럼 얼룩말에는? 놀랍게도 얼룩말에 붙은 파리는 겨우 8마리였다. 체체파리를 가지고 한 실험은 아니지만, 얼룩말의 줄이 파리로부터 보호하는 역할을 한다는 게 최초로 증명됐다. 진화 과정에서 줄이 있는 얼룩말이 더 많이 선택되도록 압력을 받은 결과라는 건데, 이 실험에 대해 한 언론은 얼룩말의 줄이 "세계에서 가장 영리한 파리 격퇴제"라고 격찬했다. 그러니 정 사파리를 가야겠다면 줄무늬가 있는 옷을 입는 게 좋겠다.

여러 말 모형으로 측정한 파리의 줄무늬 기피 실험

감비아파동편모충은 패션모델

학자들이 제기한 또 하나의 의문은 감비아파동편모충이 혈액에서 버틸 수 있는 비결이었다. 알다시피 혈액 안에는 1세제곱밀리리터마다 5천~1만 개의 백혈구가 있고, 새로운 병원체가 들어오면 불과 2~3일 만에 항체가 만들어져 병원체를 공격한다. 그런데 감비아파동편모충은 혈액 내에서 여유 있게 헤엄치고 다니면서 숫자까지 불리니 신기할 수밖에. 비결은 파동편모충이 기생충계의 패션모델이라는 거였다. 2~3일마다 항체가 만들어지지만, 그 항체는 어디까지나 파동편모충의 표면단백질에 대한 것. 만일 그 표면단백질을 2~3일마다 갈아입는다면, 그리고 표면단백질의 종류가 무지 다양하다면 항체가 아무리 많이 만들어져도 소용이 없을 것이다. 감비아파동편모충이 바로 그랬다. 이 기생충은 VSG(variant surface glycoprotein)라 불리는, 표면단백질을 만드는 유전자를 잔뜩 갖고 있어서 이것들이 교대로 작용하면서 2~3일마다 표면을 싹 바꾼다. "범인은 빨간 옷을 입었다"라고 해서 빨간 옷 입은 사람만 조사하고 있는데 알고 보니 파란 옷으로 갈아입고 유유히 포위망을 빠져나가는 신출귀몰한 범인과 비슷하다고 할까? 옷이 많다 못해 아예 옷 공장을 몸 안에 차려 버린 감비아파동편모충이야말로 진정한 패션모델이다.

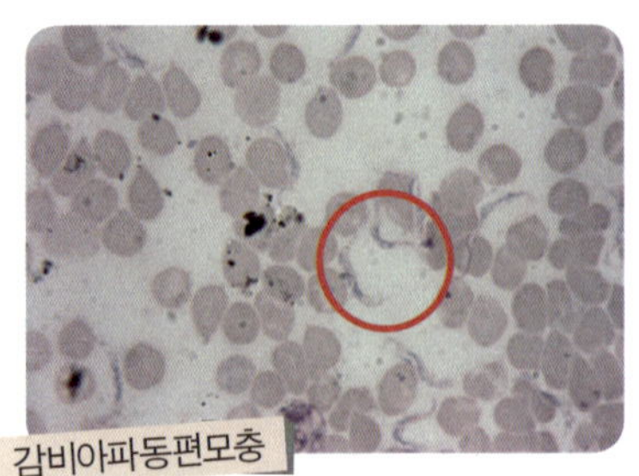

감비아파동편모충

치료 약과 이수희 박사

책에는 뇌증상이 나타나기 전에는 펜타미딘(pentamidine)을, 나타난 후에는 슈라민(suramin)을 정맥주사하라고 되어 있다. 하지만 안 듣는 경우도 많고 부작용도 심해 요즘엔 에플로니틴(eflornithie)을 쓰기도 하는데, 최근 수면병의 치료에 획기적인 전기가 마련됐다. 감비아파동편모충의 증식에 꼭 필요한, 하지만 사람에게는 존재하지 않는 효소가 발견된 것. 그러니 이 효소를 억제하는 약제를 만들어 내면 사람에게 별 부작용을 일으키지 않으면서 수면병만 치료할 수 있다. 이 실험 결과는 『셀(Cell)』이라는 유명 학술지에 실린 바 있는데, 놀랍게도 이 논문의 제 1 저자가 재미 한국인인 이수희 박사다. 아직 약제로 만들어지진 않았지만, 현재 임상시험 중이라니 한번 기대해 보자. 이 발견으로 인해 어려워 보이던 수면병 백신까지도 기대할 수 있단다. 열심히 연구 중인 이수희 박사에게도 파이팅을 전한다. "이박사님, 끝까지 응원하겠습니다."

※ 수면병을 일으키는 원충은 감비아파동편모충과 로데지아파동편모충 두 가지가 있다. 이 글에서는 편의상 감비아파동편모충이라고만 하였다.

감비아파동편모충

- 위험도: ★★★★
- 형태 및 크기: 20㎛, 말라 비틀어진 나뭇잎처럼 생김
- 수명: 약으로 치료하거나 숙주가 죽지 않으면 계속 삶
- 감염원: 체체파리
- 특징: 표면단백질을 2~3일마다 갈아입기 때문에 항체가 만들어져도 소용없음
- 감염 증상: 림프절이 붓고, 뇌염의 기본 증상인 고열과 두통은 물론이고 의식 자체를 잃어버리게 됨(혈액과 림프절에서 어느 정도 숫자가 늘어나면 파동편모충은 뇌로 들어가 뇌와 뇌수막에 염증을 일으킴). 뇌에 침투하게 되면 약이 듣지 않음

2. 유구낭미충 │ 삼겹살과 기생충

삼겹살

삼겹살은 돼지의 배 쪽 특정 부위에 있는 고기를 지칭하며, 살코기와 지방이 세 번 겹쳐져 있다고 해서 붙여진 이름이다. '회식' 하면 삼겹살이 떠오를 만큼 한국인에게 친숙한 음식인데, 삼겹살이란 말만 들어도 가슴이 뛰는 사람은 한 둘이 아닐 것이다. 이렇듯 널리 사랑받는 음식이라 그런지 '꽃중년'으로 불리는 탤런트 조성하는 가난했던 시절을 회상하며 "아내에게 삼겹살 한 번 못 사준 게 마음에 너무 걸린다"며 눈물을 펑펑 쏟기도 했다. 이 삼겹살을 맛있게 먹는 방법은 적당히 익혀서 먹는 것일 테지만, 간혹 삼겹살을 타기 직전까지 구워서 먹는 사람이

있다. 이분들은 왜 그러는 걸까? 물론 바짝 익힌 걸 좋아해서 그럴 수도 있겠지만, 대부분은 어려서부터 들은 교훈 때문에 그런다고 했다. 삼겹살은 바짝 익혀서 먹어야 한다는 교훈 말이다. 이

교훈은 대체 왜 생겼으며, 지금도 유효한 걸까?

갈고리촌충

이게 다 갈고리촌충(Taenia solium) 때문이다. 돼지고기를 덜 익혀 먹으면 갈고리촌충에 걸릴 수 있으니까. 갈고리촌충은 말 그대로 머리 부위에 갈고리가 있어서 붙은 이름이다. 쇠고기 육회를 먹었을 때 걸릴 수 있는, 머리에 갈고리가 없는 민촌충(Taenia saginata)에 대응해서 갈고리촌충이라 부르는데, 26개의 갈고리 때문에 꼭 왕관을 쓴 것처럼 보인다. 사람 몸 안에 있는 갈고리촌충은 보통 2~3미터 정도

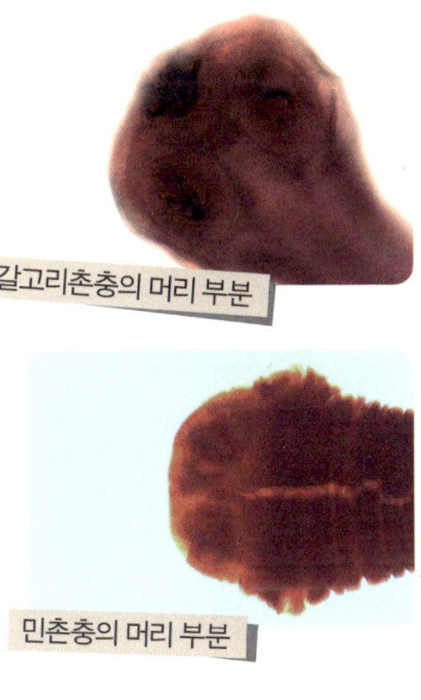

까지 자라며, 이때가 되면 대변으로 알을 내보내거나 알로 가득 찬 조각을 대변과 함께 밖으로 배출한다. 갈고리촌충은 오직 사람에서만 어른이 되어 알을 낳을 수 있는지라 이것의 알이 발견됐다는 건, 그곳이 아무리 외진 곳이라 해도 사람이 와서 일을 봤다는 분명한 증거가 된다.

갈고리촌충은 대개 증상이 없고, 있어 봤자 배가 좀 아프거나 설사가 있는 정도인지라 기생충의 조각을 보고 나서야 "내 안에 뭔가가 있구나"를 깨닫게 되는 경우가 많다. 우리가 변기 안을 시시때때로 봐야 하는 건 이 때문이며, 변기 안에 나뭇잎 같은 게 떠 있는데 그게 꿈틀

댄다면 그건 십중팔구 기생충이다. 변기물이 출렁거려서 움직이는 것과 감별해야 하는데, 아무튼 그런 게 나오면 징그럽다고 바로 물을 내리지 말고 젓가락으로 담아 기생충과로 가져와 주시면 좋겠다. 진단은 물론이고 치료도 바로 할 수 있으니까. 그런데 이게 돼지랑 무슨 상관일까? 돼지는 갈고리촌충의 유일한 중간숙주이자 인체 감염원이다. 돼지를 지저분한 환경에서 키우는 경우 돼지가 사람의 변과 접촉하게 되고, 똥오줌 안 가리는 돼지의 식습관 탓에 갈고리촌충의 알이 돼지에게 들어간다. 그리고 돼지 몸 안에서 부화된 유충은 혈류를 타고 여러 장기로 가며, 그곳에서 머리를 수줍게 감춘 채 종숙주인 사람에게 먹힐 때를 기다린다. 사람이 먹는 건 주로 돼지의 근육으로, 삼겹살 같은 걸 덜 익혀 먹게 되면 근육 안에 있던 갈고리촌충의 유충이 들어가 숨겨 놨던 머리를 내밀고 성충으로 자라는 거다. 과거 똥돼지라고, 사람의 변을 먹여서 돼지를 키울 때가 있었다. 이 경우 돼지의 근육에 있던 갈고리촌충의 유충이 사람에게 들어가 성충이 되고, 그 사람이 변을 볼 때 나오는 알을 돼지가 먹어 유충이 근육으로 다시 갈 테니, 갈고리촌충으로서는 이때가 호시절이었다. 제주도에 갈고리촌충이 많았던 것도 가장 최근까지 똥돼지를 키웠기 때문이지만, 돼지에게 사람의 변 대신 위생적으로 만든 사료를 주기 시작하면서 갈고리촌충은 급격히 감소하기 시작했고, 지금은 거의 멸종 단계다.

유구낭미충증(cysticercosis)

그런데 이상하다. 갈고리촌충 때문에 삼겹살을 바싹 익혀서 먹게 됐다니, 증상도 없는 기생충이 뭐가 그리 무섭다고? 하지만 문제는 성충

이 아닌 유충이다. 갈고리촌충의 조각
이 항문으로 기어 나온다고 해 보자.
알로 가득 찬 조각이니만큼 항문 근처
에 알이 묻는다. 조각이 기어 나오면
항문 근처가 가렵고, 옷 위로 긁는 게

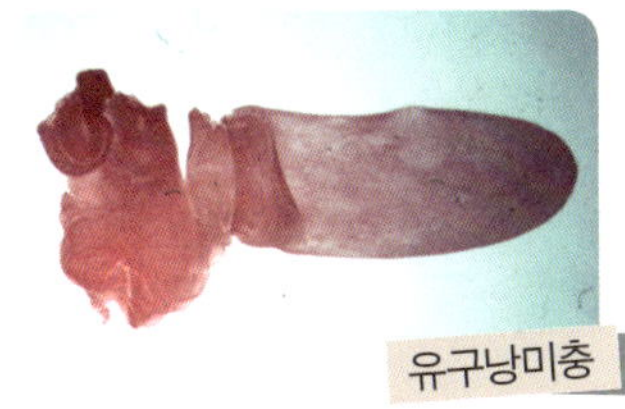

감이 안 좋으니 손을 집어넣어 긁다 보면 손에 알이 묻을 수가 있다. 그
손으로 과자를 집어 먹으면 과자와 함께 갈고리촌충의 알이 입안으로
들어간다. "너도 먹어"라며 다른 사람에게 과자를 먹여 준다면, 그 사
람에게도 알이 들어간다. 이런 것 말고도 갈고리촌충에 감염된 사람의
변을 비료로 써서 키운 상추를 사람이 먹을 때도 알이 들어갈 수 있다.
어떤 경로로든 갈고리촌충의 알이 사람에게 들어가면 돼지에게 일어났
던 것과 같은 현상이 사람에게도 일어난다. 즉 유충이 사람 몸 안에서
부화해 혈류를 타고 여러 장기로 가게 되는데, 피부나 근육은 물론이고
눈이나 뇌같이 중요한 곳도 흔히 침범한다. 별 문제가 안 되는 성충과
달리 유충은 대부분 증상을 일으키는데, 뇌를 침범한 경우엔 간질 발작
을 일으키고, 심한 경우 사람을 죽이기도 한다. 수십 개의 유구낭미충
이 뇌를 침범한 사진을 보면 아, 정말 삼겹살을 익혀 먹어야겠구나 하는
생각이 들 수밖에 없다. 얼마나 악명이 높았으면 유충인데도 유구낭미
충(Cysticercus cellulosae)이란 고유의 이름을 부여 받았을까?

"브루터스, 너마저도!"로 유명한 줄리우스 시저는 50세가 됐을 때부
터 간질 발작을 시작했다고 한다. 입에 거품을 물면서 갑자기 쓰러지는
일이 잦았다는데, 세익스피어 작품집 『줄리우스 시저』 1막 2장에도 시

저가 정신을 잃고 쓰러졌다는 내용이 기술되어 있을 정도다. 원래 간질이란 건 어릴 적에 시작되는 경우가 많으니 시저의 간질이 유전적인 건 아니다. 그렇다면 왜? 시저가 간질을 시작하기 몇 년 전에 이집트에 다녀온 것에 주목하자. 이집트는 갈고리촌충의 유행지로, 시저가 거기서 어떤 형태로든 갈고리촌충의 알을 먹었고, 그로 인해 간질이 생겼다는 게 한 학자의 추측이다.

우리나라 삼겹살은 안전하다.

우리나라 돼지에서 유구낭미충을 보는 건 이제 불가능하다. 위에서 말한 것처럼 우리나라 돼지들은 더 이상 사람의 변을 먹지 않으며, 우리나라가 워낙 검역을 철저히 하는지라 그런 돼지는 검역 과정에서 걸러진다. 사실 유구낭미충은 크기가 1~2센티미터 가량 되는 하얀색 벌레라, 근육에 있으면 쉽게 눈에 띈다. 돼지 키우는 사람들도 이 벌레에 대해 잘 알고 있어서 '쌀알 든 돼지'라고 부른다는데, 이런 돼지가 국내에서 발견된 건 1990년이 마지막이었다. 소위 '마지막 쌀알 든 돼지'는 서울 의대 기생충학과에 팔렸는데, 교수와 연구원들은 돼지에서 분리한 유구낭미충을 샌드위치에 싸서 먹은 뒤 나중에 대변에서 충체를 꺼내 표본으로 만들었단다.

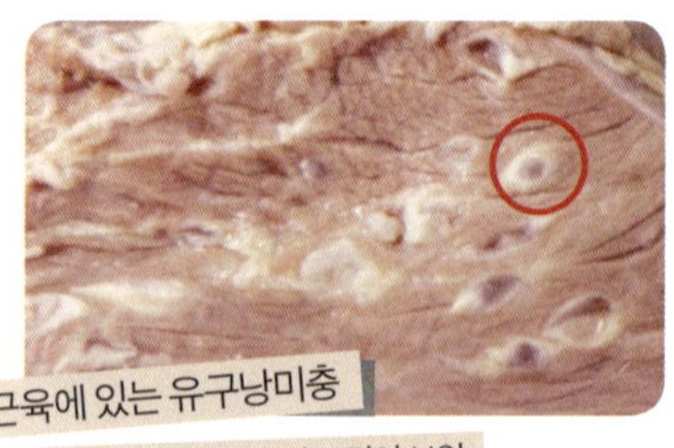

근육에 있는 유구낭미충

원 외의 여러 곳에 있는 것이 보임

물론 다른 나라 삼겹살엔 유구낭미충이 있을 수 있다. 예를 들어 탄자니아는 돼지의 15~30퍼센트가 감염되어 있고, 중국은 5.4퍼센트, 베트남의 감염률은 0.5~1퍼센트다. 이런 곳에서 삼겹살이 수입되면 어쩌나 하는 불안감이 있을 테지만, 우리나라는 오래 전부터 유구낭미충이 없는 나라에서만 삼겹살을 수입하고 있다는 게 검역당국의 말이니, 외국에 가서 삼겹살을 덜 익혀 먹는 건 위험한 일이겠지만 적어도 우리나라에선 삼겹살이 적당히 익었을 때 먹어도 아무 상관없다.

20년 후

그렇다고 우리나라에서 유구낭미충증이 발생하지 않는 건 아니다. 문헌을 보면 1990년 이후에도 유구낭미충증 환자는 지속적으로 발생했고, 2000년 이후에도 매년 몇 건씩의 증례가 보고되고 있다. 왜 그럴까? 유구낭미충은 어느 조직에 가든지 주위에 염증을 유발하기 마련이다. 염증이란 기생충에 대한 우리 면역체계의 공격인데, 그런다고 기생충이 그 정도의 공격에 사망할 것도 아니고, 그렇다고 달리 갈 곳이 있는 것도 아니다. 한 마디로 서로 피곤한 상황, 결국 기생충은 면역계와 (정치권에선 보기 힘든) 대타협을 한다. 두꺼운 캡슐 안에 들어가 조용히 살 테니, 이제 그만 좀 하라고. 그렇게 되면 염증은 줄어들고, 기생충과 면역계는 서로 편해진다. 이 상태가 수년~수십 년까지 간다. 기생충은 불사의 존재가 아닌지라 결국은 죽고 마는데, 그 경우 기생충을 둘러싼 캡슐이 와해되면서 기생충의 단백질이 밖으로 배출된다. 자신에 대한 공격이라 판단한 면역계가 휴전 상태를 깨고 다시 공격을 개시하고, 이 전투로 인해 우리 몸은 여러 가지 증상에 시달린다. 유구낭미충증 환자가 시시때때로 발생하는 건 이 때문인데, 이건 우리나라의 삼겹살이 과거에 위험했다는 의미일 뿐 지금 위험한 건 절대 아니다.

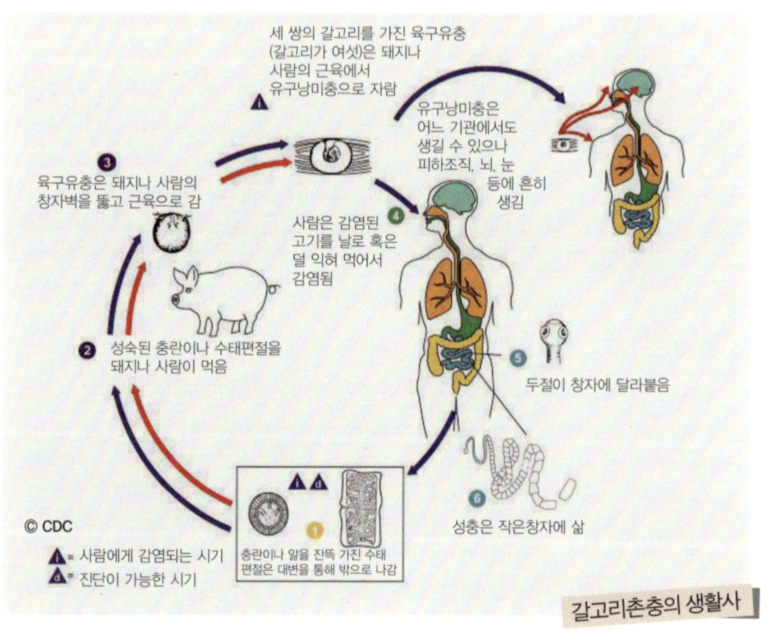

민촌충과 선모충

그렇다면 쇠고기 육회는 어떨까? 민촌충도 알이 사람의 입으로 들어가 유충으로 인한 피해를 주지 않을까? 왜 그런지는 모르겠지만 아직까지 민촌충은 갈고리촌충처럼 유충이 사람에게 증상을 일으킨 예가 없다. 민촌충의 알을 먹어 봤자 부화되지 않고 대변으로 배출된다는 뜻이니, 쇠고기 육회를 먹을 땐 기생충 때문에 몸을 사릴 필요가 없다. 끝으로 선모충(Trichinella spiralis)에 대해서도 잠깐만 언급하자. 선모충은 유구낭미충처럼 유충이 근육을 비롯한 여러 장기를 침범해 증상을 일으키는 기생충인데, 한 언론 보도를 보니 삼겹살을 구울 때 쓴 젓가락을 입에 가져가면 선모충에 걸릴 위험이 있단다. 하지만 우리나라에서 발생했던 모든 선모충 사례는 오소리나 멧돼지 등 야생동물을 날것으로 먹어서 감염된 것일 뿐, 삼겹살과는 아무런 상관이 없다. 중국이나 태국 같은 나라에선 돼지고기를 통해 선모충 감염이 이루어질 수 있지만, 적어도 우리나라 돼지는 선모충으로부터 100퍼센트 안전하다. 늘 아낌없이 주기만 하는 우리나라 돼지에게 고마움을 가져야 할 이유다.

유구낭미충

- 위험도: ★ (우리나라에서는 감염 위험 거의 없음)
- 형태 및 크기: 성충인 갈고리촌충은 몸길이 2~3m, 너비 5~6mm, 유구낭미충의 크기는 지름 1cm가량. 동그란 주머니 속에 머리와 목이 말려들어 간 모습
- 수명: 20년 이상인 경우도 있음
- 감염원: 감염된 돼지고기
- 특징: 유구낭미충은 갈고리촌충의 유충인데도 고유의 이름이 따로 있을 정도로 존재감 있음
- 감염 증상: 항문 근처가 가려움, 침범 부위에 따라 간질 발작 등

3. 말라리아1 │ 모기가 옮기는 기생충 질환

얼룩날개모기

더위를 타는 사람에게 여름은 고역이다. 우리나라의 여름은 온도도 온도지만 습도가 높아 더 덥게 느껴진다. 여름을 보내기 힘든 또 다른 이유는 모기가 가장 활발히 활동하는 계절이 여름이기 때문이다. 인터넷 자료에 의하면 모기는 사람을 물 때 침을 흠뻑 발라 피부를 흐물흐물하게 만들며, 진통제를 집어넣어 침을 넣을 때 통증을 느끼지 못하게 한단다. 거기에 더해 항응고제까지 분비해 피가 굳지 않도록 한다니, 모기의 흡혈은 단순히 미물의 식생활이 아닌, 종합예술처럼 느껴진다. 하지만 여기에 넋을 놓고 있어서는 안 된다. 모기가 물면 참을 수 없을 만큼 가려워져서만은 아니다. 모기가 사상충, 황열, 일본뇌염, 뎅기열 등의 질환을 전파하기 때문이다. 그중에서도 특히 주의해야 할 게 바로 말라리아다. 세계보건기구(WHO)에 따르면 매년 1백~2백만 명 가량이 말라리아로 죽는다고 하는데, 지구상의 생물체 중 사람을 그렇게 많이, 그러면서도 꾸준히 죽이는 것은 없다. WHO가 말라리아와의 전쟁을 선포하고, 말라리아 박멸에 수많은 연구비를 뿌리는 것도 그런 이유다.

못 사는 나라들은 말라리아 때문에 못살게 된 것

말라리아는 예로부터 '학질'로 알려진, 우리나라에도 있는 질환이다. 우리나라 말라리아는 매우 온순해서 사람을 죽이는 일이 드물지만, 걸리면 고열이 나서 사람을 빈사 상태로 만드니 그리 만만한 병은 아니다. 지독한 경험을 했을 때 '학을 떼다'라는 말을 쓰는 것도 말라리아가 그만큼 지독했다는 방증이기도 한데, 호란 때 잡혀갔다 돌아와 34세라는 젊은 나이에 죽은 소현세자의 경우 독살설이 유력하지만, 학질로 죽었다는 설도 만만치 않다. 한국전쟁 당시에도 우리나라 국군과 미군이 말라리아로 욕을 봤고, 21세기에 접어든 요즘도 해마다 말라리아 환자가 2천 명씩 발생하고 있는데, 그럼에도 불구하고 말라리아에 대한 세간의 관심이 높지 않은 이유는 말라리아로 죽는 이가 우리나라에서는 없다시피 하기 때문이다.

우리야 말라리아에 무심할 수 있지만, 우리나라만큼 운이 좋지 않은 나라들도 많이 있다. 특히 못사는 나라들이 그런데, 말라리아가 유행하는 국가들을 표시한 지도를 보면 어쩌면 그렇게 못사는 나라들에만 분포하는지 신기할 정도다. 특히 아프리카는 사망자의 대부분이 몰려 있는, 말라리아의 최대 유행지다. 제러드 다이아몬드의 베스트셀러 『총.균.쇠』에 의하면 "못 사는 나라들은 가혹한 기후, 척박한 토지, 말라

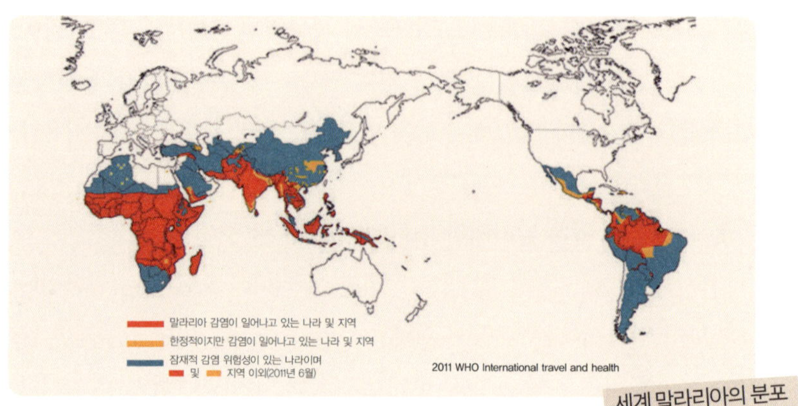

세계 말라리아의 분포

리아 같은 병균 등으로 인해 문명이 발달할 수 없었다"라고 되어 있다. 그도 그럴 것이 회사에서 사람을 뽑아 일을 가르친 뒤 "내일부터 열심히 해 봅시다." 하고 헤어졌는데, 그 사람이 바로 다음날 말라리아로 죽어 버린다면 그 회사가 잘 될 턱이 있겠는가? 게다가 말라리아가 박멸이 어려운 질병이라는 것을 감안한다면, 그 나라들이 못사는 것을 게으른 탓으로 돌려서는 안 될 일이다. 기원전 1333년부터 1324년까지 이집트를 통치한 투탕카멘은 겨우 19세 때 말라리아에 걸려 죽었다. 열 살 때부터 9년간의 통치가 얼마나 훌륭했는지는 모르겠다만, 성인이 되어 이제야 뜻을 펴 보려는 찰나에 죽었다니 내가 다 안타깝다. 아프리카가 발전하기 어렵다는 게 조금은 이해되지 않는가?

말라리아는 기생충

많은 이들이 말라리아가 기생충이라고 하면 놀란다. "아니 그게 왜 기생충이냐? 눈에 안 보이는데"라는 사람부터 "기생충이 멸종하니까 이

젠 아무거나 기생충이라고 우기는구나”라는 동정론까지 있다. 하지만 말라리아는 기생충에서 다루는 게 맞다. 미생물에서 다루는 세균이나 바이러스는 핵막이 없는 하등한 생물이고, 증식도 분열증식 같은 미개한 방법을 쓰는 반면 말라리아는 핵막이 있는 진핵생물로, 사람처럼 유성생식을 한다. 게다가 사람과 모기, 두 숙주를 오가며 삶을 영위한다. “삶의 전부 또는 일부분을 다른 숙주에 빌붙어 사는 고등한 생물체”라는 정의에 이보다 더 잘 맞는 게 또 어디 있겠는가?

말라리아가 사람에게 유독 가혹한 이유는 이 책의 앞부분에 얘기한 것처럼 말라리아의 종숙주가 모기고 사람은 중간숙주에 불과하기 때문이다. 여자친구를 사귀는 남자가 일찍 배가 끊기는 섬으로 가려는 것처럼, 모든 생물체는 유성생식에 대한 로망이 있다. 말라리아의 유성생식은 모기 안에서만 이루어지니, 어떻게든 모기 몸으로 가려고 하지 않겠는가? 그러기 위해 말라리아는 감염된 사람이 열이 나도록 하는데, 열이 나서 사람이 누워 있으면 모기가 와서 보다 여유 있게 사람 피를 빨수 있고, 감염자의 혈액 속에 있던 말라리아의 암·수가 모기에게 건너갈 기회가 그만큼 많아지는 거다. 이처럼 기생충은 알면 알수록 신비한 존재고, 말라리아 박멸이 어려운 이유도 그가 이렇게 뛰어난 전략가라서다.

말라리아의 삶

모기가 흡혈할 때 우리 몸에 들어온 말라리아는 30분도 안 되어 간으로 숨는다. 아직은 때가 안됐다고 생각한 탓으로, 간 내에서 열심히 분열증식을 하면서 숫자를 불린다. 이 과정은 열흘 정도 걸리며, 이 기간을 우리는 '잠복기'라고 부른다. 숫자가 어느 정도 됐으면 이제 쳐들어 갈 일만 남았다. 말라리아는 일제히 혈액으로 나가 적혈구 안으로 들어 간다. 우리나라의 온순한 말라리아인 삼일열말라리아는 적혈구 하나에 한 마리씩 들어가는 반면, 악성 말라리아인 열대열말라리아는 두 마리, 세 마리씩 들어가기도 한다.

적혈구 안에서 말라리아는 뭘 할까? 특별히 고상한 일을 하는 건 아 니다. 핵도 없는 적혈구에서 먹을 거라곤 산소를 운반하는 헤모글로빈 밖에 없으니 그걸 열심히 먹고, 다 먹은 찌꺼기는 잘 포장해서 버린다(이 걸 헤모조인이라고 부른다). 그러면서 말라 리아는 다시 열심히 분열증식을 한다. 열 개, 스무 개, 서른 개…… 이런 식으 로 분열하다가 숫자가 어느 정도 되면 적혈구를 터뜨리고 나와서 다른 생생 한 적혈구를 찾아 들어간다. 적혈구가 터질 때 그 안에 있던 발열물질이 나 와 열이 나는데, 우리가 삼일열말라리 아라 부르는 종류는 적혈구에 들어가 증식하는 시간이 이틀 정도로 비슷해,

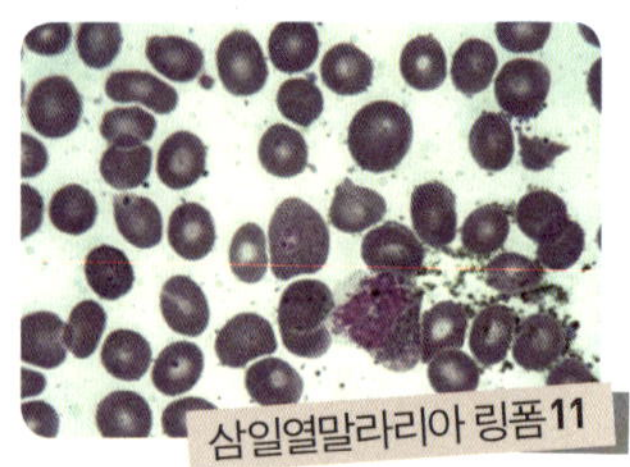

삼일열말라리아 링폼[11]

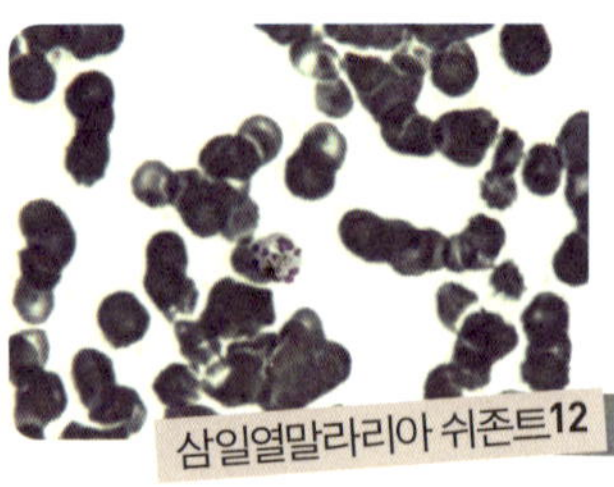

삼일열말라리아 쉬존트[12]

---

[11] 링폼: 적혈구 안의 말라리아가 분열하기 전, 한 마리일 땐 반지처럼 보여서 링폼이라고 함.

[12] 쉬존트: 적혈구 안에서 말라리아 한 마리가 증식을 한 상태로, 분열체라고도 함.

적혈구들이 한꺼번에 터진다. 그러다 보니 열이 이틀 간격으로 날 때가 많은데, 그러면 '이일열말라리아'라 부르는 게 옳게 보이지만 첫날 열이 나고 3일째 열이 난다는 의미에서 '삼일열말라리아'라는 이름이 붙었다. 반면 열대열말라리아는 증식 주기가 다 달라서 열이 시도 때도 없이 난다. 그런 생활을 영위하다 보면 말라리아의 암·수 생식세포가 나타나며, 이들은 다른 숙주에게 자신을 전파할 '희망'들이다. 모기가 감염자의 피를 빨 때 말라리아의 암·수는 잽싸게 모기 체내로 이동하며, 모기 안에서 유성생식을 통해 수많은 자손들을 만든다. 그 자손들은 엄마, 아빠가 그랬던 것처럼, 모기의 침샘에 들어 있다가 모기가 다른 사람을 물 때 그 안으로 들어간다.

말라리아의 증상

우리 적혈구는 마치 도넛처럼 생겼다. 게다가 신축성도 좋아 모세혈관같이 좁은 통로도 문제없이 지나간다. 하지만 말라리아에 감염된 적혈구는 얘기가 다르다. 표면이 매끈하지 않은데다 신축성도 없어져 조금만 부딪혀도 잘 터진다. 또한 우리 몸

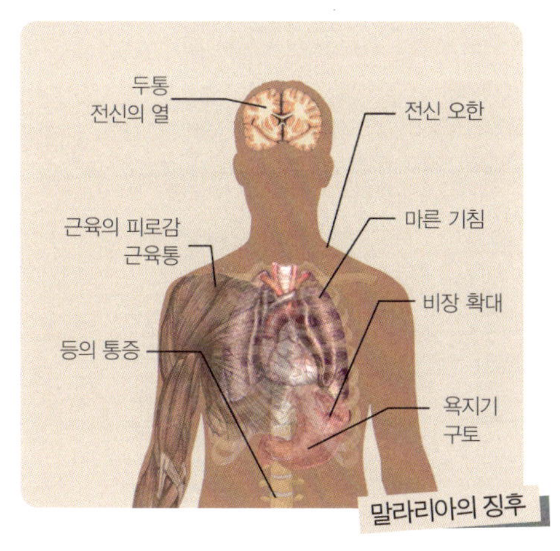

말라리아의 징후

은 늙거나 병든 적혈구를 비장(脾臟)에서 잡아다 없애 버리는데, 말라리

아에 걸린 적혈구는 걸리기만 하면 처단된다. 안 그래도 말라리아원충이 적혈구를 수시로 터뜨리는데, 우리 몸도 적혈구를 경쟁적으로 터뜨리니 발열, 오한과 더불어 빈혈이 올 수밖에 없다.

하지만 말라리아가 공포의 질환인 진짜 이유는 바로 뇌 증상을 일으키기 때문이다. 이 현상은 열대열말라리아에서만 주로 일어나는데, 열대열말라리아에 감염된 적혈구는 표면이 끈적끈적해지고, 거기에 적혈구들이 달라붙어서 덩어리처럼 된다. 당연히 혈류가 막히고, 해당 혈관의 지배를 받는 뇌 조직은 혈액순환이 안 돼서 산소 결핍에 빠진다. 그 조직이 있으나마나한 곳이라면 괜찮지만, 뇌에서 중요하지 않은 조직이 어디 있겠는가? 열대열말라리아 감염자가 혼수상태에 빠지는 건 바로 이 때문이다. 뇌혈관을 막는 것 말고 말라리아 때 몸이 완전히 녹초가 돼 버리는 이유가 한 가지 더 있는데, 그건 바로 우리 몸의 과도한 반응이다. 열

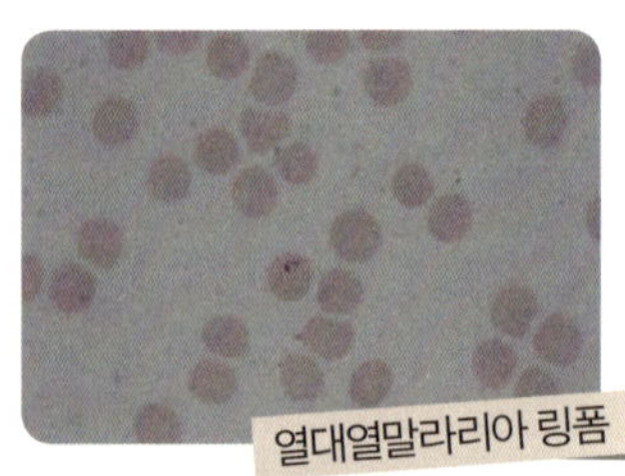

열대열말라리아 링폼

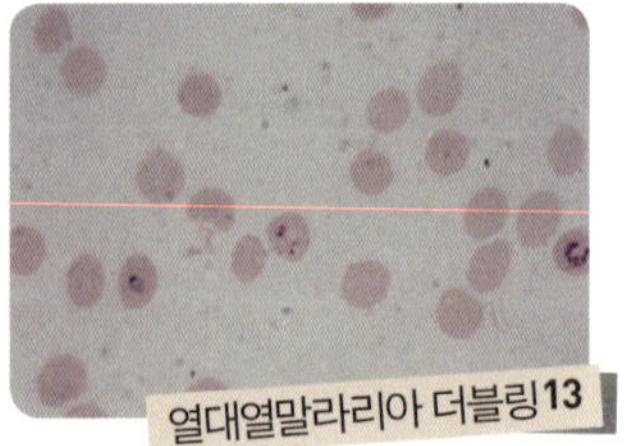

열대열말라리아 더블링13

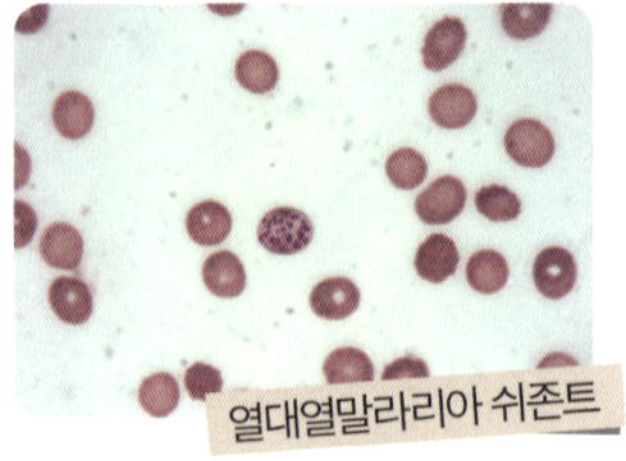

열대열말라리아 쉬존트

13 더블링: 적혈구 하나에 말라리아가 두 개 들어 있는 경우.

대열말라리아가 들어오면 우리 몸은 스스로를 전시 상황으로 규정한 채 자신이 낼 수 있는 가장 강력한 무기를 낸다. 그게 바로 '종양괴사인자'다. 아쉽게도 종양괴사인자는 말라리아에는 별다른 힘을 쓰지 못하고, 대신 우리 몸에 훨씬 더 안 좋은 영향을 끼쳐, 열대열말라리아에 걸린 환자들을 더 빨리 죽게 만든다. 이걸 보면 우리 몸은 "열대열말라리아의 손에 죽게 놔두느니 내가 직접 해결하겠다"고 생각하는 게 아닌지 모르겠다.

우리나라의 말라리아

지금은 많은 환자가 발생하고 있긴 하지만, 사실 우리나라는 1984년 세계보건기구에 의해 말라리아가 없는 나라로 선언된 바 있다. 해외에 나가서 걸려온 사람은 있을지언정 우리나라 모기에 물려서 감염되는 사람은 몇 년 동안 단 한 명도 없었으니까 말이다. 그러던 1993년, 해외여행을 나간 적이 없는 20대 군인에게서 말라리아가 다시 발생했다. 기생충학계는 이 사태에 촉각을 곤두세웠다. 없어졌던 말라리아가 어떻게 다시 나타났을까? 확실한 해답을 얻을 수는 없지만 추측은 가능했다. 그 군인이 휴전선 근처에서 복무했던 것으로 보아 말라리아를 가진 모기가 북한에서 넘어와 남한 병사를 물었을 확률이 높다. 그 당시 북한이 점점 경제가 어려워지던 때였으니, 모기들도 더 싱싱한 피를 빨기 위해 월남을 할 수밖에 더 있겠는가? 북한은 우리 측의 주장에 대해서 사실무근이라고, 북한에는 말라리아 환자가 없다고 큰소리를 쳤지만, 나중에 확인한 결과 세계보건기구에 몇 만 명분의 말라리아 약을 신청했다는 게 알려졌다. 신청한 약을 근거로 추정했을 때 북한에서는 1998년 2만 5천

명, 2001년엔 30만 명 정도의 환자가 발생했다고 보고 있다.

우리나라의 말라리아 환자는 1994년 20명으로 불어난 뒤 해마다 증가, 1998년 3,932명이 발생하면서 정점을 찍는다. 처음에는 군인들만 말라리아에 걸렸지만, 곧 말라리아는 민간인에게도 확산됐다. 거기엔 우리나라 말라리아만의 희한한 특징이 작용했다. 위에서 말한 것처럼 말라리아의 잠복기는 열흘 정도다. 그런데 우리나라 말라리아 중에는 '지연형'이 있어서 처음에 간으로 들어간 말라리아가 증식을 안 한 채 몇 달이고 계속 간에 머물러 있다가 9개월쯤 됐을 때 갑자기 증식을 시작하고, 이내 적혈구로 쳐들어가 증상을 나타낸다. 군인일 때 말라리아가 발병한다면 군부대에서 치료를 한 뒤 제대를 시키면 되지만, 이렇게 지연형에 걸린 경우 그 군인은 자신의 몸속(구체적으로는 간 속)에 말라리아가 있는지 모르고 제대를 한다. 그 군인의 집이 부산이라고 치자. 부산에서 나름의 삶을 살던 그 제대군인은 제대 후 몇 달이 지난 시점에서, 게다가 여름도 아닌데, 말라리아에 걸린다. 우리나라엔 말라리아가 멸종했다고 믿은 의사들은 말라리아 진단을 내리지 못한 채, 해열제만 주고 돌려보낸다. 열은 잘 떨어지지 않고, 열에 신음하는 그의 팔을 모기들이 신나게 빨아 댄다. 제대군인의 혈액에 있던 암·수 말라리아는 그 모기들한테 건너가고, 모기 안에서는 유성생식이 일어난다. 그 모기가 다른 민간인을 물면 휴전선 근처에도 가지 않은 민간인에게서 말라리아가 생긴 셈인데, 이게 바로 말라리아의 토착화다. 그 이후부터 말라리아는 군인과 민간인을 가리지 않고 해마다 1천 명 이상씩 발생하고 있는 중이다.

그래도 다행인 건 우리나라에 열대열말라리아가 발생하지 않고 있다는 점이다. 열대열말라리아는 겨울철에 16~18도 이하로 떨어지면 전파가 안 되는데, 영하 10도 쯤은 우습게 넘기는 우리나라 겨울을 견뎌 낼 재간은 없다. 삼일열말라리아가 9개월이라는 매우 희한한 잠복기를 갖게 된 것도 사실은 우리나라의 겨울이 춥기 때문이다. 그렇다면 지구 온난화가 될 경우, 그래서 우리나라가 확 더워져 버리면 열대열말라리아가 유행할 수도 있을까? 이건 우리나라뿐 아니라 유럽에서도 계속 걱정하는 사안인데, 지구 온난화는 혹시 백인들의 피가 먹고 싶은 말라리아의 음모가 아닐까?

말라리아의 치료와 예방

최근 50년간 말라리아의 가장 좋은 치료제는 클로로퀸이었다. 1934년 만들어져 1950년부터 말라리아의 주력 약으로 쓰였던 클로로퀸은 말라리아가 헤모글로빈을 먹고 남은 찌꺼기를 잘 포장하지 못하게 하는 기발한 전략으로 말라리아를 죽인다. 꽤 좋은 약이었긴 하지만 말라리아의 거센 반격에 휘말려 그 가치가 점점 떨어지고 있다. 이 약에 대해 말라리아가 내성을 갖기 시작, 웬만한 나라에선 쓰지도 못하는 지경에 이르렀으니 말이다. 내성 말라리아에 대해서는 이 약, 저 약을 섞어 가지고 치료를 하고 있는데, 다행히 중국에서 오래 전부터 민간요법으로 쓰던 개똥쑥에서 말라리아 치료에 효과가 있는 아르테미시닌(artemisinin)이 추출됨으로써 숨통이 트

(CC)Kristian Peters at Wikimedia.org

였다. 하지만 일부 지역에선 아르테미시닌에 대해서도 저항성이 나타나고 있다니, 이 약을 가지고 얼마나 버틸지 모르겠다.

　말라리아가 목숨을 잃을 수도 있는 위험한 질병인지라 말라리아 유행국에 갈 때는 예방약을 먹는 게 필수다. 예방약은 대개 클로로퀸이지만, 내성이 있는 곳에 갈 때는 당연히 다른 약을 써야 한다. 예를 들어 2010년 남아공 월드컵을 맞아 국립 국악단원들이 한국을 알리는 차원에서 아프리카 순방을 갔는데, 그중 두 명의 여성이 말라리아에 걸려 죽고 말았다. 이들은 한국 병원에 개설된 여행자클리닉에서 클로로퀸을 처방받았지만, 순방국 중 하나였던 나이지리아가 클로로퀸 내성 지역이었다. 이들의 유족은 소송을 제기했고, 판사는 클로로퀸을 처방한 의사에게 각각 1억 7천만 원과 1억 2천만 원을 배상하라는 판결을 내렸다. 그런데 제대로 된 예방약을 먹는다는 게 쉬운 일만은 아니다. 클로로퀸 내성 지역에서 쓰는 예방약인 메플로퀸의 부작용이 말도 못하게 심해서다. 인터넷에 올라온 메플로퀸 복용기를 한번 보자.

　"두통과 어지러움……. 온몸이 무기력했고, 속도 메스꺼웠다. 이날 하루는 아무것도 못하고 숙소에 처박혀 있었다."

　이 복용기의 말미에 가면 이런 말이 나온다.

　"그 뒤로 나는 말라리아 약을 먹는 것을 중단했다."

　말라리아의 마수에서 벗어나는 건 이리도 어렵다. 아래 사이트에 가면 해당 나라의 말라리아 유행 상황과 먹어야 할 예방약이 있으니, 가기 전에 꼭 한번 들러 보시라.

http://www.cdc.gov/malaria/travelers/country_table/a.html

모기장 보내는 나라가 선진국

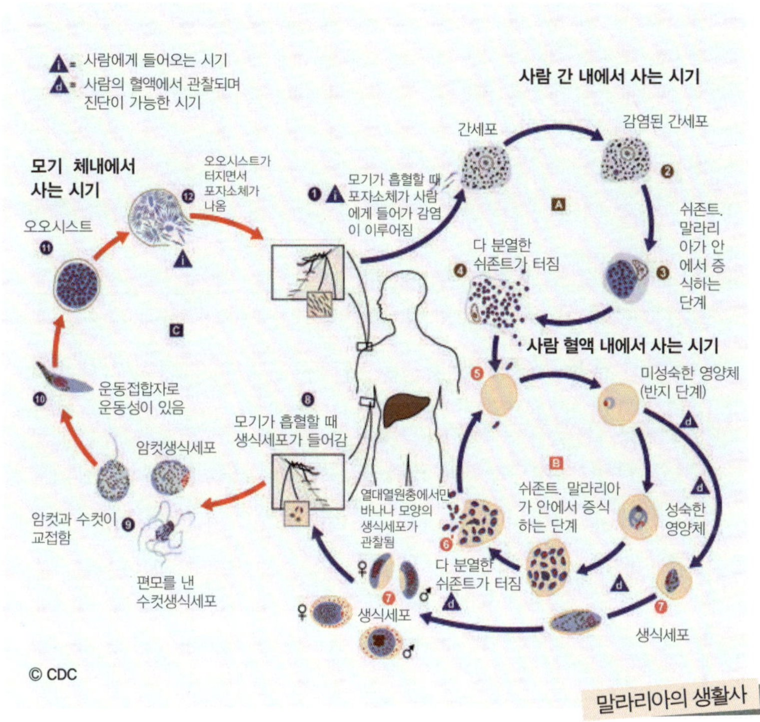

잠깐 왔다 가는 이들도 말라리아로 골치인데 비즈니스 때문에 오래 머물러야 할 경우라든지 거기 살아야 하는 사람들은 오죽하겠는가? 백신이 없는 탓에 일 년 내내 예방약만 먹어야 하는데, 약값도 비싼데다 클로로퀸도 부작용이 없는 건 아니다. 어지러움과 피부염과 더불어 탈모라는 무서운 질병이 클로로퀸의 부작용. 교과서를 보면 "모기에 물리지 말아야 한다"라는 실현 불가능한 말이 쓰여 있는데, 그보다는 밤에 잘 때 모기장을 쳐 놓고 자는 게 최선의 방책이다. 요즘 모기장은 모기장에 화학물질이 발라져 있어 모기가 뚫고 들어가려다 죽게 만드니, 몇 개월 이상 장기 체류를 할 때는 꼭 모기장을 가지고 가는 게 좋겠다.

우리야 모기장을 아무 때나 구할 수 있지만, 가난한 아프리카 사람들은 그게 안 된다. 그래서 선진국들은 아프리카에 모기장 보내기 운동을 한다. 모기장 하나면 한 가족이 말라리아로부터 해방될 수 있으니 얼마나 보람 있는가? 심지어 미국의 유명 농구선수(스테판 커리)는 "3점슛 하나 넣을 때마다 모기장 3개씩 보내기" 운동을 하고 있는데, 스타가 앞장서서 이런 운동을 하면 동참하는 사람이 많아지게 마련이다. 우리나라도 그런 행사를 안 하는 건 아니지만 다른 나라들에 비하면 턱없이 부족하고, 무엇보다 지속성이 떨어진다. 선진국이란 우리나라에 사람을 죽이는 말라리아가 없다고 해서 말라리아에 무관심한 나라가 아니라, 우리나라엔 말라리아가 없더라도 죽어 가는 아프리카 어린이들을 위해 기꺼이 모기장을 보내 주는 그런 나라일 것이다. 내가 사랑하는 우리나라가 선진국이면 정말 좋겠다.

말라리아

- 위험도: ★★★★★
- 형태 및 크기: 크기는 시기별로 다른데, 반지 모양은 적혈구 크기의 1/3~1/2 정도이고, 각 단계마다 형태도 다르며, 가장 흔한 형태는 적혈구 안에 막 들어갔을 때로, 반지 모양임. 열대열말라리아에서는 바나나 모양의 특징적인 생식세포가 관찰됨
- 수명: 약으로 치료를 안하면 숙주 내에서 계속 삶
- 감염원: 모기
- 특징: 분열증식을 하는 잠복기에는 증상이 없다가 갑자기 고열이 남. 우리나라의 말라리아는 날씨에 따라 잠복기가 길어짐
- 감염 증상: 발열, 오한, 빈혈, 열대열말라리아의 경우 혼수상태에 빠짐. 뇌에 혈액순환이 안 돼서 뇌에 증상이 오기도 함

4. 말라리아2 │ 노벨상을 받으려면 말라리아를 연구하라

과학 노벨상의 꿈

지금까지 우리나라가 받은 노벨상은 딱 한 개, 김대중 전 대통령이 남북 관계를 개선시킨 공로로 받은 평화상이다. 노벨상 횟수를 올림픽 금메달처럼 집계하자면 미국과 영국, 독일, 프랑스가 상위권에 포진해 있고, 일본도 18회로 당당히 8위를 차지하고 있다. 노벨상을 두 번 이상 받은 나라가 총 36개국이니 우리나라의 순위는 공동 37위다. 지구상에 있는 나라의 수가 2백 개를 넘으니 이 정도면 딱히 불만스러울 것도 없지만, 우리처럼 딱 한 번 노벨상을 받아 공동 37위를 차지하고 있는 나라들의 면면을 보면 얘기가 달라진다. 이란, 가나, 케냐, 코스타리카, 콜롬비아, 나이지리아 등등 우리가 평소 어깨를 나란히 하고 싶지 않은 나라들이니 말이다.

한 번 받은 나라들에는 공통점이 있다. 노벨상을 받은 분야가 평화상 아니면 문학상이라는 것. 이 상들의 가치가 없다는 얘기는 물론 아니다. 다만 이 상들은 아주 뛰어난 개인의 노력만 있다면 수상이 가능하다는 얘기다. 반면 노벨상의 주요 부문이라고 할 만한 화학상, 물리학상, 생리·의학상은 개인의 능력이 아무리 뛰어나도 쉽게 받을 수 없는, 연구 인프라가 어느 정도 갖춰져야 탈 수 있다. 우리가 아직도 노벨상에 목마른 이유는 그래도 과학 분야 노벨상을 받아야 '선진국' 소리를 들을 수 있고, 노벨상 수상을 기폭제로 우리나라 연구 수준이 비약적으로 향상될 수 있기 때문이다. 일본의 경우를 보면 평화상이 한 번, 문학상이 두 번이고 나머지 열다섯 번이 전부 과학 분야고, 그중에는 회사원도 있다. 노벨상만을 최고로 치는 풍조에도 문제가 없는 건 아니겠지만, 보스턴에서 연구원 생활을 하다 우리 학교에 부임한 동료 선생의 말을 들어 보면 미국이라고 해서 크게 다를 건 없어 보인다.

"노벨상 수상자 발표 시즌이 되면 소위 좋은 대학 교수들은 혹시 나한테 전화가 오지 않을까 하고 휴대폰만 바라보고 있어요."

말라리아와 노벨상

과학 분야 노벨상을 받으려면 다음과 같은 조건을 충족시켜야 한다. 첫째, 독창성이 있어야 한다. 남들이 안 하는 일을 해야 그나마 가능성이 높다는 얘기다. 한 예로 이그나로(Louis Ignarro) 교수는 일산화질소가 심혈관계에서 어떤 작용을 하는지 연구했는데, 그의 연구는 비아그라의 발명으로 이어져 수많은 이에게 기쁨을 줬기에 노벨상을 탔다. 둘째, 강한 정신력을 가져야 한다. 남들이 안 하는 연구를 하려면 연구비 따기도 쉽지 않고, 기존 연구자들의 반발도 있을 테니 강한 정신력은 필수적인 요소다. 여기에 한 가지 요소가 더 있는데, 오래 살아야 한다.

노벨상은 생존해 있는 사람에게만 상을 주기 때문이다. 2011년 노벨 생리의학상을 수상한 랠프 스타인맨(Ralph Steinmann)이라는 예외가 있지만, 이건 노벨상 위원회가 그의 사망 사실을 몰랐기 때문. 장수 유전자를 가진 연구자가 강한 정신력으로 독창적인 연구를 수행하는 게 노벨상 수상의 지름길이다.

하지만 위 조건들을 모두 무시하고 노벨상을 탈 수 있는 일이 하나 있으니, 그건 바로 말라리아 백신을 만드는 일이다. 말라리아는 이전 글에서 얘기한 것처럼 전 세계에서 가장 많은 사망자를 만드는 흉악한 질환이다. 말라리아 백신을 만들기만 하면 매년 아프리카에서 죽어 가는 1백만 명 이상의 아이들을 살릴 수 있으니, 어찌 노벨상을 주지 않겠는가? 물론 이 일은 전혀 독창적이지 않다. 기생충 연구에 일가견이 있는 사람들은 죄다 이 일을 하고 있고, 세계보건기구에선 백신을 만들겠다는 연구자에게 연구비를 후하게 준다. 세계적 부호인 빌 게이츠도 지난 4년간 17억 5천만 달러를 백신 만드는 일에 쏟아 부었으니, 돈 걱정은 안 해도 된다. 게다가 백신을 만들면 곧바로 노벨상을 줄 것이기 때문에 장수 유전자도 필요 없다. 그럼에도 불구하고 백신이 만들어지지 않는 이유는 그 일이 너무 어렵기 때문이다. 백신을 만들면 노벨상을 주는 것도 어려운 일을 해낸 데 대한, 그럼으로써 수많은 생명을 구할 수 있게 된 데 대한 보상이다. 이게 괜한 소리가 아닌 것이 지금까지 기생충학 연구자들의 노벨상은 죄다 말라리아 연구를 통해 이루어졌을 만큼 말라리아가 중요한 질환이기 때문이다.

라베랑, 헤모조인을 보다

조선시대를 배경으로 한 드라마 「성균관 스캔들」에는 다음과 같은 장면이 나온다.

유아인: 아무래도 내가 학질에 걸린 모양이다.
박민영: 학질이요?
유아인: 그래. 그러니까 가까이 오지 말란 말이다.

기생충학자가 이 드라마를 봤다면 그 부분에서 이런 말을 했을 것이다. "이 드라마는 오류야! 학질(말라리아)은 사람 간의 접촉에 의해 전염되지 않아!" 그건 맞는 얘기지만, 드라마의 배경을 볼 필요가 있다. 「성균관 스캔들」의 무대는 어디까지나 조선시대로, 그때만 해도 말라리아가 모기에 의해 전파된다는 건 알려지지 않았고, 심지어 말라리아 병원체가 어떤 것인지 아는 사람도 없었다. 이 사실이 밝혀진 건 19세기 후반이 되어서다. 프랑스 의사였던 라베랑(Charles LA Laveran)은 말라리아의 정체를 밝히겠다는 원대한 꿈을 품고 당시 프랑스 식민지였던 알제리로 날아갔다. 라베랑이 간 알제리 병원에선 수많은 말라리아 환자들이 죽어 나가고 있었다. 우선 라베랑은 말라리아로 죽은 사람들을 부검해 봤다. 다른 사망자와 달리 말라리아 사망자들은 간과 비장에서 검은 반점이 많이 발견됐는데, 라베랑은 아무리 봐도 그게 뭔지 알 수가 없었다.

먼 훗날 밝혀진 바에 의하면 그 반점은 헤모조인(hemozoin)이라고, 쉽게 설명하자면 말라리아 병원체가 쓰고 남은 찌꺼기를 종량제 봉투에 담아 놓은 것이었다. 말라리아 병원체는 적혈구에 살면서 헤모글로빈을 먹고 사는데, 먹고 난 찌꺼기가 말라리아에 해로운 물질을 포함하고 있는지라 이 찌꺼기를 잘 포장해서 버려야 한다. 찌꺼기를

열대열말라리아의 헤모조인

가운데 넣고 봉투로 빙빙 둘러싸서 결정처럼 만든 게 바로 헤모조인이며, 말라리아 치료에 쓰는 약제는 말라리아가 이 헤모조인을 만들지 못하게 함으로써 말라리아 병원체를 죽인다. 이런 걸 알 수 없었던 라베랑은 2년간이나 사망자를 부검했지만 아무 것도 알 수 없었다.

라베랑, 말라리아의 정체를 알아내다

훌륭한 연구자는 하던 일이 번번이 실패해도 포기하지 않는다. 하지만 그것만 가지고는 부족하다. 예를 들어 라베랑이 2년간 부검을 했는데 말라리아를 발견하지 못했다고 해서 5년, 10년간 계속 주구장창 부검만 했다면 라베랑의 영광은 없었을 것이다. 라베랑은 죽은 사람 대신 살아 있는 환자들의 손가락에서 피를 뽑아 슬라이드에 놓고 관찰하기 시작했다. 말라리아가 사는 곳이 환자의 혈액이라는 점에서 라베랑에겐 운도 좀 따랐다고 할 수 있는데, 아니나 다를까 혈액을 조사했더니 말라리아 환자의 혈액에선 뭔가 다른 소견, 특히

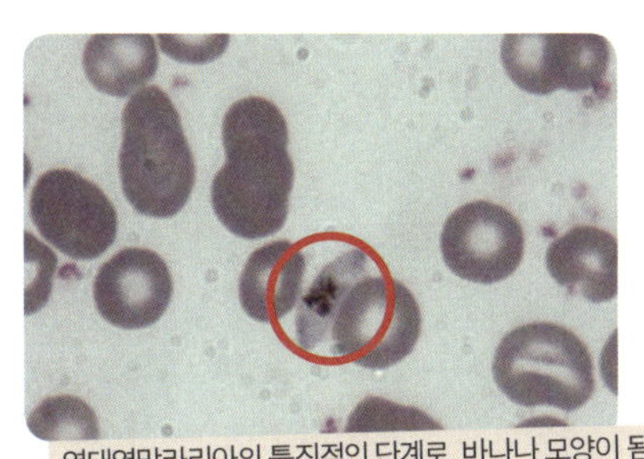

열대열말라리아의 특징적인 단계로, 바나나 모양이 됨

바나나(239쪽의 하단 그림 참조)처럼 생긴 것이 관찰됐다. 정상인에서는 이 바나나처럼 생긴 것이 하나도 나오지 않았지만, 말라리아를 앓고 있는 환자 192명 중 148명에게서 이 바나나 같은 게 관찰됐다. 나중에 밝혀지겠지만 말라리아에는 크게 두 가지 종류가 있어서, 한 종류는 바나나 같은 것이 나오고 나머지 하나에선 나오지 않는다. 바나나 같은 것이 나오는 게 더 흔하며, 사람을 죽이는 것도 다 이 종류인데, 라베랑은 이 사실을 알 도리가 없었지만, 최소한 바나나 같은 게 말라리아와 밀접한 관계가 있다는 건 확신할 수 있었다.

흥분한 라베랑은 파리에 있는 동료들에게 편지를 썼다.

"이보게 필립, 그리고 피에르. 내가 말라리아 병원체를 드디어 발견했다네."

하지만 동료들은 그의 말을 전혀 믿지 않았고, 그를 지원하던 프랑스 군대에서는 '돈만 받고 성과를 내지 못했다'는 이유로 라베랑의 연구비 지원을 중단해 버렸다. 그럼에도 라베랑은 좌절하지 않았고, 자기가 본 게 말라리아 병원체가 맞다는 걸 증명해 낸다. 1907년, 라베랑은 노벨상 시상대에 선다.

"피에르, 필립, 앙리, 듣고 있나? 내가 말라리아를 발견했다고 했을 때 자네들이 나한테 했던 말을 난 똑똑히 기억하네. 연구비 지원을 끊은 것도 자네들이지 않은가? 그런데 어쩌나, 내가 이렇게 노벨상을 받아 버려서."

나 같으면 틀림없이 이런 연설을 했겠지만, 라베랑은 그런 사람이 아니었다. 그는 대신 이런 말을 했다.

“말라리아 병원체를 발견하긴 했지만 아직도 풀어야 할 숙제가 있습니다. 어떤 상태에서 저 병원체가 밖으로 나가고 또 어떻게 다시 사람 몸으로 들어오는 걸까요? 그 의문점을 풀어 준 이가 바로 닥터 로날드 로스였습니다.”

로날드 로스(Ronald Ross)의 추월

라베랑이 언급한 로널드 로스는 인도 출신으로, 라베랑의 연구에 감명을 받고 그가 미처 밝히지 못한 말라리아 전파의 비밀을 풀기로 결심한다. 은사로부터 모기가 유력한 후보라는 얘기를

들은 로스는 어떻게 하면 모기설을 입증할 수 있을까 고민했다. 여기엔 두 가지 방법이 있었다. 첫 번째 방법은 이랬다. 모기의 침샘에서 말라리아 병원체를 발견한다. 그 병원체를 분리해 말라리아에 안 걸린 정상인에게 주사한다. 그 사람이 말라리아에 걸리는지 본다. 하지만 아무리 옛날이긴 해도, 그리고 아무리 연구가 중요한 것이라 해도, 생명이 위험해지는 병원체를 사람에게 넣는 것은 도덕적으로 문제가 있었다.

그래서 로스는 두 번째 방법을 쓴다. 말라리아에 걸린 환자에게 깨끗한 모기를 보내서 피를 빨게 한다. 환자에게 있던 말라리아 병원체는 모기가 피를 빠는 동안 모기한테 넘어온다. 모기 체내에서 말라리아 병원체가 발육해 유성생식을 한다. 이때 모기를 잡아서 해부한 뒤 모기의

위 부근에 말라리아를 다량 함유한 오오시스트(유성생식을 통해 만들어지는 주머니 비슷한 것으로, 그 안에서 수많은 포자소체가 만들어진다)가 있는 것을 확인한다. 대충 이런 계획이었는데, 그게 말처럼 쉽지는 않았다. 로스는 말라리아 환자들 근처로 수없이 모기를 날려 보냈지만 나중에 그 모기를 아무리 봐도 말라리아 병원체는 나오지 않았으니까. 여기엔 두 가지 이유가 있다. 하나는 모기가 환자 피를 빤다고 해서 무조건 말라리아가 모기로 넘어오는 게 아니라는 것이고, 모기라고 해서 다 같은 모기가 아니라 엉덩이를 드는 학질모기만이 말라리아를 전파할 수 있다는 게 또 다른 이유였다. 다행히 로스는 수많은 실패에도 포기하지 않았고, 나흘간 환자의 피를 먹은 모기를 현미경으로 관찰해 결국 말라리아의 오오시스트를 찾아내는 쾌거를 이룬다. 이 업적으로 인해 로스는 1902년 노벨상 시상대에 서는데, 수상 소감에서 로스는 라베랑의 이름을 스물아홉 번이나 언급하면서 자신의 연구가 라베랑의 업적에 기초한 거라고 감사를 표했다.

사실 라베랑의 연구가 있었기에 로스의 연구가 가능했다는 점에서, 라베랑이 로스보다 무려 5년이나 늦게 노벨상을 받은 것은 좀처럼 이해되지 않는다. 게다가 로스가 밝혀낸 모기설은 라베랑이 십년도 더 전에 주장했었고, '열대병의 아버지'라 불리는 패트릭 맨슨(Patrick Manson)도 로스에게 "모기를 연구해 보라"고 얘기한 바 있다. 로스가 먼저 노벨상을 받았을 때 라베랑의 마음이 과연 어떠했을까? 라베랑의 노벨상 수상 소감에 로스의 이름이 3번밖에 나오지 않는 것도 그런 데서 비롯된 게 아닐까?

말라리아 백신

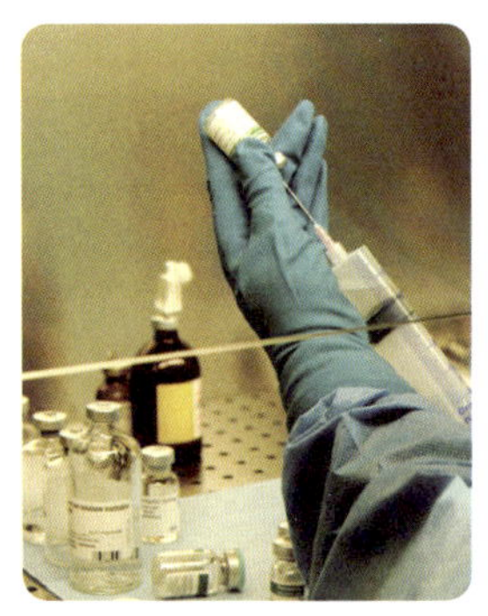

　단일 질병을 가지고 이렇게 두 개의 노벨상이 나온 건 그리 흔한 일이 아니다. 그만큼 말라리아가 중요한 질병이란 뜻인데, 말라리아 백신을 만든다면 노벨상은 따 놓은 당상이라는 소리도 다 이런 근거가 있기 때문이다. 말라리아 백신이 어려운 이유는 말라리아 병원체가 우리 몸에 들어간 지 30분도 안 돼서 간으로 들어가 숨고, 혈액으로 나온 뒤에도 적혈구 안에 들어가 살며, 그나마도 계속적으로 형태를 바꾸기 때문이다. 백신을 만들려면 표적이 있어야 하는데, 대체 어디다 장단을 맞춰야 할지 모르겠는 거다. 세계보건기구가 수없이 많은 돈을 쏟아 부어도 성과가 없는 이유도 그 때문이다.

　"빌 게이츠가 오랜만에 활짝 웃었다."
　2011년 10월 19일 기사는 이렇게 시작된다. 빌 게이츠가 웃은 이유는 그가 후원한 연구비로 만들어진 RTS,S라는 백신 후보 물질 때문이었다. 말라리아와 간염바이러스를 합쳐서 만든 RTS,S를 아프리카의 5~17개월 아이들에게 그 효과를 시험해 봤는데, 그 백신을 맞은 아이들은 50퍼센트나 말라리아에 덜 걸렸다. 홍역이나 장티푸스처럼 거의 100퍼센트의 효과를 발휘하는 백신만 생각하던 사람들에게 50퍼센트는 아무것도 아닐지 모르겠지만, 100만 명이 죽는 걸 50만 명으로 줄일 수 있다면 대단한 성과가 아니겠는가! 하지만 빌 게이츠의 웃음은 그리 오래가

지 못했다. 4세 이상의 아이들을 대상으로 한 결과 말라리아 예방 효과
가 20퍼센트에도 못 미쳤고, 더 심각한 것은 백신 접종 후 8개월이 지
나면 그 미미한 예방 효과마저 사라지는 것으로 드러났기 때문이었다.
가장 앞서 간다는 백신이 이 정도인 것으로 보아 제대로 된 백신이 나
오려면 보다 많은 노력이 필요할 것 같다. 우리나라에 말라리아 백신을
연구하는 학자가 하나도 없다는 게 아쉽다.

혹시 투요우요우(To Youyou)가 세 번째?

말라리아 백신이 기생충 분야의 세 번째 노벨상을 보장해 준다고 했
지만, 어쩌면 다른 이가 세 번째의 영광을 차지할지도 모른다. 중국의
투요우요우가 그 유력한 후보이다. 말라리아에서 기본이 되는 치료 약
은 클로로퀸이라는 약제. 하지만 지나친 남용으로 인해 이 약제에 대한
저항성이 나타났고, 지금은 유행지에서 사용이 어려울 정도가 됐다. 이
때 투요우요우가 등장했다. 중국에서는 수천 년 전부터 개똥쑥이라는
식물을 말라리아 치료 약제로 써 왔는데, 투요우요우 박사가 개똥쑥에
서 항말라리아 성분을 추출하는 데 성공했다. 아르테미시닌(artemisinin)
이란 이름을 가진 이 약제는 다행히 말라리아에 아주 잘 들어, 세계보
건기구는 2006년 이 약제를 말라리아 환자에게 우선적으로 쓰는 약으
로 지정한 바 있다.

투요우요우의 연구는 독창성이 있는 것도 아니고 또 불굴의 의지를
발휘한 것도 아니지만, 그 대상이 말라리아라면 얘기가 다르다. 추정
은 불가능하지만 아르테미시닌으로 인해 살아난 생명이 얼마나 많겠는
가? 그래서 투요우요우는 매년 노벨 생리의학상 분야의 후보자로 이름

을 올리고 있다. 문제는 투요우요우 여사가 1930년생으로 벌써 80세가 넘었다는 사실. 노벨 위원회야, 주려면 좀 빨리 줘라. 기다리다 여사님 돌아가시겠다.

사족: 말라리아 백신에 천문학적 자금을 대고 있는 빌 게이츠는 말라리아처럼 생명이 왔다 갔다 하는 질병보다 대머리 치료에 더 많은 자금이 몰린다면서 '자본주의 체제의 결함'을 맹비난한 바 있다. 그의 말에 어느 정도 공감은 하지만, 그가 머리숱이 많아서 대머리의 심정을 잘 이해하지 못하는 건 아닐까 하는 생각이 든다.

V. 기타, 우리 몸 이곳저곳에서 사는 기생충

1. 심장사상충 | 심장사상충 예방약, 먹여야 할까?

얼마 전 한 인터넷 신문에 '국내 애견 인구 1000만 시대'라는 제목의 기사가 나왔다. 제목만 보면 올해 드디어 천만 명을 돌파했구나 싶은데, 그건 아니었다. 2006년 기사에도 비슷한 내용의 기사가 있고, 심지어 2년 전 기사는 '2천만'이라는 표현을 썼다. 아마도 개를 한 마리라도 키우는 집의 가족 수를 모두 합친 모양이다. 그 많은 애견가들에게는 오래된 딜레마가 있는데, 그건 바로 심장사상충 예방약을 먹일 것인가 말 것인가에 관한 내용이다. 동물병원에선 해마다 4월이면 심장사상충의 계절이 돌아왔다고 홍보를 하는데, 안 먹이자니 심장사상충이 걱정되고, 먹이자니 부작용이 걱정된다. 과연 어떻게 하는 게 좋을까?

심장사상충이란?

개나 고양이를 침범하는 기생충 중 개사상충(디로필라리아, *Dirofilaria*) 이란 게 있다. 개가 무슨 심오한 사상을 가졌다는 게 아니라 실처럼 생겼다고 해서 붙여진 이름으로, '사상'은 실을 뜻하는 '사(絲)'와 모양을 뜻하는 '상(狀)'을 의미한다. 여기엔 디로필라리아 이미티스(Dirofilaria im-mitis)와 디로필라리아 리펜스(D. repens) 두 종류가 있는데, 전자는 심장을, 후자는 피부를 침범한다. 그러니까 우리가 심장사상충이라고 부르는 것은 디로필라리아 이미티스만을 의미하는데, '개사상충'이라는 이름에서 알 수 있듯이 고양이보다는 개에 훨씬 더 잘 감염된다. 여기서는 심장사상충에 대해서만 얘기하기로 하겠다.

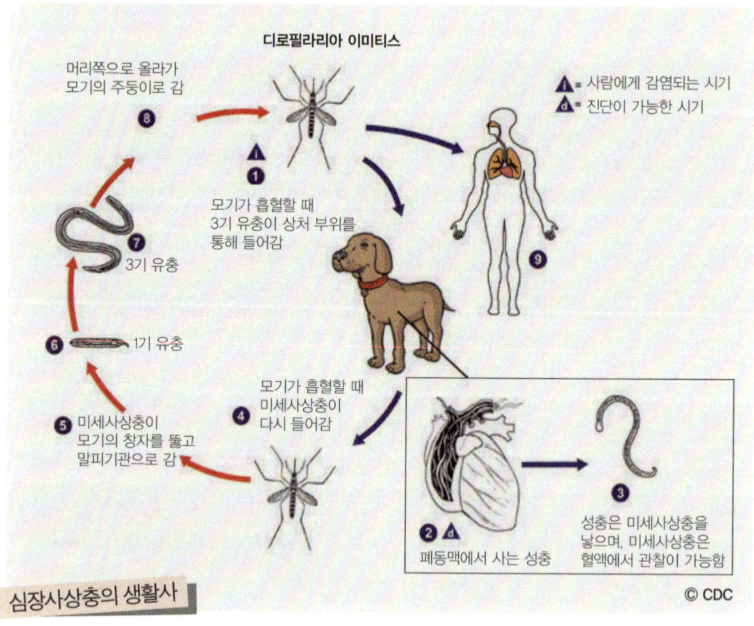

심장사상충의 생활사

개들이 심장사상충에 걸리는 건 모기를 통해 이루어진다. 모기에 물릴 때 모기 안에 있던 3기 유충들이 피부를 뚫고 들어오는 것이다. 이들이 교접을 할 수 있을 정도까지 자라는 데는 대략 4개월이 걸린다. 심장사상충이라고 하니 심장에 산다고 생각하겠지만, 심장사상충이 주로 사는 곳은 폐동맥이며, 심장으로 오는 건 충체 수가 많거나 질병의 말기가 되어서다. 다 자란 성충은 길이가 제법 길어 암컷은 25~30센티미터, 수컷은 12~20센티미터쯤 되는데, 수명도 7년 이상이다. 개의 작은 심장에 어쩜 저리도 큰 벌레가 있을까 생각하면 마음이 아파온다. 우리가 아는 대부분의 기생충은 숙주 안에서 알을 낳지만, 심장사상충은 자신의 축소판인 미세사상충(마이크로필라리아)을 낳아 혈관 속으로 내보내는데, 이 미세사상충은 대략 2년 정도 살 수 있다. 이 미세사상충을 모기가 다시 흡혈하면 모기 몸 안에서 다시 3기 유충으로 자라는데, 이 기간은 온도에 따라 다르다. 섭씨 28~30도라면 8일만에 3기 유충이 되지만, 22도에선 20일 가량이 걸리며, 최저기온이 14도 미만이라면 발육이 중지된다. 아침 기온이 10도 내외에선 3기 유충을 가진 모기가 없다는 얘기이다. 이 자료는 설령 심장사상충 예방약이 필요하다 하더라도 1년 내내 약을 쓸 필요가 없다는 걸 말해 준다. 개와는 달리 고양이는 심장사상충의 좋은 숙주가 아닌지라, 고양이에 들어간 심장사상충은 성충이 되는 데 훨씬 긴 시간이 걸리고 (8개월) 크기도 작을 뿐 아니라 미세사상충도 낳지 못한다.

심장사상충의 증상

심장은 전신에 혈액을 보내는 중요한 장기. 심장사상충이 심장을 침범하니 증상은 당연히 심각하며, 갑자기 죽는 일도 충분히 가능하다. 이해를 돕기 위해 심장의 구조와 역할에 대해 잠깐 언급한다. 전신을 돌고 난 혈액은 큰 정맥에 실려 우심방으로 들어가고, 밸브를 통해 우심

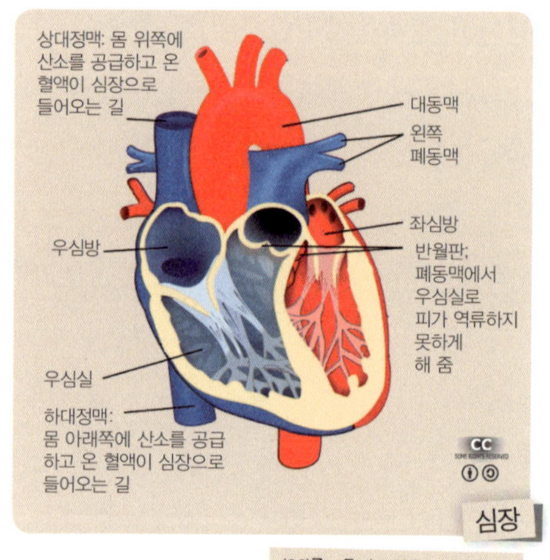

(CC)ZooFari at Wikimedia.org

실로 간다. 우심실은 혈액을 폐동맥을 통해 폐로 보내며, 거기서 산소를 얻은 혈액은 좌심방을 거쳐 좌심실로 들어온 후 대동맥을 통해 전신으로 나간다. 이런 심장에 기생충이 들어온다면 어떻게 될까? 일단 기다란 기생충이 폐동맥에 기생하니 폐동맥이 좁아질 테고, 폐동맥을 통해 혈액을 폐로 보내는 우심실에 과부하가 걸린다. 좁아진 것도 하루 이틀이지, 몇 년씩 이러면 우심실도 열이 받고, 결국 더 이상 일을 할 수 없다고 항복하는 사태가 발생하는데, 그게 바로 (우)심부전이다. 이쯤 되면 이미 심장은 만신창이가 된 터라 고칠 방법이 없다. 심장사상충으로 생길 수 있는 또 다른 사태는 상대정맥증후군(vena cava syndrome, VCS)으로, 주로 작은 개에게서 일어난다. 이것은 심장사상충이 폐동맥에서 우심실로 자리를 옮겨 우심방에서 우심실로 가는 판막을 망가뜨리는 현상을 지칭한다. 혈액이 우심실에서 폐동맥으로 가야 정상일 텐데 우심방으로 역류를 해 버리니 우심방의 압력이 높아지고, 전신을 돌고 난 혈액이 우심방으로 잘 들어가지 못하게 된다. 결국 혈액은 몸 곳곳에 축적되고, 배에 복수가 차고 다리가 붓는다. 그러니 몸이 부은 채 헉헉거리며 움직이지 못하는 개가 있다면 심장사상충을 의심해 봐야 한다.

물론 이건 어느 정도 병이 진행된 다음에 그렇다는 것일 뿐, 처음 몇 달은 증상이 별로 없다. 심장사상충이 성충으로 자라는 데 걸리는 시간이 4개월이니 그럴 수밖에 없지만, 마릿수가 얼마 안 되면 1년이 더 지나도록 증상이 없을 수도 있다. 주요 증상은 개가 계속 기침을 한다는 것. 게다가 이 기침은 운동을 하면 심해지며, 호흡도 점차 힘들어지다 결국 운동을 전혀 못하는 상태에 이른다. 행여 이 과정을 잘 넘긴다 해도 수명이 다한 벌레가 죽거나 약으로 치료를 하는 경우 죽어 버린 벌레 조각이 떨어져 나가 혈관을 막아 버릴 수가 있는데, 이걸 혈전에 의한 색전증(thromboembolism)이라고 하며, 이 또한 개가 급사하는 원인이다. 심장사상충에서 치료 대신 예방이 강조되는 건 바로 이 때문이다.

진단과 치료

위에서 심장사상충의 성충은 미세사상충이라는 새끼를 낳아 혈액 속으로 내보낸다고 했다. 그러니 개의 혈액을 뽑아 미세사상충을 관찰하면 진단할 수 있는데, 암컷이나 수컷만 들어 있는 경우, 혹은 암컷이 나이를 먹은 경우엔 미세사상충이

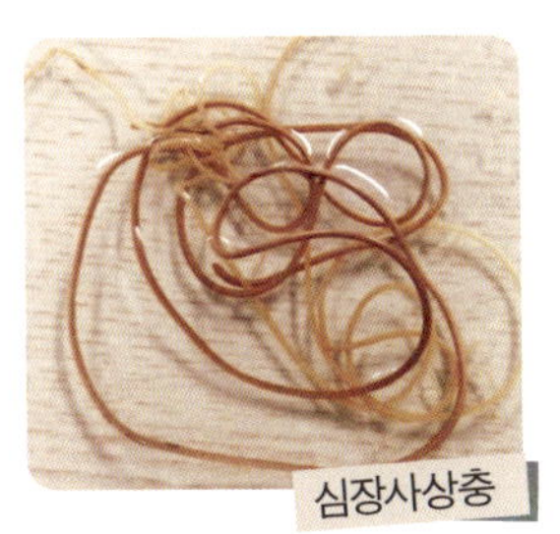

나오지 않을 수 있다. 따라서 미세사상충을 보는 것보단 개의 혈액 속에 심장사상충 성충에 대한 항원이 있는지 검사하는 게 훨씬 더 정확한 방법으로, 동물병원에서 쓰는 방법은 대개 이거다. 임상적인 검사도 진단에 도움이 된다. 엑스레이를 찍었는데 폐동맥이 커졌다든지 오른쪽

심장이 커지는 경우 심장사상충을 의심할 수 있지만, 확진은 심장 초음파(echocardiography)로 벌레를 직접 관찰하는 거다. 이 경우 벌레의 마릿수와 심장이 얼마만큼 나빠져 있는지를 알 수 있어 치료 방침을 정하는 데 도움이 된다.

진단을 알았으면 이제 치료 얘기를 해 보자. 심장사상충의 치료는 다른 기생충보다 훨씬 복잡하고 어렵다. 약은 멜라소민(melasormine hydro-chloride)을 24시간 간격으로 두 번 주사하는데, 이 경우 90퍼센트 정도의 심장사상충이 죽는다고 한다. 하지만 그 전에 몇 마리의 심장사상충이 들어 있는지, 개의 나이는 몇 살인지, 크기는 얼마인지를 먼저 따져야 한다. 왜? 약을 써서 벌레가 죽은 뒤 그 조각이 떨어져나가 혈관을 막아 버리는, 소위 혈전색전증이 생길 수 있으니까. 마릿수가 적고 증상도 없다면 저위험군에 속하니 약을 써도 되지만, 마릿수가 많고 증상도 심하다면 다른 조치가 필요하다. 즉 약을 주고 난 뒤 색전증이 안 생기도록 움직임을 제한해야 하는데, 최소한 한 달이나 40일 정도 상자 같은 데 넣어 놓는 게 좋다. 상대정맥증후군(VCS)이 생겼거나 숫자가 많은 경우라면 목의 정맥을 통해 기구를 넣는 수술로 충체를 직접 꺼낼 수도 있다. 수술로 꺼내면 혈전색전증을 걱정 안 해도 된다는 이점도 있다.

예방의 필요성은?

위에서 강조한 것처럼 심장사상충에서 예방의 필요성은 어느 정도 인정되고 있다. 예방 시기는 모기가 활동하기 한 달 전쯤부터 모기가 들어간 한 달 뒤까지 하는 게 좋다니, 우리나라로 따지자면 5~9월에 예방약을 쓰면 될 것 같다. 물론 요즘엔 겨울에도 모기가 있지만 최저 기온이 14도 이하면 심장사상충의 발육이 정지된다는 점을 상기하자. 시중에서 유통되는 심장사상충 예방약은 하트가드(성분명: ivermectin), 레볼루션(성분명: selamectin), 애드버킷(성분명: moxidectin)이 있다. 이 중 하트가드는 먹는 약이고, 뒤의 두 개는 바르는 약인데, 이 약들은 유충이 들어오는 것을 막진 못해도 유충이 성충으로 발육하지 못하게 함으로써 개를 지켜 준다. 약값이 부담이 된다고 생각할 수도 있겠지만, 걸렸을 때 개가 겪어야 할 고생과 개 주인이 치러야 할 엄청난 치료비(1백만 원 이상)를 생각하면 예방약을 쓰는 게 훨씬 합리적인 선택이다. 혹시 성충이 이미 있는 개에게 예방약을 투여하면 성충이 죽어 혈전색전증이 생길 수 있으므로 먼저 감염 여부를 알아보는 게 꼭 필요하다.

걱정은 이 약들에 부작용이 있으면 어쩌나 하는 거다. 인터넷에는 예방약을 썼더니 개가 침을 흘리고 구토를 했다 등등 부작용에 관한 사례가 많이 올라와 있다. 예방약의 독성이 강해 오히려 개의 건강을 해친다는 얘기다. 물론 부작용이 없는 약은 없고, 심장사상

심장사상충에 감염된 셰퍼드의 심장

(CC)Joelmills at Wikimedia.org

충 예방약 역시 여기서 자유롭지 못하다. 또한 콜리나 셔틀랜드 쉽독 등 몇몇 종에서는 예방약의 독성이 더 현저하게 나타나기도 한다. 그렇긴 해도 예방약이 개를 더 해롭게 한다든지, 수의사들이 장삿속으로 예방약을 권한다고 주장하는 건 오해에 가깝다. 예방약의 안전성은 여

러 연구에서 입증된 바 있고, 정말 수의사들이 돈을 벌고자 한다면 개들이 심장사상충에 걸리게 만들어 수백만 원의 치료비를 받는 게 더 이익일 테니까.

이런 주장도 있다. 개가 심장사상충에 걸릴 확률은 지극히 낮은데, 그 위협을 과장함으로써 돈을 벌려고 한다는. 정말 그런지 우리나라 조사 결과를 한번 보자. 1994년 셰퍼드 127마리를 조사했더니 28.3퍼센트가 양성이었고, 2005년 춘천에 사는 개들 500마리 중에선 10퍼센트가 양성이었다. 2010년 충남 지역 개들은 20.9퍼센트가 양성으로 나왔다. 이 밖에 여러 지역의 개 800여 마리를 조사했더니 40퍼센트의 양성률이 나왔다는 보고도 있다. 이 정도면 꽤 높은 편이지 않은가? 물론 실내에서 주로 사는 개들은 감염률이 낮겠지만, 그런 개들이라고 산책을 안 나가는 건 아닐 테니, 호시탐탐 그때를 노리던 모기의 희생양이 될 수도 있다. 각종 조사에서 빠짐없이 나오는 말은 유기견들이 심장사상충에 더 많이 걸려 있다는 건데, 버려지는 개가 점점 증가하는 슬픈 현실은 아무리 도심이라고 해도 심장사상충에 경각심을 가져야 할 것을 요구한다. 그 유기견들의 혈액 속에 있는 미세사상충이 모기를 통해 새로운 개에게 감염될 수 있으니 말이다. 그럼 고양이는 어떨까? 학자들에 따르면 고양이는 신비주의 컨셉으로 살아가는 동물이라 예방의 필요성이 개만큼 절실하지 않다고 한다. 야생고양이를 대상으로 한 우리나라 조사 결과도 2.6퍼센트에 불과했으니, 안 해도 크게 상관은 없겠다 싶다.

볼바키아, 미래의 희망

그럼에도 예방약에 대해 부정적인 선입견을 갖고 있는 사람이 많아서

인지 부작용을 줄이기 위한 노력도 계속되고 있다. 두 약을 섞어서 준다든지, 몸 안에 들어간 약이 아주 천천히 작용하게 하는 등등의 연구를 하고 있는데, 최근에는 전혀 다른 접근법이 고안됐다. 심장사상충의 몸 안에서 볼바키아(Wolbachia)라는 세균이 발견된 것. '아니 어떻게 기생충에 들어가 기생을 하냐, 정말 징글징글한 놈이겠구나'라고 생각할 거다. 하지만 이게 우리가 생각하는 그런 기생은 아닌 것이, 심장사상충이 볼바키아에게 아미노산을 제공하는 반대급부로 볼바키아는 심장사상충이 개의 몸에서 어른이 되는 데 큰 도움을 준다. 그러니까 볼바키아가 없다면 심장사상충은 어른으로 자라지도 못할 뿐 아니라 어른이 된다 해도 오래 살기가 어려우니, 기생보다는 공생이란 단어가 훨씬 더 어울린다. 이 얘기를 하는 이유는 심장사상충을 죽이는 대신 볼바키아를 없애는 방법으로 이 기생충을 예방할 수 있다는 가능성을 던져 주기 때문이다. 예컨대 테트라사이클린 같은 항생제를

써서 볼바키아를 죽이면 심장사상충을 고칠 수 있으니 기존의 심장사상충보다 부작용이 덜하지 않겠는가? 현재 이에 대한 활발한 연구가 진행되고 있다니 기대해 보자.

사람도 걸릴 수 있다

개사상충의 특이한 점은, 매우 드물긴 하지만, 사람에도 감염될 수 있다는 것이다. 물론 사람은 개사상충의 좋은 숙주는 아니어서 심장사상충이 폐동맥까지 와 봤자 면역이 작동해 미성숙한 벌레를 파괴하고, 그 흔적이 폐에 결절 형태로 남게 된다. 피부를 침범하는 디로필라

리아 리펜스(D. repens)도 피부나 눈에 결절을 형성한다고 알려져 있다. 2012년 현재까지 1,782건의 인체 감염이 전 세계에서 보고된 바 있는데, 그중 372건이 심장사상충에 의한 폐 침범 사례고 나머지는 디로필라리아 리펜스에 의해 피부에 결절을 형성한 경우다. 무지하게 많다고 생각하며 개를 버리려는 분들께 당부 드린다. 그 대부분은 러시아와 유럽이고, 우리나라는 1976년 첫 환자가 발견된 이래 현재까지 세 건이 발생한 게 고작이다. 물론 이게 빙산의 일각일 수는 있다. 개야 폐동맥이 막히다 보니 증상이 생겼지만, 사람에게선 증상이 있는 경우가 드물다 보니 진단하기가 어렵다는 것. 하기야, 기껏해야 장기에 결절이 생기는 게 고작이니, 증상이 있어 봤자 얼마나 있겠는가? 2002년 보고된 환자 역시 정기검진을 하다가 발견되었을 뿐 증상은 전혀 없었다. 그러니 심장사상충을 빌미로 키우던 개를 버리는 일은 없기를 빈다.

심장사상충

- 위험도: ★★★★ (사람에게는 위험도가 낮음)
- 형태 및 크기: 암컷은 25~30cm, 수컷은 12~20cm, 가늘고 긴 벌레가 덩어리를 이룬 것처럼 보임
- 수명: 7년 이상
- 감염원: 모기
- 특징: 치료가 복잡하고 어려움. 죽은 벌레 조각이 혈관을 막을 수 있어서 예방이 중요함
- 감염 증상: 계속 기침을 하고 호흡도 점차 힘들어지며, 배에 복수가 차고 다리가 붓는다. 사람의 경우 결절이 생기는 정도로 증상이 거의 없음

2. 림프사상충 | 당신의 다리를 노린다

당신의 다리, 그중에서도 한쪽 다리가 점점 붓는다면, 그러다 말겠지 생각했는데 계속 부어서 코끼리 다리처럼 된다면? 기생충 때문이라고 해서 치료하면 나을 줄 알았는데 의사가 "기생충을 치료한다 해도 다리는 원래대로 돌아

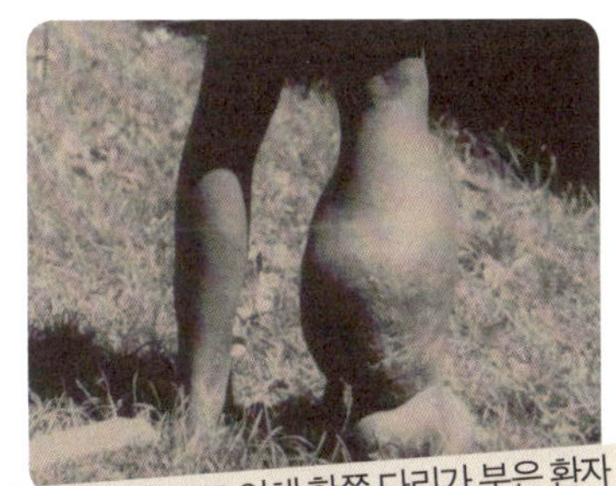

림프사상충으로 인해 한쪽 다리가 부은 환자

가지 않는다"고 한다면? 생각만으로도 무서운 이런 질환이 진짜 있을까? 있다. 그것도 전 세계 81개나 되는 나라에서. "설마 우리나라는 아니겠지"라고 생각한다면 그건 오산이다. 거의 멸종하긴 했지만 우리나라에도 아직 그 기생충의 잔재가 남아 있으니까.

림프사상충증

세계보건기구(WHO)가 "육체적 장애를 일으키는 가장 흔한 원인"으로

지목한 이 질환의 이름은 림프사상충증이다. 림프란 우리 몸의 혈관에서 스며 나온 조직액으로, 조직의 세포를 적신다. 한번 사용된 조직액은 다시 심장으로 돌아가야 하는데, 조직액을 심장까지 운반하는 관이 바로 림프관이며, '림프'라는 조직액이 림프관에 있을 때를 지칭한다. 사상충은 벌레가 마치 실처럼 생겨서 붙은 이름, 그러니까 림프사상충증은 실처럼 생긴 벌레로 인해 림프관이 막히고, 심장으로 가야 할 조직액이 조직에 그대로 남아있게 되어 다리나 팔, 가슴이나 고환 등이 붓는 상태를 말한다. 피부가 두꺼워지는 게 마치 코끼리 피부 같다고 해서 '상피증(elephantiasis)'이라고 불리기도 한다.

물론 사상충이 '기필코 장애를 일으키겠다'는 사악한 의도로 이런 증상을 일으키는 건 아니다. 사상충이 림프를 모으는 중간 정거장인 림프절에 사는 걸 좋아한다는 게 문제다. 수컷의 크기가 4센티미터, 암컷은 무려 6~10센티미터 정도로 기니 그 존재만으로도 당장 무슨 일이 날 것 같지만, 사상충은 숙주와 우호적인 관계를 유지하고 있는지라 벌레가 살아 있는 동안에는 의외로 별 일이 없다. 일이 터지는 건 사상충이 수명대로 (림프사상충의 수명은 5~8년이다) 살다가 죽은 뒤다. 사상충으로부터 떨어져 나온 단백질이 혈액 속으로 나오면서 격렬한 면역반응이 일어나는데, 그 결과 열이 나고 림프절과 림프관에 심한 염증이 생긴다. 림프관의 염증은 심한 통증을 유발하고, 림프가 제대로 운반되지 못하다 보니 림프가 고여 팔이나 다리가 붓게 된다. 이때 붓는 것은 손가락으로 누르면 원상태로 돌아가는 그런 부종으로, 여기서 치료하면 원래의 팔, 다리로 돌아갈 수 있지만, 진단을 제대로 못하는 경우 병변

은 계속된다. 고인 림프는 세균들이 살기 좋
은 환경이라 세균들이 마구 모여들고, 염증
이 있다가 낫는 과정이 되풀이되면서 섬유질
이 두껍게 쌓인다. 이때의 부종은 섬유질이
축적된 결과인지라 손가락으로 아무리 세게
눌러도 들어가지 않고, 환자는 두꺼워진 팔

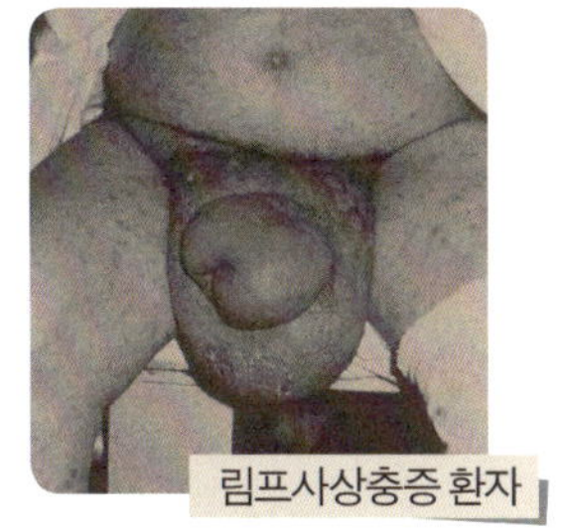

림프사상충증 환자

이나 다리를 가지고 여생을 살아야 한다. 몸의 어디가 붓느냐는 사상충
의 기생부위에 따라 달라진다. 림프사상충이 사타구니 림프절에 있으
면 고환이 농구공처럼 커지거나 다리가 붓고, 겨드랑이 림프절에 사상
충이 있다면 팔이 붓거나 가슴이, 그것도 한쪽만 어마어마하게 커진다.

림프사상충의 발견

이 기생충이 언제부터 있었는지는 확실하지 않지만, 기원전 2천 년
전쯤의 파라오인 멘투호텝(Mentuhotep) 2세의 조각상을 보면 다리가 부
어 있는데, 이는 림프사상충의 존재를 보여 주는 가장 오래된 증거물이
다. 그 후 그리스와 로마 시대의 문헌들에서 이 질병에 대한 언급이 있
지만, 16세기 말 인도 지방을 여행한 한 학자가 "이 지역 사람들은 한쪽
다리의 무릎 아래 부분이 두꺼워 코끼리 다리 같다"라고 말한 게 림프
사상충에 관한 최초의 공식 기록이라고 한다.

사람에게서 림프사상충을 일으키는 사상충은 모두 세 종이 있다. 반
크롭트사상충, 말레이사상충, 티몰사상충인데, 반크롭트사상충이 전체
의 90퍼센트를 차지하고 증상도 가장 심하다. 말레이사상충은 그 이름

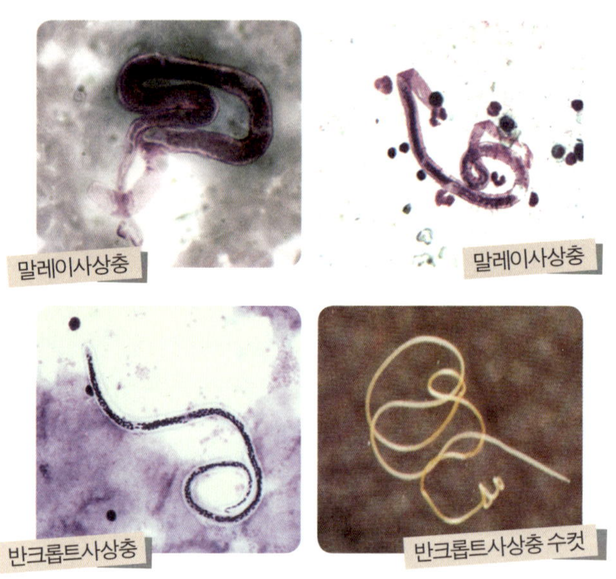

에서 추측할 수 있듯이 동남아시아에서 유행한다. 우리나라에 있는 사상충도 바로 이것이지만, 말레이사상충은 증상이 조금 덜하다는 걸 제외하면 모든 게 반크롭트사상충과 비슷한지라 여기서는 사상충 중 가장 중요한 반크롭트사상충을 중심으로 얘기해 보겠다. 반크롭트사상충의 학명은 부케레리아 반크롭티(Wuchereria bancrofti). 이렇게 도무지 뜻을 알 수 없게 만드는 이름이 붙은 데는 다음과 같은 사연이 있다. 1866년 부케러(Otto Wucherer)라는 학자가 환자의 소변에서 사상충의 유충을 발견하고 미세사상충(microfilaria, 작은 사상충이라는 뜻)이라고 불렀는데, 그로부터 10년 뒤 반크롭트(Joseph Bancroft)라는 학자가 환자의 림프절에서 성충을 발견하고는 거기다 자기 이름을 붙인 거다. 둘 사이에 신경전이 벌어졌고, 그들은 결국 두 사람의 이름을 모두 넣는다는 데 합의하고 굳은 악수를 나눴다.

반크롭트사상충의 생활사

이제 반크롭트사상충이 어떻게 전파되는지가 사람들의 관심거리가 됐다. 전파 경로를 알아야 박멸 및 예방 대책을 세울 수 있으니까. 이 일을 해낸 사람은 만손(Patrick Manson)이라는 학자로, 그는 모기가 범인 임을 최초로 밝혔다. 여기까지만 했다면 그의 이름이 지금보다 널리 알려졌겠지만, 만손은 그러는 대신 "모기가 물속에다 유충을 퍼뜨리고, 사람이 그 물을 마셔서 감염된다"고 주장한다. 아쉽게도 이건 틀린 주장이었고, 이후 다른 학자가 모기 주둥이에서 그 유충을 발견함으로써 사람들은 "아, 모기가 사람 피를 빨 때 주둥이에 있던 유충이 들어가서 감염이 되는구나"라는 사실을 알게 됐다.

이를 토대로 반크롭트사상충의 생활사가 완전히 그려진다. 일단 모기가 물 때 모기 주둥이에 있던 3기 유충이 사람 몸에 들어가면서 감염이 이루어진다. 이 3기 유충은 림프절이나 림프관에 자리를 잡고 열 달 후에 어엿한 성충으로 자라며, 암·수간의 교접도 일어난다. 암컷은 임신을 하고, 알을 낳는 다른 기생충들과 달리 림프사상충의 암컷은 실처럼 가느다란 새끼 사상충을 낳는데, 이게 바로 부케러가 발견한 미세사상충(1기 유충에 해당)이다. 모기가 흡혈할 때 이 미세사상충이 잽싸게 모기에게 옮겨가 모기 안에서 3기 유충으로 자라며 또 다른 희생자를 기다리는 게 반크롭트사상충의 생활사다.

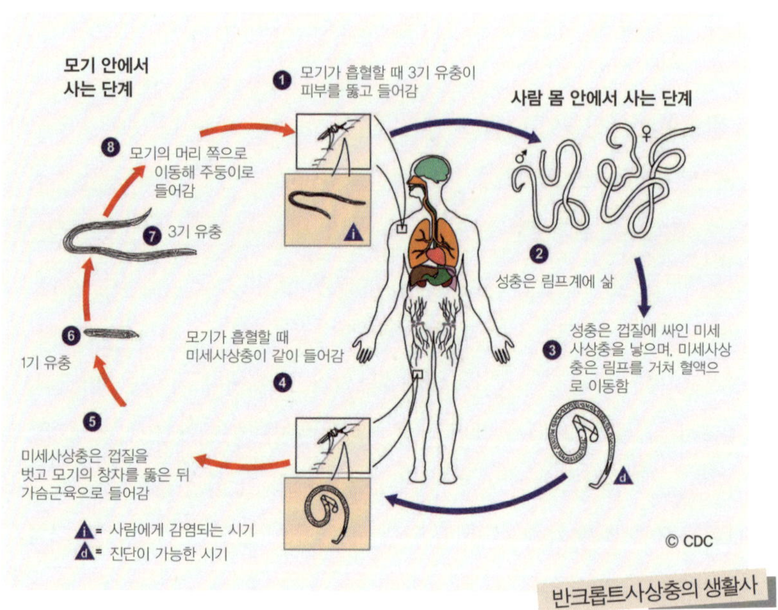

반크롭트사상충의 생활사

야간주기성(nocturnal periodicity)

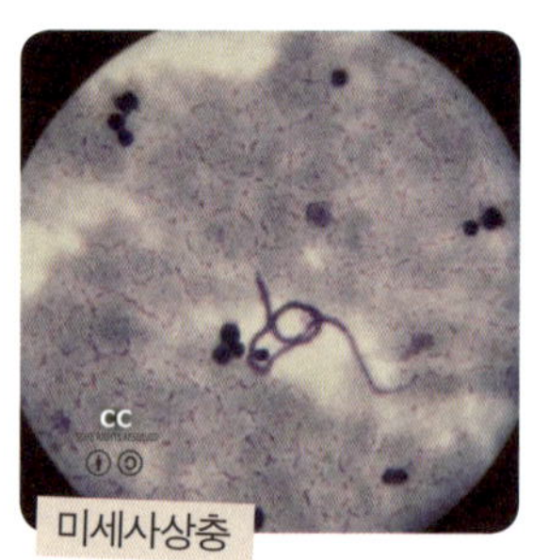

미세사상충

신기한 건 이 미세사상충의 행동이다. 미세사상충은 낮 동안에는 몸 깊숙한 정맥에 숨어 있다가 밤이 되면 나와서 피부 말초혈관을 돌아다닌다. 이런 행동패턴을 '야간주기성'이라고 부르는데, 놀랍게도 이 야간주기성은 반크롭트사상충의 전파에 도움을 준다. 미세사상충이 성충이 되어 자손을 번식시키려면 일단 모기에게 건너가야 하는데, 모기가 가장 왕성하게 활동하는 시간이 바로 밤이지 않은가? 혹시나 싶어 말초혈액에서 시간대별로 미세사상충의 숫자를 헤아려 봤더니 밤이 깊을수록 점점 수가 많아졌고, 밤 12시부터 새벽 3시 사이에 정점에 달했다가 점점 떨어졌다. 애들은 밤에 자야 하는데 미세사상충은 어떻게 이럴 수가 있을까? 미세사상충의 성숙한 행동에 놀란 학자들은 그 이유를 알아내려 애썼지만, "미세사상충이 갖고 있는 물질이 햇볕에 약해서 낮에 숨어 있는 거다" 같은 추론이 고작이었다.

이유가 뭐든 간에 미세사상충의 야간주기성은 림프사상충 감염 여부를 진단하는 데 약간의 장애를 초래한다. 미세사상충이 있는지 보려면 밤 12시에 환자로부터 혈액을 채취해야 하니까 말이다. 이 야간주기성은 말레이사상충에서도 나타나며, 우리나라 학자들이 제주도에서 상주하면서 주민들의 밤잠을 깨운 이유도 이것 때문이었다.

진단. 치료는 어떻게?

위에서 말한 것처럼 림프사상충증은 충체가 죽은 뒤에야 병변이 시작된다. 미세사상충도 수명이 있는지라 엄마가 죽고 나면 더 이상 만들어지지 않아, 병변이 시작됐을 때는 오밤중에 혈액을 채취해 봤자 진단하기가 어렵다. 그 경우에도 의심이 가는 림프절의 조직 검사를 시행해 죽은 벌레를 발견하면 진단할 수 있다. 다행히 다리가 붓기 전에 진단이 된다면 디에틸카바마진(DEC, Diethylcarbamazine)이라는 약으로 치료가 된다. 그러니 유행 지역에 살거나 관광을 그곳으로 다녀왔다면 한번쯤 혈액에 미세사상충이 있는지 검사할 필요가 있다. 이미 다리가 코끼리처럼 변한 경우라면 이미 충체는 죽었으니 약을 써봤자 별반 도움이 안

되며, 망가진 다리는 성형외과적 수술로 고치는 게 유일한 방법이다. 대부분의 기생충이 온순하지만 몇몇 기생충은 나쁘다고 말하곤 하는데, 영구적인 장애를 일으키는 림프사상충은 정말 나쁜 놈이다.

우리나라의 림프사상충

우리나라에서 림프사상충에 관한 기록은 고려 이전에는 없었다. 그러던 것이 고려시대부터 중국, 인도네시아, 중동 등의 국가와 거래가 활발히 이루어지면서 림프사상충이 유행하게 된다. 즉 우리나라의 림프사상충은 수입성 질환인 셈인데, 다행히도 비교적 증세가 덜한 말레이사상충이었다. 충청도에서도 환자가 있었고 경북 내륙지역과 전라남도 해안가 등에서도 이따금씩 환자가 발생했지만, 가장 유행도가 높은 곳은 바로 제주도였다. 실제로 제주도 분들 중에는 사상충으로 인해 팔이나 다리가 굵어진 분들이 꽤 있었다는데, 우리나라 최초로 기생충학교실을 만드신 서울의대 서병설 교수는 림프사상충 환자들을 보고 "우리나라에서 림프사상충을 완전히 박멸시키겠다"는 결심을 한다. 1968년 서병설 교수는 지인의 도움으로 제주도에 캠프를 차렸고, 거기 몇 달씩 상주하면서 주민들의 피를 뽑았다. 그것도 밤 12시라는 야심한 시각에. 낮 시간에 찾아와 피를 달라고 해도 시선이 곱지 않았을 텐데, 한창 잠이 들었을 시각에 방문을 두드리고 피를 뽑아 댔으니 얼마나 불평불만이 많았겠는가? 그 당시 발표된 논문에는 이런 말이 쓰여 있다.

"주민들의 협조는 갈수록 떨어져 세 번째로 방문했을 때는 불과 40퍼센트만 채혈에 응했다."

이런 어려움 속에서 서 교수는 유행지역의 주민들 3천 명을 조사, 17퍼센트가 말레이사상충에 걸려 있다는 것을 확인했고, 양성자에게 약을 투여함으로써 그들을 육체적 장애로부터 구해 줬다. 서 교수는 이런 일을 무려 5년간이나 계속하면서 제주도의 림프사상충을 몰아냈다. 1980년대 후반에 제주도 주민들을 조사했을 때 감염률은 0.3퍼센트에 불과했고, 그 후 조사에서는 드디어 0퍼센트에 이른다. 경북 내륙에서도 비슷한 형태의 집단치료가 이루어지면서, 우리나라에서 림프사상충은 거의 자취를 감추다시피 했다. 그렇다고 해서 림프사상충이 완전히 박멸된 것은 아니었다. 2003년 흑산도를 조사한 연구팀은 주민들 중 여섯 명(1.6퍼센트)에게서 미세사상충을 찾아냈으며, 2009년 조사에서도 신안군의 섬에서 두 명의 양성자가 발견된 바 있다. 림프사상충이 유행하는 나라에 가는 사람들도 조심을 해야겠지만, 서해안 섬에 갈 때도 모기에 물리지 않도록 예방조치를 하고, 어쩔 수 없이 물렸을 경우엔 열 달 후 혈액검사를 해 보는 식으로 나름의 주의를 기울이는 게 좋겠다. 림프사상충은 가지고 살기엔 너무 나쁜 기생충이니까. 반크롭트사상충의 유행지는 적도 근처, 즉 아프리카, 인도, 동남아시아, 필리핀, 대서양 군도, 남아메리카이고, 말레이사상충의 유행지는 남중국, 인도, 인도네시아, 태국, 베트남, 말레이시아, 필리핀이다. 물론 한국도 말레이사상충의 유행지로 기록되어 있다.

덧붙이는 말: 정확한 진단을 위해서는 모기에 물린 뒤 열달 뒤에 혈액검사를 해야하지만, 더 빨리 진단하려면 사상충에 대한 항체가 생겼는지를 보면 된다. 항체 검사는 모기에 물린 지 2주 정도 지나면 가능

하며, 우리나라에선 오송에 있는 질병관리본부에서 검사할 수 있다.

림프사상충

- 위험도 : ★★★★★
- 형태 및 크기 : 수컷 4cm, 암컷 6~10cm, 작고 가늘며 양 끝이 뭉툭함
- 수명 : 5~8년
- 감염원 : 모기
- 특징 : 림프절에 사는 걸 좋아함. 사는 동안에는 별 문제 없는데, 죽으면 심한 염증이 생김
- 감염 증상 : 특정 부위가 처음에는 부종 정도로 붓다가 시간이 지나면 섬유질이 쌓여 원상태로 돌아가기 어려움

3. 폐디스토마 | 밥도둑 간장게장에 숨겨진 기생충

10세 소녀에게 찾아온 참극

10세 소녀가 갑자기 말을 못하고, 오른손이 저리는 증세와 더불어 안면신경마비까지 나타났다. 이 중 하나만 있어도 부모들이 까무러칠 텐데 세 가지가 동시에 나타났으니 본인은 물론이고 부모들이 얼마나 놀랐을까? 넘어져서 무릎이 까지는 차원이 아니라 뇌 쪽에 문제가 생겼다는 얘기니 말이다. 놀란 부모는 소녀를 병원에 데리고 갔고, 의사가 진찰해 보니 오른팔과 손가락의 움직임에 이상이 있었다. 오른손을 다스리는 건 왼쪽 뇌. CT를 찍어 본 결과 누가 봐도 알 수 있을 정도의 뇌출혈이 관찰됐다. 이 나이 때 뇌출혈이 생겼다면 뇌혈관에 기형이 있다가 그게 터졌을 확률이 높은데, 검사 결과 그건 아니었다. 의사들은 뇌수술을 권했지만, 부모 입장에선 신경학적 증상도 시나브로 없어졌고 의사가 진단도 제대로 못 내리는데 덜컥 수술을 맡길 수는 없었다. 결국 환자는 항 간질 약을 먹고 퇴원한다.

하지만 두 달 뒤 환자는 비슷한 증상을 호소하며 병원 응급실을 찾는다. 원래 증상에다 오른쪽 얼굴에 경련이 일어나는, 일종의 부분 발작까지 더해졌고, MRI를 찍어 보니 이전보다 출혈 부위가 커져 있었다. 의사는 생각했다. 혹시 암이 아닐까? 암 덩어리에서 계속 출혈이 있어서 이런 사단이 난 게 아닐까? 의사는 재차 수술을 권했고, 부모들은 더 이상 반대할 수 없었다. 뇌를 열어 보니 뇌 왼쪽에 무슨 주머니 같은 게 보여서 그걸 떼어 냈는데, 그러자마자 환자의 증상은 드라마틱하게 좋아졌다. 이제 궁금한 건 그 주머니의 정체, 병리소견에서 관찰된 건 놀랍게도 기생충의 알이었다. 의뢰를 받은 기생충학 교수는 그게 폐디스토마의 알이라고 확인해 줬다. 기생충이, 그것도 폐에 살아야 할 폐디스토마가 뇌로 가서 증상을 일으키다니, 놀란 의료진은 그때의 심경을 이렇게 표현했다.

"뇌 폐디스토마일 줄은 꿈에도 몰랐다!"

폐디스토마, 꼭 폐에 사는 것만은 아니다

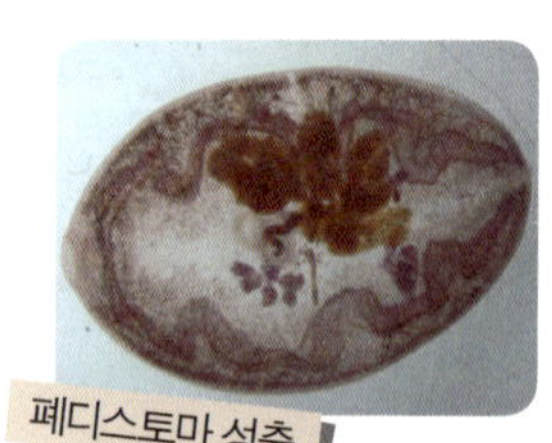

폐디스토마 성충

폐디스토마

폐디스토마는 이름처럼 폐를 침범해 병을 일으키는 기생충이다. 가재나 게가 인체 감염원으로, 가재 즙이나 게장을 먹을 때 기생충의 유충이 사람에게 들어와 폐에 병변을 일으킨다. 폐 조직에서 주머니를 만들고 사는데, 거기서 알도 낳고 염증도 원 없이 일으키다 보면 주머니 안이 거의 피투성이가 된다. 낳은 알들을 어떻게든 외계로 내보내고 싶은 폐디스토마는 우리 몸더러 자기가 사는 곳을 청소해 놓으라고 명령하고, 안 그래도 뭔가 해 줄 게 없을까 노심초사하던 우리 몸은 주머니 안의 내용물을 기관지를 통해 내보내 준다. 폐디스토마에 걸렸을 때 기침과 가

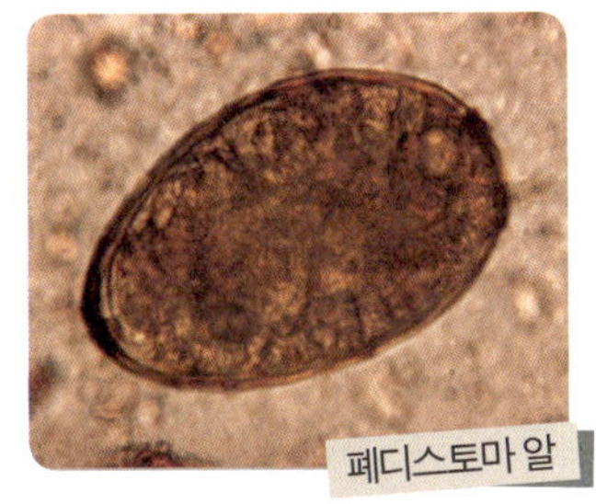

래가 끊고, 가래를 뱉으면 피가 섞여 나오는 건 이 때문이다. 소위 '쇠녹물색 객담'인데, 이 경우 결핵이거나 폐암인 경우가 많겠지만 아주 드물게 폐디스토마로 인해 이런 일이 생길 수도 있다. 기생충 진단은 대개 대변검사로 하지만, 폐디스토마는 객담을 받아 기생충의 알이 있는지 검사해야 한다.

위에서 말한 환자 얘기로 다시 돌아가자. 폐디스토마 진단이 나오자 의료진은 환자에게 최근에 게나 가재를 먹은 적이 있느냐고 물었다. 환자는 몇 달 전 집 근처 식당에서 간장게장을 두 차례 먹은 적이 있다고 대답했다. 그 게장 중 한 마리에 기생충이 잔뜩 들어 있었던 모양이다. 그런데 왜 폐가 아니라 뇌일까? 여기엔 사연이 있다. 사람의 입을 통해 들어간 폐디스토마가 자신의 주요 서식처인 폐까지 가려면 아주 복잡한 과정을 거쳐야 하는 것. 폐디스토마의 유충은 십이지장에서 껍질을 벗은 뒤 장벽을 뚫고 밖으로 나간다. 거기서 기다리고 있는 건 어두컴컴한 복강. 몇몇은 길을 잃기도 하지만 절반 이상의 폐디스토마는 오랜 세월 각인된 습성을 따라 폐를 향해 간다. 간을 지나고, 배와 가슴을 갈라놓고 있는 거대한 횡격막을 뚫고 나면, 그리고 폐를 감싸고 있는 막

을 뚫고 나면 드디어 폐가 나온다. 폐에 도달한 폐디스토마의 유충은 비로소 안도하며 주머니를 만들고, 그 안에서 어른으로 자란 뒤 객담을 통해 알을 내보내며 '자손 번식'이라는 자신의 임무를 완수한다. 이 과정에서 폐디스토마는 수많은 장벽을 돌파하는데, "대체 어떻게 그럴 수 있을까?" 궁금해 하던 학자들에 의해 폐디스토마가 단백질을 분해하는 효소를 다량 분비한다는 게 밝혀지기도 했다.

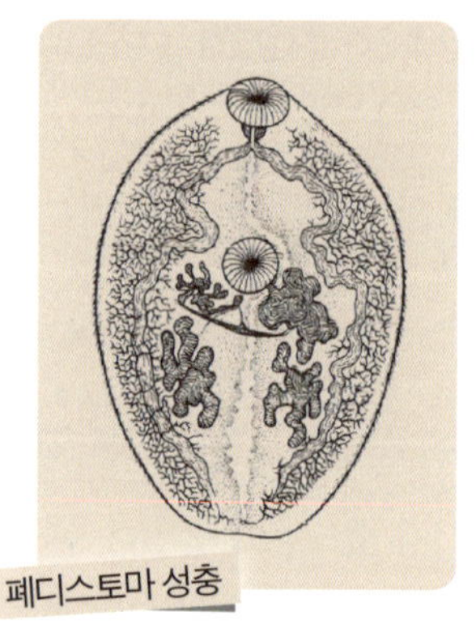
폐디스토마 성충

하지만 모든 유충이 다 이렇게 되는 건 아니다. 험난한 산을 올라갈 때 등산을 포기하고 산 밑에서 막걸리를 마시는 사람이 있는 것처럼, 폐디스토마의 유충 중에도 폐로 가는 대신 복강 근처에 철퍼덕 주저앉아 거기서 사는 애들이 있다. 또한 등산을 갈 때 길을 잘못 들어 "이 산이 아니구나!"라며 울부짖는 사람이 있듯이, 폐디스토마 중에도 길을 잘못 들어 엉뚱한 곳으로 가는 애들이 있기 마련이다. 척추 주위의 조직을 따라 한없이 위로 올라가다 보면 결국 도달하는 곳은 뇌. 그래서 폐디스토마 중에는 뇌로 가서 병을 일으키는 경우가 의외로 많다. 등산 대신 막걸리를 택하면 건강에 해롭고, 원래 가야 할 산 대신 다른 곳을 올라가면 119의 구조를 기다려야 하는 것처럼, 길을 잘못 든 폐디스토마도 값비싼 대가를 치러야 한다. 폐에 안착한 폐디스토마가 5~6년, 길게는 20년까지 천수를 누리다 죽는 반면 폐에 가지 못한 폐디스토마들은 오래 살지 못하고 죽어 버린다. 거기서 낳은 알들을 밖으로 내보내지도 못한 채. 안타까운 건 이 경우 숙주도 그에 상응하는 대가를 치른다는 것이다. 폐디스토마가 폐에 있어도 증상이 제법 심하지만, 간을 비롯해서 다른 장기에 가면 훨씬 더 증상이 심하니 말이다. 일례로 어릴 적 가재를 잡아먹고 자란 한 남자 분은 그 뒤 20년간 간질 발작에 시달렸는데, 나중에 뇌 사진을 찍어 보니 뇌에 뭔가가 있었고, 수술 결과 폐디스토마의 알이 나왔다. 폐디스토마는 오래 못살고 죽었지만, 거기 칼슘이 쌓여 뇌를 압박한 게 간질의 원인이었다.

게나 가재에는 얼마나 많은 폐디스토마 유충이 있을까?

의료진은 아까 그 10세 소녀에게 가재나 게를 생으로 먹은 적이 있냐고 물었고, 소녀는 집근처 식당에서 간장게장을 두 차례 먹은 적이 있다고 했다. 환자는 디스토마의 특효약인 프라지콴텔을 먹고 퇴원했고, 그 뒤 어떤 증상도 없

이 건강하게 잘 지내고 있단다. 결과는 해피엔딩이긴 하지만 그 소녀는 앞으로 간장게장만큼은 다시는 먹지 않을 것 같다. 여기서 의문이 생긴다. 간장게장에는 대체 얼마나 많은 폐디스토마가 있을까?

폐디스토마가 처음 발견된 건 야생에서 사로잡혀 동물원에 있다 죽은 벵골호랑이의 폐에서였다. 즉 폐디스토마는 사람 이외의 동물에서도 얼마든지 어른이 되어 알을 낳을 수 있는데, 야생 고양이나 늑대 등의 야생 동물이 폐디스토마의 보유숙주다. 이 동물들은 사람처럼 카악 하고 객담을 뱉는 능력이 없고 가래가 끓으면 그냥 삼켜 버려, 폐디스토

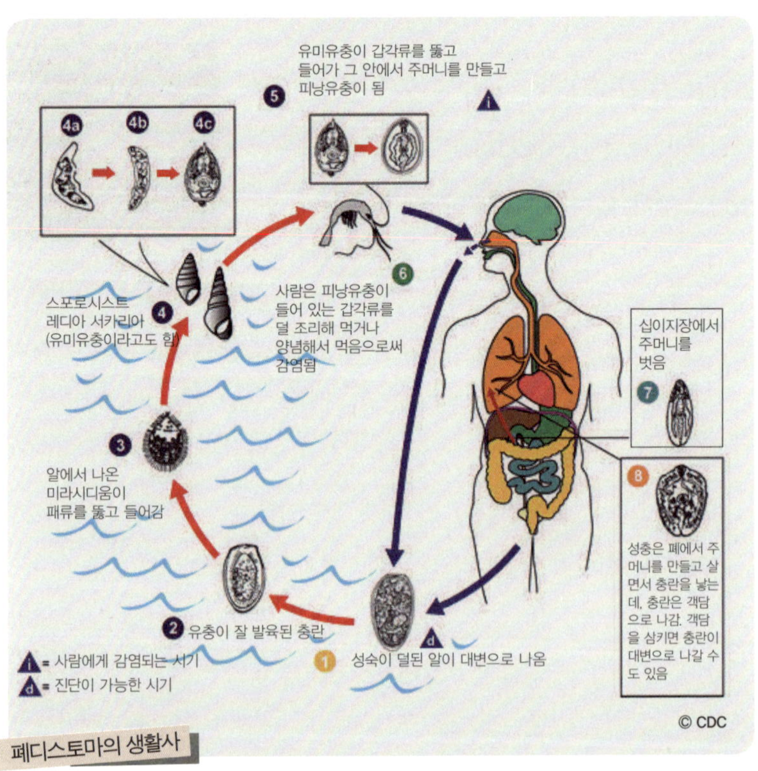

마의 알이 대변으로 배출된다. 그 알에서 나온 유충은 1중간숙주인 다슬기로 들어가 자라고, 거기서 나온 유충이 가재나 게로 가서 사람 등의 종숙주를 기다린다. 가재나 게도 웬만큼 물이 맑지 않으면 살지 못하지만, 다슬기는 환경오염에 더 취약하다. 1960년대만 해도 웬만한 계곡에는 폐디스토마를 가진 가재나 게가 득실거렸겠지만, 지금은 연구에 쓸 폐디스토마를 구하는 것도 쉽지 않은 실정이다. 그렇긴 해도 폐디스토마에 감염된 환자들이 꾸준히 나오는 것으로 보아 많지는 않지만 우리나라 어딘가에는 폐디스토마에 감염된 게가 기어 다니고 있으리라.

폐디스토마의 생활사

2009년 발표된 조사에 따르면 민물게에서는 폐디스토마의 유충이 나오지 않았고 다만 전남 해남 지역의 가재 중 3분의 1가량에서 유충이 나왔는데, 마리당 평균이 30마리가량이란다. 하지만 폐디스토마 환자들에게 물어보면 거의 대부분 민물게장을 먹고 걸렸다고 하니, 가재보다는 게에 대한 조사 결과가 더 중요할 것 같다. 2012년 기생충학회에 보고된 내용에 의하면 중앙대 팀은 민물게장을 파는 식당에서 게장을 사다가 폐디스토마가 있는지 여부를 조사했다. 전남과 경남, 경기도 등의 식당이 대상이었는데, 섬진강 유역에서 구한 게장 열아홉 마리 중 한 마리에서 폐디스토마의 유충이 발견됐다. 5.3퍼센트이긴 하지만 조사한 마릿수가 그리 많지 않아 비율은 크게 의미가 없는데, 그렇긴 해도 폐디스토마에 걸린 게가 있다는 건 확인이 됐다. 우리가 주로 먹는 건 간장게장. 게를 간장으로 처리해도 폐디스토마는 살아 있을까 하는 게 두 번째 관심사가 되겠다. 친절하게도 중앙대 팀은 여기에 대한 실험까지 했다. 실험 결과 간장에 오래 담글수록 폐디스토마의 유충이 죽어가는 걸 관찰했는데, 통상적인 방법으로 담글 경우 보름 정도는 되어야 유충이 완전히 죽었다. 민물게장이 밥도둑이라 불릴 만큼 맛있다는 건 인정하지만, 안전을 위해서 이 정도는 물어볼 필요가 있다.

"혹시 이 게장, 담근 지 보름 이상 된 건가요?"

미라와 폐디스토마

1960년대까지도 폐디스토마에 걸린 가재와 게가 많았으니, 환경오염이란 개념 자체가 없었던 조선시대는 그야말로 폐디스토마의 천국이었을 것이다. 실제로 회곽묘 등에서 나오는 미라를 조사해 보면 폐디스토

하동에서 발견된 미라에서 나온 다량의 폐디스토마 알

마의 감염률이 굉장히 높다. 그중 2009년 하동에서 발견된 4백 년 된 미라는 폐디스토마의 집대성이라 할만 했다. 30세가량이었던 그 여인은 폐는 물론이고 장과 간에서도 폐디스토마의 알이 발견됐는데, 기생충학에 몸담은 지 20년이

됐지만 그렇게 많은 폐디스토마 알을 본 건 처음이었다. 짐작컨대 여인은 폐디스토마로 인해 시종일관 기침과 가래에 시달렸을 테고, 객담을 뱉지도 못할 만큼 상태가 안 좋았으리라. 객담을 뱉지 못했으니 폐디스토마의 알들이 장에서 발견됐고, 폐로 못 간 폐디스토마 중 일부는 여인의 간을 침범해 간염을 일으켰을 것이다.

그녀는 왜 그렇게 많은 폐디스토마에 감염됐을까? 몸에서 나온 태아의 뼈로 보건대 그녀는 임신 중이었고, 양반집 며느리답게 온갖 보약을 먹었을 것이다. 그 보약 중에는 가재즙이 있었다. 홍만선의 『산림경제』를 보면 이런 대목이 있다.

"목구멍이 붓고 아프며, 손과 발이 차지고 기가 막혀서 통하지 못하면 곧 죽게 된다. 그럴 때 석해(가재)를 짓찧어 즙을 내어 먹인다."

이규경이 쓴 백과사전 『오주연문장전산고』에도 가재즙의 효능에 대한 설명이 있던 것으로 보아 가재즙이 그 당시 보약으로 쓰였던 게 확실해 보인다. 하지만 안타깝게도 그녀가 먹은 가재엔 폐디스토마의 유충이 들어 있었고, 몸에 좋으라고 먹었던 가재즙은 그녀가 30세의 한창 나이

에 생을 마감하는 원인이 됐을 것이다. 회충이나 장디스토마처럼 장을 침범하는 기생충은 대부분 별다른 증상을 일으키지 않지만, 폐디스토마나 스파르가눔처럼 조직을 찾아 들어가는 기생충은 필연적으로 병을 일으켜 사람을 고통받게 한다. 더 이상 보약으로 가재즙을 먹는 사람은 없겠지만, 민물게장을 먹을 땐 폐디스토마 유충이 있는지 조심하자. 보름 이상 담근 건지 물어 보는 것만 잊지 않으면, 맛있는 게장을 안심하고 즐길 수 있다. 보름간 담궈 둘 여건이 안 된다면 하루 정도 냉동시키는 것도 기생충의 위험에서 벗어날 수 있는 방법이다.

뒷얘기

위에서 언급한 10세 소녀는 분당의 한 식당에서 간장게장을 먹었다. 누구랑 먹었을까? 간장게장은 가격이 비싸 어린아이들끼리 가서 사 먹을 수 없는 음식으로, 소녀는 당연히 부모님과 함께 먹었다. 같은 게장을 먹었으니 그 부모도 폐디스토마에 걸리지 않았을까? 의사는 부모님의 혈액검사도 같이 시행했는데, 그 결과 아버지는 음성인데 비해 어머니가 양성, 즉 폐디스토마의 항체를 가지고 있었다. 혈액검사의 민감도와 특이도가 90퍼센트를 넘으니 그 어머니는 폐디스토마에 걸려 있을 확률이 높았고, 의료진은 어머니한테 약물치료를 하자고 권했다. 하지만 어머니는 거절했다. 아팠다가 나은 딸 때문에 마음고생을 해서일 수도 있고, 딸을 진단하는 과정에서 의사가 보여 준 모습이 미덥지 않았을지도 모르겠다.

그로부터 6개월 뒤, 소녀의 어머니는 열이 나고 심한 기침과 객담이 생겨 다시 그 병원을 찾았다. 열과 객담, 기침은 폐디스토마의 전형적인 증세지만, 이번엔 상황이 더 심각했다. 폐디스토마로 인해 폐의 일부가 찌그러져 있었던 것. 일단 약물치료를 시도했지만 증상은 호전되지 않았다. 결국 병원에선 어머니의 폐 일부를 잘라 내는 수술을 시행했다. 6개월 전 의사가 치료하자고 했을 때 그 말을 들었다면 수술까지 가지 않고 약으로 쉽게 고칠 수 있었으리라. 하지만 어머니는 그 제의를 거절했고, 병을 키운 후에야 병원에 왔다. 이유가 무엇이든 간에 안타까운 일이 아닐 수 없다.

폐디스토마

- 위험도: ★★★★
- 형태 및 크기: 몸길이 7~16mm, 너비 4~8mm, 두께 3~6mm, 납작한 땅콩 모양
- 수명: 5~6년
- 감염원: 다슬기, 가재, 게
- 특징: 기생충 진단은 대개 대변검사로 하지만, 폐디스토마는 객담을 받아 검사해야 함
- 감염 증상: 기침과 가래가 끓고, 가래를 뱉으면 피가 섞여 나오는 폐 질환 등

4. 회선사상충 │ 시력을 잃게 만드는 기생충

사람 몸에 들어왔으면 조용히 밥만 먹고 가면 좋을 텐데, 기생충 중에는 시력을 잃게 만드는 무서운 놈이 있다. 감염이 주로 강가에서 일어나서 '강가의 실명(River blindness)'이라는 악명을 얻은 이 기생충의 이름은 바로 회선사상충이다. 수단에 살던 의사의 부인은 각막이 혼탁해져 실명하는 사람들이 '저르 강(Jur River)'근처에서 나룻배를 젓던 사람들이라는 것에 착안해 '강가의 실명'이란 말을 썼는데, 그 병명이 그럴듯 했는지 회선사상충은 그 이름으로 더 자주 불리고 있다. 이전에 언급한 림프사상충이 다리나 팔을 붓게 만들어 악명을 떨쳤는데 회선사상충은 눈을 멀게 한다니, 사상충이란 이름이 붙은 기생충은 지구상에서 박멸돼야 마땅하다. 세계보건기구 역시 같은 생각을 하고 있는지라 "반드시 박멸돼야 할 6대 질환"에 말라리아, 림프사상충과 더불어 회선사상충을 포함시킨 바 있다.

회선사상충이란

회선사상충

회선사상충의 수컷은 5센티미터 이하지만 암컷은 50센티미터 가량으로 실처럼 길고 가늘다. 길고 가느다란 (사상; 실처럼 생겼다) 벌레가 주머니 안에 전선처럼 똘똘 말려 있는 (회선) 모습에 깊은 인상을 받은 사람들이 '회선사상충'이라는 이름을 붙였다. 이 기생충이 세상에 알려지게 된 건 로블레스(Dr. Rodolfo Robles)라는 학자가 과테말라에서 실명이 된 환자들이 회선사상충에 감염되어 있다는 걸 보고한 후(1915년)인데, 내친 김에 그는 회선사상충을 전파하는 벡터가 강가에 사는 먹파리라는 것도 알아냈다. 기껏해야 반찬에 붙어 불쾌감을 주는 우리나라 파리와 달리 먹파리는 사람 피를 흡혈하고, 그 과정에서 회선사상충까지 감염시키니, 그 동안 우리나라 파리를 구박했던 게 미안해질 정도다.

먹파리

회선사상충 환자의 99퍼센트는 사하라 남쪽 아프리카에서 발생한다. 하지만 브라질, 콜롬비아, 과테말라 등 남미에 사는 사람들도 회선사상충의 위협에서 자유롭지 못한데, 위에서 말한 대로 로블레스 박사가 회선사상충의 생활사를 알아낸 것도 과테말라였다. 원래 아프리카가 고향이라던 회선사상충은 왜 먼 남미까지 가서 정착했을까? 해답을 알기 위해서는 16세기로 거슬러 올라가야한다. 당시만 해도 남미의 커피 농장에서 일할 사람이 부족해 골머리를 앓았는데, 그들은 이 문제를 해결하기 위해 아프리카에서 사람들을 잡아다가 일을 시켰다. 소위 말하는 노예무역이다. 그런데 이 노예들 중에 회선사상충에 걸린 사람들이 있었고, 마침 남미에는 아프리카에서 회선사상충을 옮기던 먹파리가 살고 있었다. 먹파리가 노예의 피를 빨 때 회선사상충의 새끼인 미세사상충이 먹파리한테 옮겨가고, 먹파리 몸 안에서 자란 소년 사상충은 먹파리가 다른 사람의 피를 빨 때 그 사람에게 건너가 실명을 일으킨다. 미국도 아프리카에서 노예들을 많이 데려왔지만, 미국에는 먹파리가 없어서 회선사상충이 전

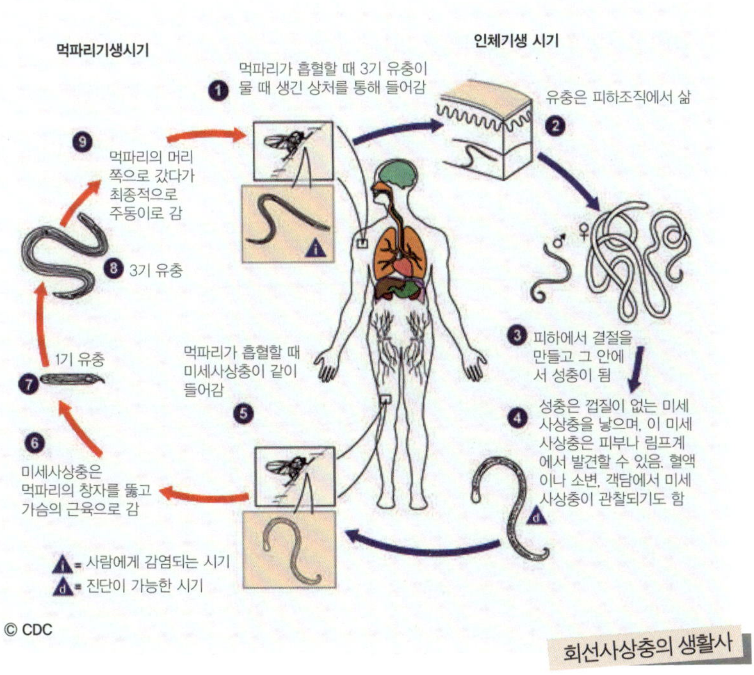

© CDC

회선사상충의 생활사

파되지 않았다니, 나쁜 일을 한다고 해서 꼭 벌을 받는 건 아닌가 보다.

회선사상충은 어떻게 실명을 일으키나

먹파리를 통해 우리 몸에 들어온 회선사상충의 유충은 피부에 단단한 주머니(결절)를 만들고 거기서 어른이 된다. 결절의 크기는 직경이 수 밀리미터에서 수 센티미터까지 될 수 있고, 여러 개 있을 수도 있다. 그 안에서 회선사상충의 유충이 어른으로 자라며, 성숙하기까지는 대략 6~12개월 정도가 소요된다. 자라는 데 너무 신경을 써서 그런지 이때는 별로 증상을 일으키지 않는다. 우연히 주머니를 발견하고 "뭐지?" 하고 열어 본다면 50센티미터쯤 되는 벌레가 도사리고 있는 것에 기절초풍하겠지만 말이다. 이 결절이 생기는 위치는 지역마다 다른데, 아프리카에서는 결절의 대부분이 환자의 몸통이나 사지에 위치하는 반면, 멕시코와 과테말라에서는 환자의 머리 쪽에 만들어진다.

진짜 문제는 이들이 어른이 된 뒤에 일어난다. 다 자란 회선사상충은 결혼해서 새끼를 낳는데, 이게 바로 미세사상충이다. 어린이들이 다 그렇듯이 미세사상충도 천방지축으로 우리 몸 여기저기를 쏘다니며, 아주 멀리 가기도 한다. 게다가 요즘 아이들은 다 음침한 곳에 아지트를 만들기 마련인데, 미세사상충의 아지트는 바로 눈이다. 눈에서 미세사상충들이 뛰어 놀면 염증이 생기고, 맑고 투명해야 할 각막이 혼탁해진다. 한두 마리가 이러면 모르겠지만, 그 숫자가 엄청나게 많아지면 각막 전체가 흐려져 아무 것도 보이지 않게 된다. 엎친 데 덮친 격으로 미세사상충은 사람의 망막과 비슷한 단백질을 가지고 있다. 이게 왜 문제냐면 사물을 관찰하는 데 큰 역할을 해야 할 망막이, 우리 몸이 미세사상충에 대항하려 만든 항체에게 공격을 받는 어처구니없는 일이 벌어지기 때문이다. 이런 것들이 복합되면 결국 시력을 잃게 되는데, 아프리카에는 이렇게 시력을 잃은 사람들이 많아 아이가 눈이 먼 어른을 인도하며 걸어가는 광경을 흔히 볼 수 있다. 참고로 지구상에서 실명을 일으키는 병원체 중 1등은 트라코마라는 세균 비슷한 놈이고, 2등이 바로 회선사상충이다. 2001년 통계에 의하면 회선사상충으로 인해 실명한 사람의 수가 27만 명에 달한단다. 그렇다면 우리나라는? 아프리카에서 노예도 들여오지 않은데다 먹파리도 살지 않는 우리나라에는 회선사상충이 살지 않는다.

회선사상충의 진단과 치료

진단에 가장 좋은 방법은 피부를 살짝 떼어 내 거기서 미세사상충을 발견하는 것이다. 피부를 여드름 짜듯이 잡고 가위나 면도칼로 떼어 내는데, 거기 꼭 미세사상충이 있다는 보장은 없으므로 이런 걸 여러 개 떼어 내는 수고를 해야 한다. 그 피부를 배양액에 넣고 현미경으로 관찰하면 된다.

회선사상충의 치료를 위해 피부에 숨어 있는 회선사상충 결절을 수술로 떼어 내면 좋겠지만, 이 결절을 찾는 게 그리 쉽지 않아 약물 치료가

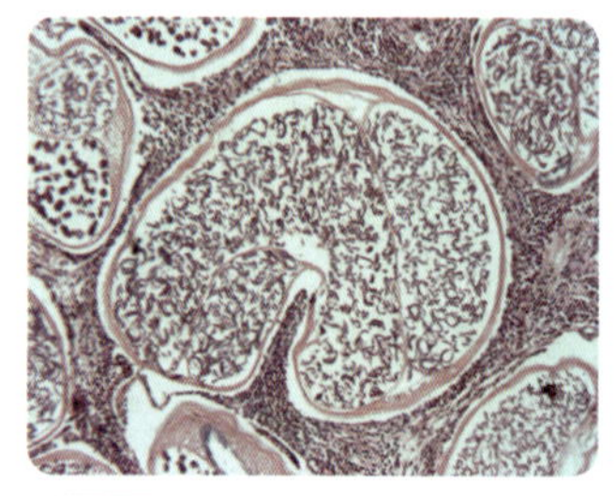
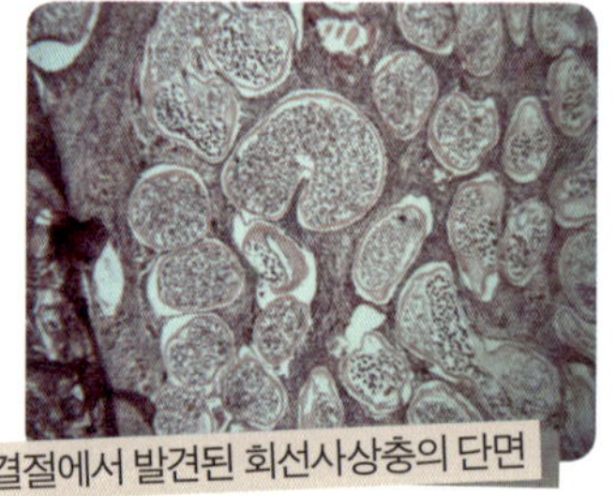
결절에서 발견된 회선사상충의 단면

훨씬 효과적이다. 회선사상충의 초기 약제는 DEC(diethylcarbamazine)을 썼는데, 부작용이 많아 오히려 실명을 앞당기는 결과를 가져오기도 했다. 즉 많은 미세사상충이 갑자기 죽으면서 알레르기 반응이 일어나 가려움증과 더불어 눈에서 망막이 심하게 손상되는 결과를 가져온 것. 그러던 차에 만들어진 약이 아이버멕틴(ivermectin)이다. 이 약은 미세사상충을 천천히 죽여 부작용을 덜 일으키는지라, 개발되자마자 회선사상충의 주요 치료제 역할을 하고 있다. 1987년부터는 제약회사인 머크사(Merck Co.)에서 아이버멕틴을 유행지 환자들에게 무료로 나눠 주면서 환자 수가 급격히 줄어들고 있다. 최근만 해도 회선사상충에 걸린 사람이 1천8백만 명 정도 되지만, 앞으로 10년 정도만 지나면 회선사상충으로 인해 실명을 하는 사람이 없어질 것이다. 혹자는 머크 사의 매출이 2005년 전 세계 제약회사 중 3위를 차지한 사실을 두고 "머크 사가 버는 돈이 얼마인데 그 정도는 할 수 있지"라고 하겠지만, 아무튼 머크 사는 회선사상충에 대한 이 선행으로 인해 기업 이미지를 좋게 하는 데 성공했다. 자기 나라에 없는 기생충병에 대한 약을 개발하고, 또 그 약을 무료로 나눠 주는 머크 사의 선행은 물론 마케팅 차원일 수도 있지만, 선진국이 뭔지를 잘 보여 준다.

회선사상충의 예방

회선사상충을 없애는 방법 중 하
나는 회선사상충을 전파하는 먹파
리를 박멸하는 것. 하지만 우리나
라 파리를 박멸하는 게 쉽지 않은
것처럼, 먹파리란 것도 박멸하기가
무지하게 어렵다. 혹시 아프리카에

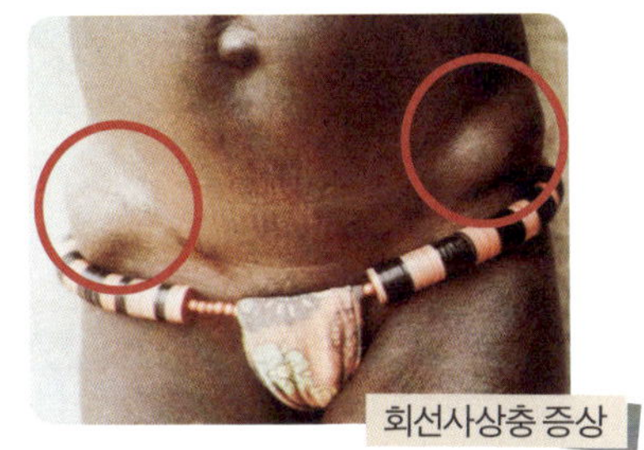

회선사상충 증상

가더라도 강가에는 가지 말아야 하고, 강가에 꼭 가야 한다면 파리에
물리지 않도록 두꺼운 천으로 몸을 감싸고 가야 한다. 물론 실명까지
하려면 먹파리한테 한두 번 물려서는 안 되고 아주 많이 물려야 하며,
여행객이 회선사상충으로 실명한 적은 아직까지 없다고 하니, 아프리카
파리한테 물렸다고 너무 무서워하진 말자.

회선사상충

- 위험도 : ★★★★
- 형태 및 크기 : 수컷은 5cm 이하지만 암컷은 50cm가량으로 실처럼 길고 가늚
- 수명 : 10~15년
- 감염원 : 먹파리
- 특징 : 피부에 침투함, 피부를 살짝 떼어 내 진단해야 함
- 감염 증상 : 유충인 미세사상충이 눈에 있는 걸 좋아해 눈에 증상이 생기는
  데, 실명을 가져오기도 함

5. 주혈흡충 | 우린 단지 사랑했을 뿐이야

이 세상에 사랑만큼 아름다운 게 또 있을까? 듣기만 해도 가슴이 두근거리는 단어 '사랑'. 하지만 『로미오와 줄리엣』에서 보듯 진실한 사랑이 꼭 좋은 결말을 보장해 주진 않는다. 전 세계 생물체 중 부부 간의 금실이 가장 좋다고 소문난 주혈흡충. 그들의 사랑 또한 엄청난 비극을 잉태하고 있었다.

주혈흡충 금실의 비결은 수컷의 헌신

주혈흡충(Schistosoma sp.)은 크기 1~2센티미터 가량의 작은 기생충으로, 두 개의 흡반을 가진 디스토마(di-stoma: 입이 두 개라는 뜻)에 속한다. 남녀 간의 지루한 밀당에 지친 나머지 디스토마의 대부분이 암수한몸으로 진화했지만, 주혈흡충은 암컷과 수컷이 분리된 유일한 디스토마다. 빼빼 마르기만 해서 허리와 엉덩이의 구분이 전혀 없는 암컷에 비해 수컷은 비교적 멋지게 생긴데다 사람은 두 개밖에 없는 고환이 무려 일곱 개나 있다. 그런데 수컷의 몸을 가만히 들여다보면 특이한 구조물

이 있다. 몸 안에 깊은 터널이
파여 있는 것. 이 터널의 목적
은 다름 아닌 암컷을 담기 위
함으로, 성숙한 수컷은 마음
에 드는 암컷을 골라 그 터널
에 들어오게 한다. 그리고 그

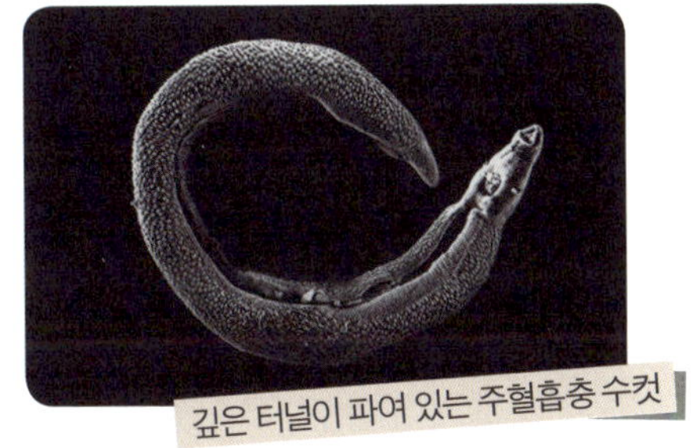

들은 부부의 연을 유지하면서 평생을 살아간다. 일부일처가 적성에 안
맞다면서 "아랍이 부럽다"고 말하는 남자들이 많다는 걸 감안하면, 일
부일처를 유지하는 기생충이 있다는 건 그 자체로 충격이다.

　하지만 이들이 '세기의 커플'로 선정된 이유가 암컷이 수컷의 터널 속
에 살기 때문만은 아니다. 수컷은 사람의 간에서 어른으로 성숙하는데
비해 암컷은 수컷이 없으면 성숙하지 못해 미성숙한 상태로 남아 있는
지라, 수컷은 자기보다 어린, 사람으로 따지면 대략 열여섯 살 쯤 차이나
는 암컷을 골라 평생의 반려자로 삼는다. 주혈흡충한테 "도둑놈"이라고
욕을 할 사람도 있겠지만, 수컷의 도움이 없으면 암컷이 어른으로 자라
지 못하니 암컷으로서는 수컷이 고마울 거다. 그뿐만이 아니다. 수컷은
암컷에게 영양분을 공급해 주고 사람 몸 여기저기를 구경시켜 주며, 결
정적으로 알을 낳을만한 적당한 곳을 찾아 주기도 한다. 이런 헌신성이
사람들로 하여금 주혈흡충을 존경하게 만든 이유인데, 『기생충 제국』을
쓴 칼 짐머는 그래서 다음과 같이 말했다. "지구상에서 남녀 간의 금실
이 가장 좋은 동물은 원앙새가 아니고 주혈흡충"이라고. 아내 몰래 다
른 암컷에게 추파를 던지고, 새끼를 낳으면 양육에 전혀 관여하지 않는

원앙 수컷의 행태를 주혈흡충이 알았다면, 자신이 원앙과 비교되는 자체를 기분 나빠 했으리라.

주혈흡충의 살인

주혈흡충 암수 성충

부부 간의 금실이 좋으면 대개 죄를 안 짓고 살아가기 마련인데, 주혈흡충은 그 점에서 예외다. 물론 이들이 일부러 그러는 건 아니다. 주혈흡충의 억울함을 이해하기 위해 그들의 생활사를 알 필요가 있다. 주혈흡충의 알이 물속에서 부화하면 유충이 나와 달팽이로 들어가며, 그 안에서 무수히 많은 유충으로 숫자를 늘린 뒤 달팽이 밖으로 나온다. 꼬리가 달린 이 유충은 사람의 피부 정도는 우습게 뚫고 들어간다. 여기서 의문점. 주혈흡충(住血吸虫)이란 이름은 도대체 왜 붙여진 걸까? 바로 혈관 속에서 살기 때문이다. 간에서 성숙해 짝을 이룬 주혈흡충은 수컷의 권유로 장간막정맥으로 가며, 거기서 알을 낳는다. 장간막정맥은 장에서 흡수한 영양분을 간으로 보내는 통로로, 간은 그 영양분들을 바탕으로 당과 단백질 등 우리 몸에 필요한 물질을 만든다. 즉 장간막정맥의 혈류는 장에서 간으로 흐른다. 그러니까 간에서 성숙한 주혈흡충이 장간막정맥으로 가는 건 혈류를 거스르는 어려운 여정이며, 거기에 자신보다 더 긴 암컷까지 데리고 가려면 수컷의 고생이 이만저만이 아니다. 게다가 혈액의 흐름이 계속되는 혈관 안에서 버티고 있노라면 상당량의 에너지가 필요할 거다. 주혈흡충 수컷이 근육을 키운 건 바로 그 때문이다. 수컷의 노력 덕분에 암컷은 편안히 알을 낳는다. 주혈흡충의 알은 대부분 중력에 의해 장으로 운반되어 대변으로 나가지만, 일부는 혈류에 휩쓸려 간으로 향한다. 바로 이게 문제다. 주혈흡충의 알은 회충 알보다 훨씬 크며, 가시까지 있어서 한번 박히면 단단히 고정된다. 우리 몸은 이 주혈흡충의 알을 어떻게 처리할지 고심한다. 처음에는 면역세포들이 달라붙어 그 알을 파괴하려고 하지만, 크기 면에서 계란으로 바위 치기다. 결국 면역세포는 섬유질로 그 알을 둘러싸 버리는데, 주혈흡충이 하루 300~3500백 개의 알을 낳는 걸 감안하면 간을 향해 돌진하는 충란이 한둘이 아닐 것임은 쉽게 짐작할 수 있다. 이 알도 섬유질로 둘러싸고, 저 알도 둘러싸고, 이러다 보면 우리가 알던 부드러운 간은 어느새 상당 부분이 섬유질로 대체된, 돌덩이처럼 딱딱한 간으로 바뀌어 버린다. 의학적으로는 이런 상태를 '간경화'라고 하며, 우리 몸에 필요한 단백질을 만들지 못하고 배에 복수가 차는 등 심각한 상황이 초래된다. 조사된 바에 의하면 해마다 2만 명가량이 주혈흡충으로 인해 사망하며, 감염된 사람들 중 상당수가 불치병에 가까운 간경화로 고생을 한다니, 부부가 사랑한 대가치고는 너무 끔찍하다. 이들이 장간막정맥에만 살지 않았던들 이들의 금실을 뭐라고 할 사람이 없을 텐데 말이다.

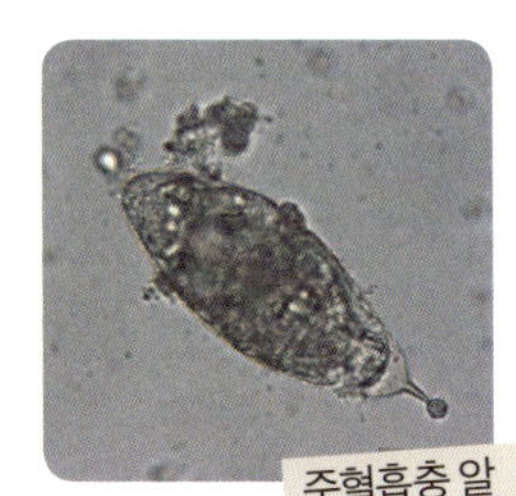

주혈흡충은 특별한 달팽이가 있어야 유행한다

　주혈흡충은 주로 물속에 맨발로 들어갔을 때 감염된다. 우리나라가 주혈흡충의 유행지였다면 호수나 계곡에 슬리퍼 차림으로 들어가는 낭

만을 즐길 수 없었을 테지만, 정말 다행스럽게도 우리나라는 74개국이
나 되는 주혈흡충 유행지에 포함되지 않는다. 달팽이 중에서도 온코멜
라니아(oncomelania)라는 이름을 가진 좀 특별한 달팽이가 중간숙주인
데 그 달팽이가 우리나라에는 없는 탓이다. 인간에게 감염되는 주혈흡
충은 일본주혈흡충, 만손주혈흡충, 방광주혈흡충의 세 종류가 중요하
다. 일본주혈흡충은 그 이름처럼 중국과 일본, 필리핀 등 아시아 지역
에 분포하고, 만손주혈흡충은 원래 아프리카와 아라비아반도에서 유행
했는데 아프리카 노예를 데려다 일을 시킨 노예무역 때문에 브라질과
베네수엘라 등 남미 대륙에서도 유행하게 됐다. 북미에도 노예들이 갔
을 텐데 유행하지 않은 이유는 중간숙주인 특별한 달팽이가 없기 때문
으로 추측된다. 방광주혈흡충은 나일강 유역에서 유행하는데, 이 종은
신기하게도 방광 근처의 혈관에 살며, 앞의 두 종이 간경화를 일으키
는 것과 달리 방광주혈흡충은 소변에 피가 섞여 나오는 혈뇨를 일으킨
다. 셋 중 증상이 가장 경미한 것 같지만 연구에 따르면 방광주혈흡충
의 존재는 방광암과도 관계가 있다고 하니, 주혈흡충 중 우습게 볼 종
은 하나도 없다.

주혈흡충을 예방하려면 특별한 달팽이가 사는 물을 마신다든지 그
물속에 들어가는 걸 피해야 하지만, 그 물을 식수원으로 하는 사람들,
그 물에서 빨래를 하고 농사를 짓거나 목욕을 해야 하는 사람들에게
주혈흡충 예방은 사치에 가깝다. 그렇게 감염된 사람들이 대변으로 주
혈흡충의 알을 퍼뜨리니, 일본처럼 돈이 많은 나라라면 모를까 못사는
나라들에서는 주혈흡충의 박멸이 현실적으로 어렵다. 하지만 그 특별

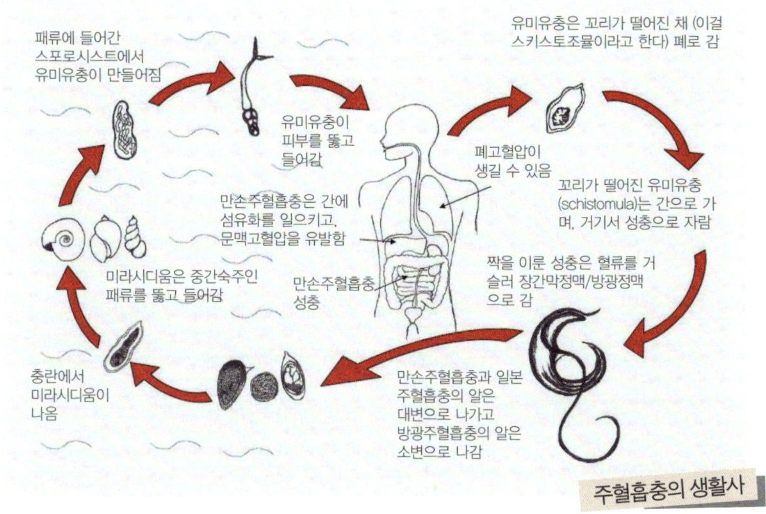

주혈흡충의 생활사

한 달팽이를 박멸시키기 위한 방법이 여럿 나와 있고, 독일의 제약회사인 머크(Merck) 사가 유행 지역에 약을 무료로 공급하는 등 주혈흡충을 없애자는 퇴치운동이 전 세계적으로 벌어지고 있으니, 오래지 않아 이 기생충이 박멸될 날이 오지 않을까 싶다. 참고로 우리나라의 건강관리협회도 유행국의 하나인 수단에서 주혈흡충 박멸을 위해 활발한 활동을 벌이고 있다.

주혈흡충과 프라지콴텔

1977년대 바이엘(Bayer) 사는 그때까지만 해도 불치병이던 주혈흡충의 치료 약을 개발하는 데 성공했다. 약의 이름은 '프라지콴텔'로 붙여졌다. 그런데 바이엘 사가 학회에서 발표

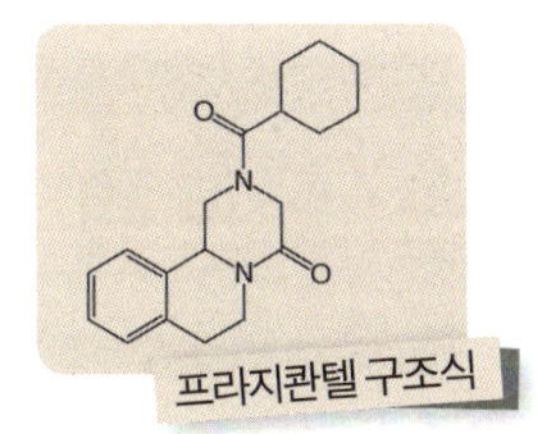

프라지콴텔 구조식

한 프라지콴텔의 구조식을 눈여겨 본 사람이 있었으니, 바로 고려대 의대 기생충학과에 계시던 임한종 교수였다. 임 교수는 자타가 공인하는 간디스토마 전문가로, 지금도 그렇지만 그 당시에도 우리나라에는 민물고기를 먹고 간디스토마에 걸린 환자가 많았다. 마릿수에 따라 심한 간염을 일으키는 해로운 기생충이었지만 마땅한 치료 약이 없어 발만 동동 굴러야 했는데, "간디스토마는 내가 꼭 정복하겠다"는 사명감을 가지고 있었던 임한종 교수의 눈에 주혈흡충 치료제인 프라지콴텔이 눈에 들어왔다. 우리나라에 온 임 교수는 신풍제약에 프라지콴텔의 개발을 제의했고, 신풍제약은 그 구조식을 모태로 해서 결국 프라지콴텔과 똑같은 약을 만들어 낸다. 신풍제약은 그 약의 이름을 '디스토마를 죽인다'는 뜻인 '디스토시드'라고 지었다. 결과는 극적이었다. 신풍이 만든 디스토시드는 간디스토마뿐 아니라 거의 모든 디스토마를 치료할 수 있었고, 갈고리촌충 등의 촌충에도 효과가 있었다. 게다가 바이엘 사의 약이 한 알에 20달러나 했던 반면 신풍이 만든 디스토시드는 제작 공정을 훨씬 간단히 한 덕분에 몇 센트라는 싼 값에 팔 수 있었다. 뒤늦게 이 사실을 안 바이엘 사가 이의를 제기했지만, 당시 우리나라에는 지적 재산권의 개념도 없었던 데다 제작 공정도 바이엘 사와 달라 별 문제 없이 넘어갈 수 있었다. 그 이후 신풍제약은 승승장구했으며, 2013년 초에는 세계보건기구(WHO)와 3년간 217만 달러(23억 5천만 원)의 디스토

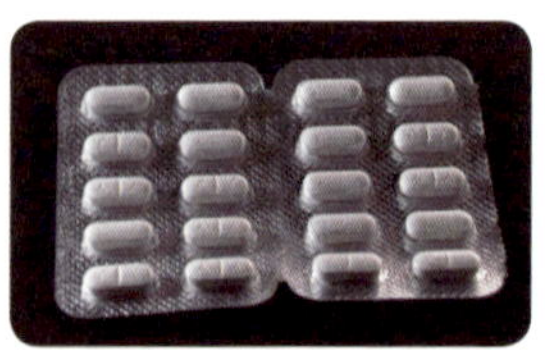

시드 계약을 체결하는 등 기생충 분야에서는 세계와 어깨를 나란히 하는 제약회사가 됐으니, 신풍으로서는 주혈흡충에게 빚이 있는 셈이다.

주혈흡충은 바람을 피울까?

주혈흡충이 세기의 커플로 추앙받는 걸 못마땅해 한 학자들이 있었다. 그들은 주혈흡충이 바람을 피울 가능성을 제기했고, 자신의 주장을 입증하기 위한 실험을 계획한다. 암수가 모두 짝짓기를 끝낸 주혈흡충에 암컷 혹은 수컷을 추가로 넣어 준 뒤 그들이 짝을 바꾸는지 여부를 DNA를 이용해서 확인했다. 결과는 충격적이었다. 주혈흡충 역시 바람에서 자유로울 수 없었다. 더 충격적이었던 것은 암컷을 추가로 넣어 줬을 때 수컷이 다른 암컷과 짝을 이루는 비율은 13퍼센트에 불과했던 반면 수컷을 추가로 넣어 줬더니 암컷의 36퍼센트가 짝을 바꿨다. 이들의 금실이 수컷의 헌신에 의해 이루어진다는 걸 고려하면 놀랄 수밖에.

왜 이런 일이 생겼을까? 연구자들의 해석은 이랬다. 주혈흡충 수컷은 바람을 피울 이유가 별로 없다. 미성숙한 암컷을 데려다가 성숙한 여인으로 만들었고, 그녀에게 영양분을 공급하느라, 또 여기저기 운반하느라 고생이 많았다. 이제 성숙한 아내로부터 봉양을 받으면 되는 건데, 왜 그 아내를 버리고 어린 여자를 다시 데려오겠는가? 물론 그렇게 하는 생물체도 많이 있고, 최근 사람에서도 목격된 바 있지만, 위에서 말한 것처럼 주혈흡충 수컷은 헌신의 아이콘인지라 그런 일을 별로 좋아하지 않는다. 반면 암컷의 생각은 좀 달랐다. 어린 나이에 시집온 건 그 수컷이 자기를 성숙시켜 주고 먹을 것을 줄 거라고 기대했기 때문인데, 이런 서비스가 시원치 않으면 어디 좀 더 능력 있는 수컷이 없을까 한눈을 팔게 된다. 3분의 1에 해당하는 주혈흡충 암컷이 짝을 바꾼 건 바로 그 이유였다. 이 실험은 주혈흡충 수컷에 대한 동정심을 불러일으컸고, 주혈흡충의 금실이 과연 좋은 것인지 회의를 갖게 만들었다. 셰익스피어의 희곡『햄릿』에서 햄릿은 아버지가 죽고 난 뒤 같이 덮고 자던 이불의 온기가 식기도 전에 자신의 숙부와 결혼해 버린 어머니에게 이렇게 절규한다.

"아, 약한 자여. 그대의 이름은 여자로다!"

셰익스피어가 주혈흡충을 알았다면 그 대목을 이렇게 고치지 않았을까 싶다.

"아, 약한 자여. 그대는 꼭 주혈흡충 암컷과 같도다!"

주혈흡충

- 위험도: ★★★★
- 형태 및 크기: 1~2cm, 암컷은 가늘고 긺, 수컷은 원통형의 짧은 앞부분과 폭이 넓은 뒷부분으로 이루어져 있는데, 이 뒷부분에 깊은 홈이 있어서 암컷을 안고 다닐 수 있음
- 수명: 평균적으로 5년
- 감염원: 달팽이가 사는 물
- 특징: 수컷이 어린 암컷을 자신의 배 쪽에 있는 홈 모양의 관 속에 집어넣고 평생 함께함
- 감염 증상: 주혈흡충의 알이 간으로 가는 경우 간경화에 걸림

6. 연가시 | 물놀이를 가도 괜찮을까?

　4백만을 돌파하며 흥행 가도를 달렸던 영화 「연가시」는 기생충을 소재로 한 국내 최초의 영화이다. 이로 인해 기생충이 가진 잠재력이 확인됐으니, 연가시보다 훨씬 더 인지도가 높은 회충을 이용한 영화도 만들어지지 않을까 기대해 본다. 영화가 성공하면서 연가시에 대한 호기심이 높아졌으며, 여름에 물놀이를 갈까 말까 고민하는 사람들도 많단다. 연가시란 무엇이며, 우리의 행동 요령은 어때야 하는지를 알아보자.

연가시(Nematomorpha)의 형태

　연가시는 길이 10센티미터에서 1미터, 직경 1~3밀리미터의 가늘고 긴 벌레로, 2미터가 넘는 것도 발견된 적이 있다. 연가시는 주로 곤충에 기생하는데, 곤충이라고 해 봤자 길이가 30센티미터도 안될 텐데 그렇게 긴 기생충이 몸 안에 있다는 게 신기하지만, 키가 2미터도 안 되는 사람한테서 10미터에 달하는 기생충이 나오기도 하는 게 기생충의 세계니 너무 이상하게 생각하진 말자. 충체가 숙주에 비해 2~3배 이상 긴 만큼, 곤충 한 마리에 기생하는 연가시의 숫자는 대개 한 마리이며, 두 마리가 발견된 예는 극히 드물다.

연가시 성충

가늘고 긴 벌레가 꿈틀거리는 게 말 꼬리털이 바람에 날리는 것처럼 보인다고 해서 말총벌레(horsehair worm) 혹은 머리카락벌레(hair worm)이라 불린다. 연가시의 또 다른 별명은 고르디우스의 벌레(Gordian worm)다. 고르디우스는 그리스 신화에 나오는 전설의 왕으로, 이륜마차를 타고 나타나 왕이 됐는데 그가 왕이 되자마자 한 일은 복잡한 매듭의 고삐로 마차를 신전에 묶은 거였다. 그러면서 그는 "이 매듭을 푸는 자가 아시아의 지배자가 될 것"이라고 예언했다. 많은 사람이 그 매듭을 풀려고 했지만 실패하던 차에 원정을 가던 중 그 얘기를 들은 알렉산더 대왕이 매듭을 푸는 대신 칼로 잘라 버렸고, 아시다시피 그는 아시아의 지배자가 됐다. 연가시를 고르디우스의 벌레라고 부르는 이유는 이 벌레가 짝짓기를 할 때 고르디우스의 매듭(Gordian knot)처럼 엉겨 붙기 때문이란다. 우리나라에서 왜 이게 연가시라고 불리는지는 잘 모르겠다. 다만 사마귀가 예전부터 '어영가시' 또는 '연가시'라고 불렸던 것과 관계가 있을 것이다.

뭉뚱그려서 '연가시'라고 부르긴 하지만, 연가시에는 여러 종이 있다. 지금까지 알려진 연가시는 총 351종이 있으며, 전 세계적으로 2천여 종이 있을 것으로 추정된단다. 다 비슷비슷하게 생긴 걸 왜 그렇게 세밀하게 분류하는지, 2천여 종이 될 거라는 추정도 어디서 근거한 건지 궁금하지만, 원래 학문이란 건 나누는 데서 출발한다는 걸 상기하자. 아쉽게도 우리나라엔 연가시를 연구하는 분이 거의 없어 우리나라에 분포하는 종은 뭐가 있으며 어떤 곤충에 기생하는지, 감염률은 얼마인지에 대해 알려진 게 없다시피 하다. 일전에 메뚜기와 귀뚜라미, 꼽등이 등을 조사해 본 적이 있는데, 연가시를 별로 찾지 못한 것으로 보아 감염률이 그렇게 높은 것 같지는 않다.

연가시의 생활사

연가시는 계곡이나 시내, 물웅덩이나 물탱크처럼 물이 있는 곳에서 산다. 연가시 유충은 기생 생활을 하는 반면 어른 연가시는 물에서 자유 생활을 하는데, 원래 기생충의 정의가 "생활사의 전부 혹은 일부를 다른 생물체에서 기생하는 동물"이니, 어른 연가시가 자유 생활을 한다고 기생충이 아닌 건 아니다. 아직까지 연가시의 생활사가 완벽하게 밝혀진 건 아니지만, 지금까지 알려진 걸 정리하면 다음과 같다. 물속에서 암컷과 수컷 연가시가 만나 교접이 이루어지면 그 결과로 암컷이 알을 낳게 되는데, 그 알에서 나온 유충은 하루살이 유충이나 장구벌레처럼 물속에 사는 곤충의 유충한테 먹힌다. 먹힌다고 해서 유충은 죽는 게 아니며, 곤충의 유충이 하루살이나 모기가 되는 동안에도 살아서 버틴다. 그 곤충들, 즉 하루살이나 모기를 사마귀나 메뚜기, 귀뚜라미 등이 잡아먹으면 그 안에 있던 연가시의 유충이 그리로 건너간다. 다시 말해서 물속에 사는 하루살이 유충과 장구벌레는 연가시를 물에서

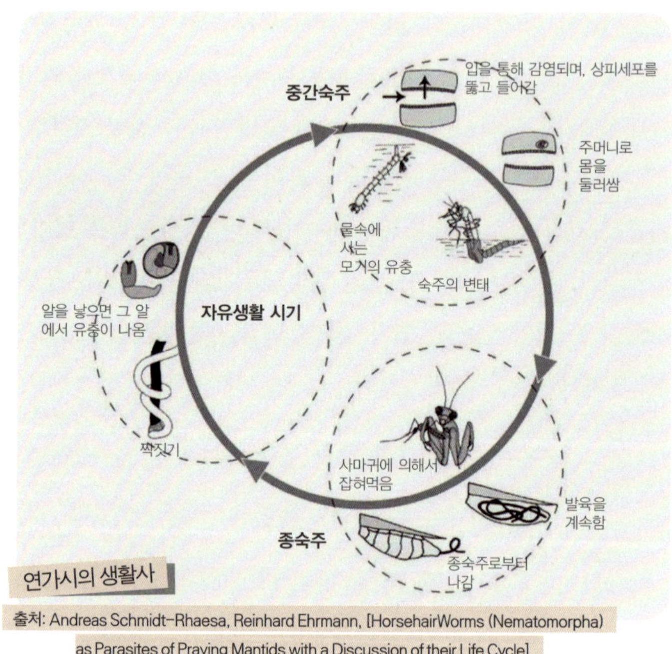

연가시의 생활사

출처: Andreas Schmidt-Rhaesa, Reinhard Ehrmann, [HorsehairWorms (Nematomorpha) as Parasites of Praying Mantids with a Discussion of their Life Cycle]

곤충으로 옮겨 주는 운반체라고 할 수 있다. 사마귀 등 곤충의 몸으로 간 연가시는 몇 번의 변신을 거쳐 어른으로 자라는데, 어른이 되기까지 어느 정도의 기간이 필요한지는 아직 밝혀지지 않았고, 그저 수주~수개월일 거라는 게 학계의 추측이다. 다 자란 연가시는 숙주인 곤충의 몸을 다 잠식해 머리와 다리 부분을 제외하곤 모두 연가시만 있는 상태가 된다. 이 시기가 되면 연가시는 밖으로 나갈 준비를 끝내고 때를 기다린다. 기생충의 성충이 사는 생물체를 종숙주라 부르니, 이 곤충들을 연가시의 종숙주라 부를 수 있겠다. 기회를 엿보던 성충 연가시는 종숙주의 항문 혹은 항문 근처의 표피로부터 빠져나오는데, 몸의 대부

분을 차지하던 게 빠져
나가니 숙주가 큰 타격
을 받을 것 같다. 한 관
찰에 의하면 연가시가
빠져나간 뒤에도 사마
귀가 의연하게 살아 있

종숙주의 항문으로 빠져나오는 연가시

었다지만 오래 관찰한 게 아니라서 믿을 게 못되고, 상식적으로 생각
해 볼 때 숙주가 오래 살아 있을 것 같진 않다. 영화 「연가시」에서 성
충이 사람으로부터 빠져나오면 전신쇠약(악액질, cachexia)으로 인해 사람
이 죽는다고 전제했는데, 곤충과 달리 사람은 몸 전체가 연가시로 가득
찰 가능성이 희박하다는 점에서 어디까지나 영화적 설정이라 하겠다.

연가시의 뇌 조종

연가시가 학자들로 하여금 관심의 대상이 된 건 곤충을 물가로 유인
해 자살로 이끌기 때문이었다. 연가시는 물에서만 짝짓기를 하며, 물이
없는 곳에서 밖으로 나오면 오래 살지 못하고 죽어 버린다. 기생충이 사
는 목적은 오직 자손의 번식이니 연가시로선 어떻게든 숙주를 물가로
데리고 갈 필요가 있다. 여기서 나온 가설이 바로 '갈증설'로, 연가시가
종숙주인 곤충의 신경계에 작용하는 물질을 분비함으로써 곤충으로 하
여금 갈증을 느끼게 한다는 내용이다.

실제로 기생충 중에는 자신의 목적을 이루기 위해 숙주를 조종하는
게 꽤 있다. 새를 종숙주로 하는 기생충 중 리베이로이아(Riberiroia)라
는 게 있는데, 이 기생충은 유충 상태로 개구리에 있으면서 개구리가

다리 하나를 더 갖는 기형을 만든다. 이는 개구리가 잘 뛰지 못하게 함으로써 새에게 잡혀 먹기 용이하게 하려는 일종의 숙주 조종이다. 시스토세팔러스 솔리두스(Schistocephalus solidus)라는 이름의 촌충은 유충이 가시고기에서 사는데, 이것 역시 새가 종숙주라서 새에게 잡아먹히기 쉽도록 물 표면에서 헤엄치게 한다. 그러니 연가시가 곤충을 조종해 물로 뛰어들게 하는 것도 충분히 가능한 얘기다. 실제로 한 프랑스 학자는 사마귀가 스스로 에로강(He'rault River)에 뛰어드는 걸 관찰한 바 있으며, 이는 기존의 '갈증설'을 뒷받침한다. 종숙주인 곤충이 죽어 가는데 암컷을 만나 짝짓기를 하는 연가시라니, 좀 엽기적이긴 하다. 하지만 이렇게 곤충을 자살로 이끄는 건 그 곤충이 물 근처에 있을 때에 국한될 뿐, 물에서 수 킬로미터 이상 떨어져 있는 곤충한테 그 먼 거리를 달려가 물에 뛰어들게 만드는 건 아니다. 곤충이 물 가까이 있는 걸 연가시가 어떻게 알고 그런 신호를 보내는지는 아직 밝혀지지 않았지만, 연가시가 분비하는 단백질이 곤충이 원래 갖고 있던 신경전달물질과 구조적으로 비슷하다고 하니 오랜 진화 과정을 거치면서 무척 정교한 시스템을 갖춘 것 같다.

곤충이 물에 빠지면 연가시는 곧바로 빠져나온다. 물 가까이 있는 사마귀를 붙잡아 배 부위를 물에 닿게 했을 때 15초 안에 연가시가 나왔다니 말이다. 물 말고도 연가시는 숙주의 위험에도 민감해, 사마귀를 죽인 후 배 부위를 찔러 보면 연가시가 바로 나왔다고 한다.

인체 감염은 가능한가?

사람이 기생충에 감염되려면 알이나 유충을 먹어야 한다. 그래야 유충이 우리 몸 안에서 자라 어엿한 성충으로 탄생할 수 있다. 그러니까 다른 사람 몸에 있는 회충 성충을 가져다 먹는다면 그 회충은 잘 소화되어 대변으로 빠져나갈 뿐 몸에 남아있지 못한다. 하지만 비위가 약해 회충을 씹지 못한다면 우리 몸의 구역반사에 의해 벌레를 뱉게 된다. 사람이 사마귀를 날로 먹었는데 그 안에 연가시가 들어 있었다고 해도 결과는 비슷하다. 2003년 발표된 보고에 따르면 세 살짜리 여자아이가 귀뚜라미를 삼켰는데, 하필 그게 연가시에 감염된 거였는지 아이는 15분 후 16센티미터짜리 연가시 한 마리를 뱉었다.

그럼 유충이 사람에게 들어가면 어떻게 될까? 기생충은 적합한 숙주, 즉 자신에게 맞는 종숙주가 아니면 성충으로 자라지 못한다. 따라서 물속의 유충을 모르고 삼켰다 하더라도 연가시에 감염될 걱정은 안 해도 된다. 그 유충은 죽어서 대변으로 나올 테고, 본인은 그게 나왔는지조차 모를 테니까. 영화를 보고 난 뒤 "계곡으로 물놀이 가기가 무서워요"라고 하는 분들이 많다고 한다. 물속에 1미터짜리 벌레가 왔다 갔다 한다는 게, 알에서 깨어난 연가시 유충이 항문으로 들어올지 모른다는 게 찜찜할 수는 있지만, 그러지 마시라. 연가시보다는 수영장 물을 소독하기 위해 뿌린 염소가 훨씬 더 해로우니까. 염소에 오래 노출되면 아이들 천식이나 아토피 피부염을 유발할 수도 있다지 않나?

　지금 있는 연가시가 사람에게 감염되지 않는다는 건 동의한다 쳐도, 영화에서처럼 변종 연가시가 출현해 사람을 괴롭히지 않을까 하는 의문이 남는다. 바이러스처럼 작은 생물체라면 모를까, 기생충이 변이를 일으키는 건 무척 드문 일이다. 가능성이 아주 없는 건 아니지만, 여기엔 조건이 있다. 우리가 최소한 1백 년 동안 사마귀나 귀뚜라미 같은 곤충을 날로 먹는 식습관을 가져야 한다는 것. 물론 성충은 감염력이 없지만, 자라다 만 연가시가 들어와 사람 몸에서 마저 자랄 수 있고, "살아 보니 여기가 더 좋구나!"라고 느낀 연가시가 변이를 일으켜 사람 기생충이 탄생할 수도 있으니까. 어차피 지금 사람에게 감염되는 기생충들도 인류 탄생 이전에는 없던 것들이 오랜 세월 같이 살다 보니 사람 기생충이 된 게 아니겠는가? 말이 그렇다는 거지, 변종 연가시가 생길까 봐 미리부터 걱정하지 말자. 변종이 나올 가능성은 극히 희박하며, 그런 게 나온다고 해도 영화와는 달리 구충제에 잘 들을 테니까 말이다.

연가시

- 위험도: ★ (사람은 감염되지 않음)
- 형태 및 크기: 길이 10cm〜1m(2m 넘는 것도 발견된 적 있음), 직경 1〜3mm
- 수명: 연가시의 종에 따라 다르다는 것만 알려짐
- 감염원: 물
- 특징: 자신이 물가로 가기 위해 숙주인 곤충을 물가로 유인해 자살로 이끎
- 감염 증상: 사람은 감염되지 않는데, 어쩌다 사람 몸속으로 들어오게 되더라도 뱉어 내게 됨

맺는 글

네이버에 기생충 글을 연재하던 무렵, 을유문화사에서 연락이 왔다. 그 글들을 다듬고, 내용을 더해 책으로 내면 좋겠다고 했다. 그 제안을 수락한 것은 그곳이 한국 굴지의 출판사였기 때문만은 아니었고, 편집자님의 미모에 감동한 것도 이유의 전부는 아니었다. 을유문화사는 마당에 까만 개 한 마리를 키우고 있는데, 그 개가 유기견이란다. 개는 어떤 주인을 만나느냐에 따라 자기 인생이 좌우된다. 즉 그 개에게 개 주인은 하나의 우주라고 할 수 있는데, 주인으로부터 버려진 개는 자신의 우주를 모조리 잃어버린, 세상의 끝으로 떨어진 처지가 된다. 애교만 부리면 모든 게 해결되던 기억을 뒤로 한 채 먹을 것을 찾아 헤매고, 잘 것을 걱정해야 하니까. 그런 유기견을 데려다 키우는 사람은 그 개한테 자신의 우주를 되돌려 준 신적인 존재가 되는 셈. 김경민 편집자님과 같이 그 개를 데리고 동네를 한 바퀴 돌면서 이런 생각을 했다. "이렇게 한 생명을 돌봐 주는, 마음 따뜻한 편집자님과 책을 내는 건 얼마나 보람 있는 일인가!" 이 책이 잘 돼서 '개를 사랑하면 복을 받는다'는 교훈이 생기기를 빈다.

참고문헌

I. 기생충 살펴보기

3. 기생충의 역사

1. PLoS One. 2013;8(1):e55007. doi: 10.1371/journal.pone.0055007. Epub
2013 Jan 30.
Poinar G Jr, de Figueiredo AE, Pacheco AC, Horn BL, Schultz
CL.Tapeworm eggs in a 270 million-year-old shark coprolite.
Dentzien-Dias PC.
2. Gonçalves ML, Araújo A, Ferreira LF. Human intestinal parasites
in the past: new findings and a review. Mem Inst Oswaldo Cruz.
2003;98 Suppl 1:103-18.

4. 고기생충학의 진실

1. Cropmpton DW. Ascaris and ascariasis. Adv Parasitol 48: 285-375,
2001.
2. Kliks MM. Paleoparasitology: on the origins and impacts of human-

helminth relationships: In NA Croll, JA Cross (eds), Human Ecology
and Infectious Diseases, Academic Press, New York, p. 291-309.

5. 기생충 연구란

1. Maskey D, Pradhan J, Oh CK, Kim MJ. Changes in the distribution
of calbindin D28-k, parvalbumin, and calretinin in the hippocam-
pus of the circling mouse. Brain Res. 2012 Feb 9;1437:58-68

2. Bhargava P, Li C, Stanya KJ, Jacobi D, Dai L, Liu S, Gangl MR, Harn
DA, Lee CH. Immunomodulatory glycan LNFPIII alleviates hepat-
osteatosis and insulin resistance through direct and indirect control
of metabolic pathways. Nat Med 2012 Nov;18(11):1665-72.

6. 기생충, 인체 실험의 역사

1. Li JH, Lin Z, Du JF, Qin YX. Experimental infection of Sarcocys-
tis suihominis in pig and human volunteer in Guangxi. Zhong-
guo Ji Sheng Chong Xue Yu Ji Sheng Chong Bing Za Zhi. 2007
Dec;25(6):466-8.

2. Beaver PC. Light, long-lasting Necator infection in a volunteer. Am
J Trop Med Hyg. 1988 Oct;39(4):369-72.

3. Gaze S, McSorley HJ, Daveson J, Jones D, Bethony JM, Oliveira
LM, Speare R, McCarthy JS, Engwerda CR, Croese J, Loukas A.
Characterising the mucosal and systemic immune responses to
experimental human hookworm infection. PLoS Pathog. 2012
Feb;8(2):e1002520. doi: 10.1371/journal.ppat.1002520.

4. Shoop WL. Experimental human infection with Fibricola cratera

(Trematoda: Neodiplostomidae). Korean J Parasitology. 1989 Dec;27(4):249-52.

5. Seo BS, Chun KS, Chai JY, Hong SJ, Lee SH. Studies on intestinal trematodes in Korea: XVII. Development of egg lying capacity of Echinostoma hortense in albino rats and human experimental infection. Korean J Parasitol 1985 Jun;23(1):24-32.

6. http://blog.joinsmsn.com/media/folderlistslide. asp?uid=phil9&folder=2&list_id=5668387

7. 알레르기와 기생충

1. Strachan DP. Hay fever, hygiene, and household size. BMJ. 1989 Nov 18;299(6710):1259-60.

2. Hong S, Son DK, Lim WR, Kim SH, Kim H, Yum HY, Kwon H. The prevalence of atopic dermatitis, asthma, and allergic rhinitis and the comorbidity of allergic diseases in children. Environ Health Toxicol. 2012;27:e2012006.

3. Hermelijn H. Smits, Bart Everts, Franca C. Hartgers, and Maria Yazdanbakhsh

Chronic Helminth Infections Protect Against Allergic Diseases by Active Regulatory Processes Curr Allergy Asthma Rep. 2010 January; 10(1): 3–12.

4. Summers RW, Elliott DE, Urban JF Jr, Thompson RA, Weinstock JV. Trichuris suis therapy for active ulcerative colitis: a randomized controlled trial. Gastroenterology. 2005 Apr;128(4):825-32.

5. Cooke A, Tonks P, Jones FM, O'Shea H, Hutchings P, Fulford AJ, Dunne DW. Infection with Schistosoma mansoni prevents insulin

dependent diabetes mellitus in non-obese diabetic mice. Parasite Immunol. 1999 Apr;21(4):169-76.

Ⅱ. 소화기계에 사는 기생충

1. 요충

1. Hong SH, Jeong YI, Lee JH, Cho SH, Lee WJ, Lee SE. Prevalence of Enterobius vermicularis among preschool children in Muan-gun, Jeollanam-do, Korea. Korean J Parasitol. 2012 Sep;50(3):259-62.

2. Hong SH, Lee SE, Jeong YI, Lee WJ, Cho SH. Comparison of egg positive rates of Enterobius vermicularis among preschool children in three Korean localities. Korean J Parasitol. 2011 Dec;49(4):441-3.

3. Hong ST, Choi MH, Chai JY, Kim YT, Kim MK, Kim KR. A case of ovarian enterobiasis. Korean J Parasitol. 2002 Sep;40(3):149-51.

3. 회충

1. 의학기생충학. 정동일 외. 정문각.

2. Stoll NR. This wormy world. J Parasitol. 1947 Feb;33(1):1-18.

3. Dold C, Holland CV. Ascaris and ascariasis. Microbes Infect. 2011 Jul;13(7):632-7

4. 편충

1. 예병덕, 장병익, 진윤태 등, 크론병 진단 가이드라인, 대한소화기학회지 2009; 53: 161-176.
2. 채종일 등, 임상 기생충학, 서울대학교 출판문화원, 2011.
3. 한국건강관리협회. 제7차 한국 장내 기생충 감염현황. 2004.
4. Dickson JH, Oeggl K, Holden T, et al. The omnivorous Tyrolean Iceman: colon contents (meat, cereals, pollen, moss and whipworm) and stable isotope analyses. Philosophical Transactions of the Royal Society B: Biological Sciences 2000; 355: 1843-1849.
5. Ok KS, Kim YS, Song JH, et al. Trichuris trichiura infection diagnosed by colonoscopy: case reports and review of lieterature. Korean J Parasitol 2009: 47: 275-280.
6. Lelesa D, Reinhard KJ, Fugassac M, et al. A parasitological paradox: Why is ascarid infection so rare in the prehistoric Americas? Journal of Archaeological Science 2010; 37: 1510–1520
7. Summers RW, Elliott DE, Urban JF, et al. Trichuris suis therapy in Crohn's disease. Gut 2005; 54: 87-90.

5. 간디스토마

1. Kim TI, Yoo WG, Kwak BK, Seok JW, Hong SJ. Tracing of the Bile-chemotactic migration of juvenile Clonorchis sinensis in rabbits by PET-CT. PLoS Negl Trop Dis. 2011 Dec;5(12):e1414.
2. Hong ST, Fang Y. Clonorchis sinensis and clonorchiasis, an update. Parasitol Int. 2012 Mar;61(1):17-24
3. Lee JH, Rim HJ, Bak UB. Effect of Clonorchis sinensis infection and dimethylnitrosamine administration on the induction of cholan-

giocarcinoma in Syrian golden hamsters. Korean J Parasitol. 1993 Mar;31(1):21-30.

4. Lee JH, Yang HM, Bak UB, Rim HJ. Promoting role of Clonorchis sinensis infection on induction of cholangiocarcinoma during two-step carcinogenesis. Korean J Parasitol. 1994 Mar;32(1):13-8.

5. Kaewpitoon N, Kaewpitoon SJ, Pengsaa P, Sripa B. Opisthorchis viverrini: the carcinogenic human liver fluke. World J Gastroenterol. 2008 Feb 7;14(5):666-74.

6. Shin HR, Lee CU, Park HJ, Seol SY, Chung JM, Choi HC, Ahn YO, Shigemastu T. Hepatitis B and C virus, Clonorchis sinensis for the risk of liver cancer: a case-control study in Pusan, Korea. Int J Epidemiol. 1996 Oct;25(5):933-40.

7. Seo M, Guk SM, Kim J, Chai JY, Bok GD, Park SS, Oh CS, Kim MJ, Yil YS, Shin MH, Kang IU, Shin DH. Paleoparasitological report on the stool from a Medieval child mummy in Yangju, Korea. J Parasitol. 2007 Jun;93(3):589-92.

6. 와포자충

1. Kenzie WRM, Hoxie NJ, Proctor ME, et al. A massive outbreak in Milwaukee of Cryptosporidium infection transmitted through the public water supply. New England J Medicine 1994; 331: 161-167.

2. Chai JY, Shin SM, Yun CK, Yu JR, Lee SH. Experimental activation of cryptosporidiosis in mice by immunosuppression. 1990l 28: 31-37.

3. Cho MH, Kim AK, Im K. Detection of Cryptosporidium oocysts from out-patients of the Severance Hospital, Korea. Korean J Parasi-

tol. 1993 Sep;31(3):193-9.

4. Chai JY, Lee SH, Guk SM, Lee SH.An epidemiological survey of Cryptosporidium parvum infection in randomly selected inhabitants of Seoul and Chollanam-do. Korean J Parasitol. 1996 Jun;34(2):113-9.

5. Park JH, Kim HJ, Guk SM, Shin EH, Kim JL, Rim HJ, Lee SH, Chai JY. A survey of cryptosporidiosis among 2,541 residents of 25 coastal islands in Jeollanam-Do (Province), Republic of Korea. Korean J Parasitol. 2006 Dec;44(4):367-72.

6. 근거 없는 수돗물 편견 바꿔야. (내일신문. 2004. 10. 20) http://news.naver.com/main/read.nhn?mode=LSD&mid=sec&sid1=102&oid=086&aid=0000007459

7. Cryptosporidiosis. 위키백과 http://en.wikipedia.org/wiki/Cryptosporidiosis

8. 집단설사…아파트 정화조에 병원균. (KBS뉴스 2012. 06. 07 방영) http://news.kbs.co.kr/society/2012/06/07/2484602.html

7. 간질

1. http://news.naver.com/main/read.nhn?mode=LSD&mid=sec&sid1=102&oid=001&aid=0006255643

2. Kaya M, Beştaş R, Cetin S. Clinical presentation and management of Fasciola hepatica infection: single-center experience. World J Gastroenterol. 2011 Nov 28;17(44):4899-904.

3. Lim JH, Kim SY, Park CM. Parasitic diseases of the biliary tract. AJR Am J Roentgenol. 2007 Jun;188(6):1596-603.

4. Kim YH, Kang KJ, Kwon JH. Four cases of hepatic fascioliasis mim-

icking cholangiocarcinoma. Korean J Hepatol. 2005 Jun;11(2):169-75

5. Cho SY, Yang HN, Kong Y, Kim JC, Shin KW, Koo BS. Intraocular fascioliasis: a case report. Am J Trop Med Hyg. 1994 Mar;50(3):349-53.

6. Kim JB, Kim DJ, Huh S, Cho SY. A human case of invasive fascioliasis associated with liver abscess. Korean J Parasitol. 1995 Dec;33(4):395-8.

8. 서울주걱흡충

1. Seo BS, Rim HJ, Lee CW. Studies on the parasitic helmiths of Korea: I. Trematodes of rodents. Korean J Parasitol. 1964 Jun;2(1):20-26.

2. Seo BS, Lee SH, Hong ST, Hong SJ, Kim CY, Lee HY. Studies On Intestinal Trematodes In Korea: V. A Human Case Infected By Fibricola Seoulensis (Trematoda: Diplostomatidae). Korean J Parasitol 1982 Dec;20(2):93-99.

3. Hong ST, Hong SJ, Lee SH, Seo BS, Chi JG. Studies On Intestinal Trematodes In Korea: VI. On The Metacercaria And The Second Intermediate Host Of Fibricola Seoulensis. Korean J Parasitol 1982 Dec;20(2):101-111

4. Hong ST, Cho TK, Hong SJ, Chai JY, Lee SH, Seo BS. Fifteen human cases of Fibricola seoulensis infection in Korea. Korean J Parasitol 1984 Jun;22(1):61-65.

5. Hong ST. A survey on intestinal parasites of soldiers in Korea. Korean J Parasitol 1986 Dec;24(2):213-215. Korean.

6. Hong ST, Shoop WL. Neodiplostomum seoulensis n. comb. (Trem-

atoda: Neodiplostomidae). J Parasitol. 1994 Aug;80(4):660-3.

7. Hong ST, Shoop WL. Neodiplostomum seoulense, the emended name for Neodiplostomum seoulensis.
Korean J Parasitol. 1995 Dec;33(4):399.

8. Chai JY, Shin EH. Neodiplostomum leei n. sp. (Digenea: Neodiplostomidae) from chicks infected with metacercariae from the grass snake Rhabdophis tigrina. J Parasitol. 2002 Dec;88(6):1181-6

9. Shin EH, Kim IM, Kim JL, Han ET, Park YK, Nawa Y, Kook J, Lee SH, Chai JY. Migration of Neodiplostomum leei (Digenea: Neodiplostomidae) neodiplostomula to the livers of various mammals. J Parasitol. 2006 Apr;92(2):223-9.

9. 장모세선충

1. Jung WT, Kim HJ, Min HJ, Ha CY, Kim HJ, Ko GH, Na BK, Sohn WM. An indigenous case of intestinal capillariasis with protein-losing enteropathy in Korea. Korean J Parasitol. 2012 Dec;50(4):333-7.

2. Hong ST, Kim YT, Choe G, Min YI, Cho SH, Kim JK, Kook J, Chai JY, Lee SH. Two cases of intestinal capillariasis in Korea. Korean J Parasitol. 1994 Mar;32(1):43-8.

3. Lee SH, Hong ST, Chai JY, Kim WH, Kim YT, Song IS, Kim SW, Choi BI, Cross JH. A case of intestinal capillariasis in the Republic of Korea. Am J Trop Med Hyg. 1993 Apr;48(4):542-6.

4. CROSS JH. Intestinal Capillariasis. CLINICAL MICROBIOLOGY REVIEWS, Apr. 1992, p. 120-129.

10. 참굴큰입흡충

1. Lee SH et al. Gymnophalloides seoi n. sp. (Digena: Gymnophal-lidae), the first report of human infection by a gymnophallid. J Parasitol 1993; 79: 677-680.

2. Lee SH, et al. Oysters, Crassostrea gigas, as the second intermediate host of Gymnophalloides seoi (Gymnophallidae). Korean J Parasitol 1995; 33 1-7.

3. Ryang YS, et al. The Palearctic oystercatcher Haematopus ostrale-gus, a natural definitive host for Gymnophalloides seoi. J Parasitol 2000; 86: 418-419.

4. Lee SH, et al. High prevalence of Gymnophalloides seoi infection in a village on a southwestern island of the Republic of Korea. Am J Trop Med Hyg 1994; 51: 281-285.

5. Chai JY et al. A nationwide survey of the prevalence of human Gymnophalloides seoi infection on western and southern coastal islands in the Republic of Korea. Korean J Parasitol 2001; 39: 23-30.

6. Chai JY, et al. Gymnophalloides seoi: a new human intestinal trematode. Trends in Parasitol 2003; 19: 109-112.

III. 조직을 침범해 사는 기생충

1. 스파르가눔

1. http://www.segye.com/Articles/NEWS/INTERNATIONAL/Article.asp?aid=20120512020276&subctg1=&subctg2=

2. Kyung-Joon Lee, Na-Hye Myung, Hyun-Woo Park. A Case of Sparganosis in the Leg. *Korean J Parasitol. Vol. 48, No. 4: 91-5, 2010*

3. Tsukasa Sakamoto, Carmen Gutierrez, Angeles Rodriguez, Sergio Sauto. Testicular sparganosis in a child from Uruguay. Acta Tropica 88 (2003) 83-86.

4. 오윤정, 김미진, 조준형, 차치운, 김도훈, 오미정, 진재용, 최성실, 권계원. 수 차례 재발한 스파르가눔증으로 치료를 받았던 환자에서 발생한 폐 스파르가눔증 1예.
Tuberculosis and Respiratory Diseases Vol. 67. No. 3, Sep. 2009; 229-233.

2. 메디나충

1. Cox FEG. History of Human Parasitology. Clinical Microbiology Reviews. 2002; 15: 595-612.

2. Greenaway C. Dracunculiasis (guinea worm disease). Canadian Medical Association Journal 2004; 170: 495-500.

3. http://en.wikipedia.org/wiki/Dracunculiasis

4. Miri ES, Hopkins DR, Ruiz-Tiben E, Keana AS, Withers Jr PC, Anagbogu IN, Sadio LK, kale OO, Edungbola LD, Braide EI, Ologe JO, Ityonzughul C. American Journal of Tropical Medicine & Hygine 2010; 83: 215-225.

5. Monthly report on dracunculiasis cases, January–May 2012. Weekly Epidemiological Record 2012; 33(17): 315-316.

3. 톡소포자충

1. J. Eukaryot. The History of Toxoplasma gondii—-The First 100 Years. JITENDER P. DUBEY1
   Microbiol., 55(6), 2008 pp. 467--475
2. Louis M. Weissa, and Jitender. P. Toxoplasmosis: a history of clinical observations. Dubey Int J Parasitol. 2009 July 1; 39(8): 895--901.
3) http://www.fsijournal.org/article/S0379-0738(10)00076-9/abstract

4. 선모충

1. Gottstein B, Pozio E, Nöckler K. Epidemiology, diagnosis, treatment, and control of trichinellosis. Clin Microbiol Rev. 2009 Jan;22(1):127-45,
2. Neghina R, Moldovan R, Marincu I, Calma CL, Neghina AM. The roots of evil: the amazing history of trichinellosis and Trichinella parasites.
   Parasitol Res. 2012 Feb;110(2):503-8.
3. Hirschmann JV. What killed Mozart? Arch Intern Med. 2001 Jun 11;161(11):1381-9.
4. Rhee JY, Hong ST, Lee HJ, Seo M, Kim SB. The fifth outbreak of trichinosis in Korea. Korean J Parasitol. 2011 Dec;49(4):405-8.
5. Kim G, Choi MH, Kim JH, Kang YM, Jeon HJ, Jung Y, Lee MJ, Oh MD. An outbreak of trichinellosis with detection of Trichinella larvae in leftover wild boar meat. J Korean Med Sci. 2011 Dec;26(12):1630-3.
6. Lee SR, Yo SH, Kim HS, Lee SH, Seo M. Trichinosis caused by ingestion of raw-soft-shelled turtle meat in Korea. Korean J Parasitol

2013, in press.

5. 개회충

1. 이근태, 민홍기, 정평림, 장재경. 생간 섭취의 장기유충미입증 유발 가능성에 관한 연구. 기생충학잡지 1976; 14: 51-60.

2. Jae Hoon Lim. Foodborne Eosinophilia due to Visceral Larva Migrans: A Disease. Abandoned. J Korean Med Sci 2012; 27: 1-2.

3. YOSHITAKA MORIMATSU, NOBUAKI AKAO, HIROYA AKIYOSHI, TAKETOSHI KAWAZU, YOSHINOBU OKABE, AND HISAMICHI AIZAWA. Case reports: a familial case of visceral larva migrans after ingestion of raw chicken livers: appearance of specific antibody in bronchoalveolar lavage fluid of the patients. Am. J. Trop. Med. Hyg., 2006; 75: 303--306.

4. Young-Soon Yoon, Chang-Hoon Lee, Young-Ae Kang, Sung-Youn Kwon, Ho Il Yoon, Jae-Ho Lee, Choon-Taek Lee. Impact of Toxocariasis in Patients with Unexplained Patchy Pulmonary Infiltrate in Korea. J Korean Med Sci 2009; 24: 40-5

5. http://news.naver.com/main/read.nhn?mode=LSD&mid=sec&sid1=102&oid=001&aid=0005480628

6. http://en.wikipedia.org/wiki/Toxocara_canis

Ⅳ. 뇌에서 사는 기생충

1. 감비아파동편모충

1. Soo Hee Lee, Jennifer L. Stephens, Kimberly S. Paul, and Paul T. Englund. Fatty Acid Synthesis by Elongases in Trypanosomes. Cell 126, 691–699, 2006

2. Tryps after adventurous trips F.A.P. Claessen1, G.J. Blaauw, M.J.D.L. van der Vorst1, C.W. Ang, M.A. van Agtmael Netherland J Medicine 2010 , vol . 6 8 , n o 3; 144-145

3. Karin Urech, Andreas Neumayr, Johannes Blum. Sleeping Sickness in Travelers - Do They Really Sleep? Plos Neglected Tropical Diseases November 2011 Volume 5 Issue 11 e1358.

4. Luc Vanhamme, Etienne Pays, Richard McCulloch and J.David Barry. An update on antigenic variation in African trypanosomes. TRENDS in Parasitology Vol.17 No.7 July 2001

5. Egri, Á., Blahó, M., Kriska, G., Farkas, R., Gyurkovszky, M., Akesson, S. and Horváth, G. J. How the zebra got its stripes. Exp. Biol. 215, 736-745.

2. 유구낭미충

1. Bruschi F. Was Julius Caesar's epilepsy due to neurocysticercosis? Trends Parasitol. 2011 Sep;27(9):373-4. doi: 10.1016/j.pt.2011.06.001.

2. Chai JY. Human taeniasis in the Republic of Korea: hidden or gone? Korean J Parasitol. 2013 Feb;51(1):9-17. doi: 10.3347/kjp.2013.51.1.9.

3. Lee MK, Hong SJ, Kim HR.Sep;25(9):1272-6. Seroprevalence of

tissue invading parasitic infections diagnosed by ELISA in Korea. J Korean Med Sci. 2010

4. Rajshekhar V, Joshi DD, Doanh NQ, van De N, Xiaonong Z. Taenia solium taeniosis/cysticercosis in Asia: epidemiology, impact and issues. Acta Trop. 2003 Jun;87(1):53-60.

3. 말라리아1

1. Simon I Hay, Carlos A Guerra, Andrew J Tatem, Abdisalan M Noor, and Robert W Snow. The global distribution and population at risk of malaria: past, present, and future. THE LANCET Infectious Diseases Vol 4 June 2004 327-336.

2. Jong-Yil CHAI. Re-emerging Plasmodium vivax malaria in the Republic of Korea. The Korean Journal of Parasitology Vol. 37, No. 3, 129-143, September 1999

3. http://www.nothingbutnets.net/media/press-releases/stephen-curry.html

4. Krijn P. Paaijmansa,1, Andrew F. Understanding the link between malariarisk and climate. Read, and Matthew B. Thomas. 13844–13849 PNAS August 18, 2009 vol. 106 no. 33.

5. http://news.khan.co.kr/kh_news/khan_art_view.html?artid=201110281241271

6. 의학기생충학. 정동일 외. 정문각. 2006.

4. 말라리아2

1. Ronald Ross. Researches on malaria. Nobel Lecture, December, 12, 1902

2. Alphonse Laveran - Nobel Lecture: Protozoa as Causes of Diseases. December 11, 1907

3. http://www.nobelprize.org/nobel_prizes/medicine/laureates/1907/laveran-bio.html

4. http://en.wikipedia.org/wiki/Ronald_Ross

5. Asante, K. P.; Abdulla, S.; Agnandji, S.; Lyimo, J.; Vekemans, J.; Soulanoudjingar, S.; Owusu, R.; Shomari, M. et al. (2011). "Safety and efficacy of the RTS,S/AS01E candidate malaria vaccine given with expanded-programme-on-immunisation vaccines: 19 month follow-up of a randomised, open-label, phase 2 trial". The Lancet Infectious Diseases 11 (10): 741–749.

6. Youyou Tu. The discovery of artemisinin (qinghaosu) and gifts from Chinese medicine. Nature Medicine 2011; 17(10): 19-22.

V. 기타, 우리 몸 이곳저곳에서 사는 기생충

1. 심장사상충

1. Min Kyung Kim, Chul Hwan Kim, Beom Woo Yeom, Seong Hwan Park, Sang Yong Choi, Jong Sang Choi *The First Human Case of Hepatic Dirofilariasis J Korean Med Sci 2002; 17: 686-90*

2. K.H. Song a,b, J.E. Park c, D.H. Lee b, S.H. Lee d, H.J. ShinSerological update and molecular characterization of Dirofilaria immitis in dogs, South Korea. Research in Veterinary Science 88 (2010) 467–.469

3. Alberto Montoya-Alonso González-Miguel, Isabel Mellado, Elena

Carretón and Jose, Fernando Simón, Mar Siles-Lucas, Rodrigo Morchón, Javier. Human and Animal Dirofilariasis: the Emergence of a Zoonotic Mosaic. *Clin. Microbiol. Rev. 2012, 25(3):507-544*

4. Maggie A Fisher and David J Shanks. A review of the off-label use of selamectin(Stronghold®/Revolution®) in dogs and cats. *Acta Veterinaria Scandinavica 2008, 50:46*

2. 림프사상충

1. Chandy A, Thakur AS, Singh MP, Manigauha A. A review of neglected tropical diseases: filariasis. Asian Pac J Trop Med. 2011 Jul;4(7):581-6.

2. Pfarr KM, Debrah AY, Specht S, Hoerauf A. Filariasis and lymphoedema. Parasite Immunol. 2009 Nov;31(11):664-72.

3. Taylor MJ, Hoerauf A, Bockarie M. Lymphatic filariasis and onchocerciasis. Lancet. 2010 Oct 2;376(9747):1175-85.

4. Cheun HI, Kong Y, Cho SH, Lee JS, Chai JY, Lee JS, Lee JK, Kim TS. Successful control of lymphatic filariasis in the Republic of Korea. Korean J Parasitol. 2009 Dec;47(4):323-35.

5. Chai JY, Lee SH, Choi SY, Lee JS, Yong TS, Park KJ, Yang KA, Lee KH, Park MJ, Park HR, Kim MJ, Rim HJ. A survey of Brugia malayi infection on the Heugsan Islands, Korea. Korean J Parasitol. 2003 Mar;41(1):69-73.

6. Lee HI, Choi DW, Baik DH, Joo CY. Epidemiological studies on malayan filariasis in an inland area in Kyungpook, Korea 3. Ecological survey of vector mosquitoes of Brugia malayi. Korean J Parasitol 1986 Jun;24(1):15-24.

7. Seo BS, Rim HJ, Seong SH, Park YH, Kim BC, Lim TB. The Epidemiological Studies On The Filariasis In Korea: I. Filariasis In Cheju-Do(Quelpart Island). Korean J Parasitol 1965 3(3):139-145.

3. 폐디스토마

1. Kim EM, Kim JL, Choi SI, Lee SH, Hong ST. Infection status of freshwater crabs and crayfish with metacercariae of Paragonimus westermani in Korea. Korean J Parasitol. 2009 Dec;47(4):425-6.

2. Koh EJ, Kim SK, Wang KC, Chai JY, Chong S, Park SH, Cheon JE, Phi JH. The return of an old worm: cerebral paragonimiasis presenting with intracerebral hemorrhage. J Korean Med Sci. 2012 Nov;27(11):1428-32.

3. Kang SY, Kim TK, Kim TY, Ha YI, Choi SW, Hong SJ. A case of chronic cerebral paragonimiasis westermani. Korean J Parasitol. 2000 Sep;38(3):167-71.

4. 김태임, Fuhong Dai, Xuelian Bai, 홍성종, 양현종. 유통 중인 수산물가공품의 기생충 유충 조사. 2012년도 대한기생충학회 가을학술대회.

5. Shin DH, Oh CS, Lee SJ, Lee EJ, Yim SG, Kim MJ, Kim YS, Lee SD, Lee YS, Lee HJ, Seo M. Ectopic paragonimiasis from 400-year-old female mummy of Korea. Journal of Archaeological Science 2012; 39: 1103-1110.

4. 회선사상충

1. Andy Crump1, Carlos M. Morel and Satoshi Omura. The onchocerciasis chronicle: from the beginning to the end? Trends in Parasitol-

ogy July 2012, Vol. 28(7): 281-288.

2. ERIC PEARLMAN & LAURIE R.HALL. Immune mechanisms in Onchocerca volvulus-mediated corneal disease (river blindness). Parasite Immunology, 2000: 22: 625-631.

3. Ken Gustavsen, Adrian Hopkins and Mauricio Sauerbrey. Onchocerciasis in the Americas: from arrival to (near) elimination. Parasites & Vectors 2011, 4:205. http://www.parasitesandvectors.com/content/4/1/205'

4. 정동일 외. 『의학기생충학』 정문각. 2006.

5. 주혈흡충

1. 정동일 외, 『의학기생충학』, 정문각, 2006년.

2. Gryseels B. Schistosomiasis. Infect Dis Clin North Am. 2012; 26: 383-97.

3. Ross AG, Bartley PB, Sleigh AC, Olds GR, Li Y, Williams GM, McManus DP. Schistosomiasis. N Engl J Med. 2002; 346: 1212-20.

4. Tchuem Tchuenté LA, Southgate VR, Combes C, Jourdane J. Mating behaviour in Schistosomes: are paired worms always faithful? Parasitol Today. 1996; 12: 231-6.

5. 칼 짐머, 『기생충제국』, 궁리, 2004년.

6. 연가시

1. Hanelt B, Janovy J Jr. The life cycle of a horsehair worm, Gordius robustus (Nematomorpha: Gordioidea). J Parasitol. 1999

Feb;85(1):139-41

2. Ponton F, Otálora-Luna F, Lefèvre T, Guerin PM, Lebarbenchon C, Duneau D, Biron DG, Thomas F. Water-seeking behavior in worm-infected crickets and reversibility of parasitic manipulation. Behav Ecol. 2011 Mar;22(2):392-400

3. Lee KJ, Bae YT, Kim DH, Deung YK, Ryang YS, Im KI, Yong TS. Gordius worm found in a three year old girl's vomitus. Yonsei Med J. 2003 Jun 30;44(3):557-60.

4. Schimidt-Rhaesa, Ehrmann R. Horsehair worms (Nematomorpha) as parasites of praying mantids with a discussion of their life cycle. Zool Anz 2001; 204: 167-179.

5. 가시고기 관련 http://www.ncbi.nlm.nih.gov/pubmed/21748321